JN233464

分子生物学への招待

鈴木範男・田中　勲・矢沢洋一 編著
浅川哲弥・松田良一・矢沢道生
二宮治明・澤田幸治・山本克博
伊藤　啓・関　美佳　　　共著

三共出版

執筆者一覧（五十音順）

浅川　哲弥（2章）
伊藤　　啓（3章）
関　　美佳（11−1, 11−2−1〜4）
澤田　幸治（9章）
鈴木　範男（7章）
田中　　勲（3章）
二宮　治明（8章）
松田　良一（5, 6章）
矢沢　道生（4章, 11−3）
矢沢　洋一（1章, 10章, 11−1, 11−2−1〜4）
山本　克博（11−2−5）

はじめに

　分子生物学は，生命現象を分子レベルで明らかにしていく学問領域といえるが，それは20世紀中頃のDNA二重らせん構造解明から始まったと考えられている。しかし，その学問は19世紀半ば過ぎのメンデルの遺伝学を皮切りとした高等動植物の観察結果から始まり，生活サイクルの短いショウジョウバエ，さらには細菌などの微生物を材料とした遺伝学の導入，優れた測定分析機器の開発により急速な発展をとげてきた。

　具体的な例の一つとして，人類の多年の夢であった46本の染色体，すなわち22種類の常染色体と，XとYの両性染色体のDNA上に記録さている全遺伝情報（数万種のタンパク質の暗号を含んでいる）が21世紀の今世紀初頭，すなわち2003年頃までには解読が完了すると予想されている。10年前まではその全解読は50年から100年はかかると考えられていたのが，DNA分析機器等の急速な性能向上によってこのような予想外の展開となったのである。

　また，クローン技術の発展により『西遊記』における孫悟空の分身術が羊，マウス，牛や豚といった哺乳動物で実現し，人間でも理論的に自分の分身を造り出すのが可能となってきたのである（倫理的な問題は別とする）。

　この分子生物学の急激な発展をみて，ハーバード大学を初めとする米国の先進的大学が，法学部や経済学部といった人文系の学生も分子生物学をマスターしなければこれからの時代に対応できないと考えて必修科目として新カリキュラムに組み込んだのは英断といえよう。

　このような時代の要請を考慮して，今回私達は今迄に発行された分子生物学の教科書に見られない斬新な方針をもとにして本書を編集し，出版する事にした。すなわち，自然科学系や人文系の1，2年目学生諸君の教養としてのみではなく，バイオ系の3，4年目や大学院の学生緒君にも学ぶに値

する内容とすべく，基礎から現代分子生物学の最先端までをわかりやすく，コンパクトに記載した．以下に本書の内容をまとめてみた．

1. 分子生物学の基礎知識－タンパク質，核酸と遺伝，構造生物学
   （第2～4章）
2. 受精・形態形成（分化）・成長とクローン （第5～6章）
3. 神経・情報伝達 （第7～8章）
4. 人体の健康・疾病の最新分子生物学（第1章，第9～10章）
5. 分子生物学の発展を支えた生物と分析機器装置
   およびバイオテクノロジー（第11章）

以上の概要と本書を読んでいただくときに，他書にはほとんど見ることの出来ない独創的な内容がわかりやすく記述されている事がおわかりいただけると思う．

一方，めざましい進歩をとげてきた分子生物学的知識をもってしても，説明のしようがない新しい疾病も出現してきた．1986年に英国で初めて報告された牛海綿状脳症（BSE），いわゆる狂牛病とその病気に感染した人間のプリオン病の1種である新クロイツフェルト・ヤコブ病（新型CJD）である（1995年）．英国では2001年までに18万頭余の牛がBSEに感染した．日本での総飼育数約180万頭と比べてその多さに驚くばかりである．英国以外でBSEに感染した牛は727頭のアイルランドをはじめとして全欧州で2,522頭と少なく，日本では2001年9月21日に最初の1頭が確認され，総計3頭となっている．一方，新型CJDに感染・発症した人間は英国で103人と圧倒的に多く，その他の国ではフランスの3名を含めて4名にすぎないし，日本では今のところ発見されていない．また，これらの患者のほとんどがすでに死亡している．

BSEやヒト新型CJD，羊のプリオン病のスクレーピー，マウスや豚のプリオン病をひき起こすのは異常プリオンであり，1993年にプルシナー（Prusiner）により明らかにされた．彼等は，羊のスクレーピーに感染させたマウスから病原体と考えられるタンパク質を単離してプリオン（タンパク質性感染粒子＝proteinaceus infectius particle＝合成語prion）と命名した

(1982年)。正常プリオンは人間を含めすべての哺乳動物に存在しているが，その役割は不明である。正常と異常の両プリオンは，共に253個のアミノ酸からなり約33kDaの分子量を持ち，アミノ酸配列も同じなのに正常プリオンはα-らせん構造を多く持ち，異常プリオンはβ構造が多く，両者は三次元立体構造が大きく異なることが明らかとなった。BSEにかかった牛の異常プリオンが人体中に侵入して，ヒト正常プリオンを異常型に変えてしまい，新型CJDを発症させるらしい事も判明した。しかし，①DNAの塩基配列さらに両プリオンのアミノ酸配列も同一であるのになぜ立体構造が異なるのか，②異常プリオンはどのようにして立件構造を異常型にできるのかなどは，今までの分子生物学の概念では理解できない現象である。今後これらの事実が解明された時は，新たな分子生物学の発展があるかもしれない。発表当時は見向きもされなかったこのプリオン病を提唱したプルシナー博士（カリフォルニア大サンフランシスコ校教授）へ1997年度のノーベル医学生理学賞を与えられたのは当然であろう。

　このプリオン病の例に見るように今後も分子生物学の新知識の発展とその応用は21世紀にもひき続く事が大いに期待されている。

　本書を読まれた諸君が毎日の新聞紙をにぎわしているバイオ系の記事に目をとめて理解される事に少しでも役立つ事を期待しています。

　最後に，本書の出版に多大の労力を費やされた三共出版の石山さん，細矢さんに深く感謝致します。

2002年1月

著者一同

目　次

第1章　分子生物学への招待－筋ジストロフィーの病因解明の研究史
- 1－1　歴　史 …………………………………………………… 1
- 1－2　筋ジストロフィーの分類と症状 ………………………… 3
- 1－3　筋ジストロフィーの分子生物学的研究 ………………… 4

第2章　生命と細胞
- 2－1　化学進化・生命の誕生 ………………………………… 11
  - 2－1－1　原始地球の環境と有機物の化学的合成………11
  - 2－1－2　自己複製能力の獲得………13
- 2－2　生物進化 ………………………………………………… 14
  - 2－2－1　原核生物の登場とその進化………15
  - 2－2－2　真核生物(原生生物)の登場，共生説，膜進化説………16
  - 2－2－3　多細胞生物へ，さらにより複雑な生物への進化………17
- 2－3　生物の細胞 ……………………………………………… 18
  - 2－3－1　原核生物，真核生物の細胞の特徴………20
  - 2－3－2　細胞の機能………24
  - 2－3－3　分化した細胞のパターンと組織………24
- 2－4　細胞周期 ………………………………………………… 26
  - 2－4－1　細胞周期の各期………27
  - 2－4－2　細胞周期の調節………27

第3章　タンパク質の構造と機能
- 3－1　遺伝子とタンパク質 …………………………………… 29
- 3－2　タンパク質の基本構造 ………………………………… 31

3－3　タンパク質の立体構造解析 …………………………… 34
　　　3－4　タンパク質の構造と機能 ……………………………… 36
　　　3－5　転写因子 OmpR …………………………………………… 36
　　　3－6　ホメオドメインタンパク質 …………………………… 42
　　　3－7　生物学としての構造生物学 …………………………… 43

第4章　遺伝子の構造と機能
　　　4－1　核酸の化学構造と遺伝子 ……………………………… 46
　　　　4－1－1　核酸の成分………46
　　　　4－1－2　核酸の共有結合構造………48
　　　　4－1－3　核酸のヌクレオチド配列………49
　　　4－2　核酸の高次構造 ………………………………………… 50
　　　　4－2－1　DNAの二重らせん構造と塩基対………50
　　　　4－2－2　DNAの変性と復元………52
　　　　4－2－3　DNAの二重らせんと染色体の構造………53
　　　　4－2－4　RNAの高次構造………55
　　　4－3　DNAの複製 ……………………………………………… 57
　　　　4－3－1　DNAの半保存的複製………58
　　　4－4　DNAの転写 ……………………………………………… 61
　　　　4－4－1　転写とRNAポリメラーゼ………61
　　　　4－4－2　RNAのプロセッシング………62
　　　4－5　翻訳―タンパク質分子の合成 ………………………… 64
　　　　4－5－1　遺伝コード………65
　　　　4－5－2　アミノ酸の活性化とtRNA………66
　　　　4－5－3　リボソームとタンパク質合成………67
　　　4－6　遺伝情報の発現と調節 ………………………………… 72
　　　　4－6－1　原核細胞の転写調節………72
　　　　4－6－2　真核細胞の転写調節………75

第5章　受精と発生

- 5－1　精子の構造 …………………………………………… 78
- 5－2　配偶子形成 …………………………………………… 79
- 5－3　受精の仕組み ………………………………………… 81
  - 5－3－1　精子の誘引………81
  - 5－3－2　先体反応………82
  - 5－3－3　精子と卵細胞膜の融合の分子機構………85
- 5－4　初期発生と卵割 ……………………………………… 85
  - 5－4－1　受精膜………85
  - 5－4－2　卵割………86
- 5－5　発生運命の決定 ……………………………………… 91
  - 5－5－1　ショウジョウバエ卵における細胞質因子………91
  - 5－5－2　ホヤ卵における細胞質因子………93
- 5－6　発生における誘導 …………………………………… 94
  - 5－6－1　初期発生における誘導………94

第6章　形態形成

- 6－1　細胞同士の接着による形態形成 …………………… 98
  - 6－1－1　細胞接着分子………98
- 6－2　細胞外基質による形態形成 ………………………… 102
  - 6－2－1　細胞と細胞外基質との接着………102
  - 6－2－2　細胞の配列と細胞外基質………102
- 6－3　細胞分化 ……………………………………………… 106
  - 6－3－1　骨格筋細胞の分化………106
- 6－4　からだ作りの基本ルール …………………………… 110
  - 6－4－1　ホメオボックス遺伝子………110
- 6－5　かたち作りから再生へ ……………………………… 113
  - 6－5－1　再生………113
  - 6－5－2　成長因子が関与している可能性………115

 6-6 老化はなぜ起こるか ……………………………………… 116
  6-6-1 老化のメカニズム………116
  6-6-2 老化に関する諸説………116
  6-6-3 Klothoマウス………119
 6-7 生殖工学と倫理 ……………………………………………… 120
  6-7-1 クローン動物………120
  6-7-2 生殖工学の光と影………123

第7章　情報の伝達
 7-1 情報伝達とは何か ……………………………………………… 124
 7-2 情報伝達のされかた ……………………………………………… 126
 7-3 受容体とセカンドメッセンジャー ……………………… 128
 7-4 タンパク質のリン酸化 ………………………………………… 131
 7-5 アダプタータンパク質 ………………………………………… 135
 7-6 情報の遮断とクロストーク ………………………………… 135
 7-7 情報に対する流れ―脱感作― …………………………… 137

第8章　脳と神経
 8-1 静止膜電位と活動電位 ………………………………………… 140
 8-2 VOSCの分子内制御機構 …………………………………… 144
 8-3 イオンチャンネルの分子機能解剖学 …………………… 147

第9章　が　　ん
 9-1 RNAがんウイルスのがん遺伝子 ………………………… 148
 9-2 ヒトのがん遺伝子 ……………………………………………… 151
 9-3 がん遺伝子の機能 ……………………………………………… 152
 9-4 がん遺伝子の活性化 …………………………………………… 156
 9-5 DNAがんウイルスのがん遺伝子 ………………………… 161
 9-6 がん抑制遺伝子 ………………………………………………… 165

目 次

第10章 人間の健康と病気―最新の分子生物学より―

10－1 食欲抑制ホルモン（レプチン）と
　　　　食欲増進物質（オレキシン） ………………… 169
10－2 喫煙と発がん ………………………………… 172
10－3 飲酒と脳神経タンパク質 Fyn と子育て放棄 …… 173
10－4 ヒトゲノム（遺伝子）解読 …………………… 175

第11章 分子生物学の発展を支えた生物・装置と方法

11－1 生　　　物 ……………………………………… 181
　11－1－1 大　腸　菌………181
　11－1－2 酵　　　母………183
　11－1－3 線　　　虫………183
　11－1－4 キイロショウジョウバエ………184
　11－1－5 マウス（ハツカネズミ）………186
11－2 装　　　置 ……………………………………… 191
　11－2－1 ＰＣＲ法………191
　11－2－2 アガロースゲル電気泳動………192
　11－2－3 SDS－PAGE………194
　11－2－4 Ｘ線回折………197
　11－2－5 電子顕微鏡………201
11－3 遺伝子の組み換えと遺伝子操作 ……………… 205
　11－3－1 分子クローニング………205
　11－3－2 DNA 断片の切り出しと制限酵素………206
　11－3－3 遺伝子の増幅………207
　11－3－4 DNA の塩基配列の決定法………209

参 考 文 献 ……………………………………………… 213
索　　　引 ……………………………………………… 222

第1章
分子生物学への招待
―筋ジストロフィーの病因解明の研究史

　「分子生物学」という学問分野は1953年のワトソン（Watson）とクリック（Crick）によるDNAの2重らせん構造の解明にはじまったといわれている。生物を対象とする学問・研究は解剖学→生理学→生化学という流れにのりながら生物物理学などとともに発展を遂げてきており，現在では理学，医学，農学，薬学，工学などというあらゆる分野で分子生物学的手法は必須のものとなっている。本章で，紀元前のエジプト時代から記録が残っており，不治の病としてその病因すら長年にわたって不明であったものが，1970年代より分子生物学的手法が用いられるようになって病態解明へ向けての急速な展開を遂げつつある筋ジストロフィー（筋萎縮症），特にデュシェンヌ（Duchenne）型筋ジストロフィーの研究の歴史と現状を述べることでこの本の出発点としたい。

1－1　歴　　史

　1858年にオーギュスト・マリエット（Augyste Mariette）は，エジプト女王の墓を発掘した。この女王は第18王朝に属しており，紀元前1501～1480年の間，女王として即位していた。発掘されたこの女王の墓のテラスの壁画に当時交流のあったアフリカの王国の女王が描かれている（図1－1の右から2人目の人物）。彼女は下肢が肥大し，著しく腰が曲がった腰椎前彎を示している。また，顔つきも他の人物とは異なっており，この女王は筋ジストロフィーに罹っていたのではないかといわれている。彼女の娘も右か

図1-1　エジプト女王墓の壁画（PöchとBeckerの原図より）

ら4人目に描かれているが，程度は軽いがからだつきも顔つきも母親に似ているところから親子2代にわたって筋ジストロフィーに罹っていたと推定される。女性の親子2代にわたって発症しているところから男性に発症する重症のデュシェンヌ型筋ジストロフィーではなく，顔面・肩甲・上腕型筋ジストロフィーではなかったかと考えられる。

　筋ジストロフィーについての学問的な報告となると1830年代前半にベル（Bell），ダーウォール（Darwall）やセモラ（Semola）らが報告した症例が最初とされているが，その記述はいずれも不充分なものであった。最も重症とされる進行性筋ジストロフィーとして有名なデュシェンヌ型筋ジストロフィーについては，1852年にメリオン（Meryon）が初めて優れた論文を発表している。1868年にはデュシェンヌが百数十頁にわたる詳細な論文を5回に分けて発表している。デュシェンヌは筋ジストロフィーが遺伝性疾患であることには気がついていなかったが，この進行性筋萎縮症が後にデュシェンヌ型と呼ばれるようになったのも当然であろう（図1-2）。我が国におけるデュシェンヌ型筋ジストロフィーの症例については，1888年（明治21年）の報告が初めてのものである。デュシェンヌ型筋ジストロフィーは，幼年期に発症し，歩行不能となり，30才前に呼吸不全や心不全により死亡する。一方，デュシェンヌ型に似ているが，病状は軽く進行も遅い家系が

図1−2　デュシェンヌ型筋ジストロフィー（DMD）患者（Gowers の原図より）
　　DMD患者が上肢の力を借りて立ち上がるところを示している。3に示すように，上肢を下肢について少しずつよじ登るので登はん性起立といわれる。

ベッカー（Becker）らによって1955年に報告されている（ベッカー型筋ジストロフィー）。

1−2　筋ジストロフィーの分類と症状

いくつかの分類法が報告されているが，本書では1969年ワルトン（Walton）らによって提唱されたものを基本として示した（表1−1）。

表1-1 筋ジストロフィーの病型の分類

1) X染色体性劣性筋ジストロフィー
 a) 悪性（Duchenne型）(DMD)
 b) 良性（Becker型）(BMD)
2) 常染色体性劣性筋ジストロフィー
 a) 先天性　Ⅰ 福山型（FCMD）
 　　　　　Ⅱ 非福山型
 b) 小児性（Duchenne型を除く）(SCARMD, SGP)
 c) 肢帯型（Limb-girdle type）(SGP)
3) 顔面・肩甲・上腕型筋ジストロフィー（Facioscapulohumeral type）
4) 末梢型筋ジストロフィー（Distal myopathy）
5) 眼筋型筋ジストロフィー（Ocular myopathy）
6) 眼筋・咽喉筋型筋ジストロフィー（Oculo-pharyngeal muscular dystrophy）

1-3　筋ジストロフィーの分子生物学的研究

　表1-1に示した筋ジストロフィーは骨格筋繊維の破壊を主病変とする疾患の総称であるが，患者の約6割がデュシェンヌ型筋ジストロフィーであり，このほかベッカー型筋ジストロフィーなどいくつかのタイプがある。ここでは，近年，分子遺伝学的手法を用いて病態解明が著しく進歩したデュシェンヌ型筋ジストロフィー，ベッカー型筋ジストロフィーなどのようなジストロフィン欠陥筋ジストロフィーおよび常染色体劣性筋ジストロフィーに分類されている福山型と小児型について述べる。

　デュシェンヌ型筋ジストロフィー患者のほとんどは男性で，原因遺伝子は性染色体（X染色体）上にある（図1-3と図1-4）。男子新生児の3,000～3,500人に1人位の割合で2～5才の幼児期に発症し，10才位から歩行不能となり，多くの患者は20才前後までに呼吸不全となって死亡する。患者の2/3は遺伝性（劣性遺伝）で，1/3は突然変異によるもので，治療法の確立していない代表的な難病である。このタイプの筋ジストロフィーの遺伝子座位の決定には，患者であった16才のブルースが交通事故で亡くなった後，培養されて生き続けた彼の細胞が役に立った。すなわち，培養され続けた彼の細胞のX染色体の短腕（Xp）にわずかな欠失があることが顕微鏡を用いた観察で発見されたことが以後の研究の発展に貢献した。その後，1981年にザッツ（Zatz）らは常染色体のどれかの断片とX染色体上のデュ

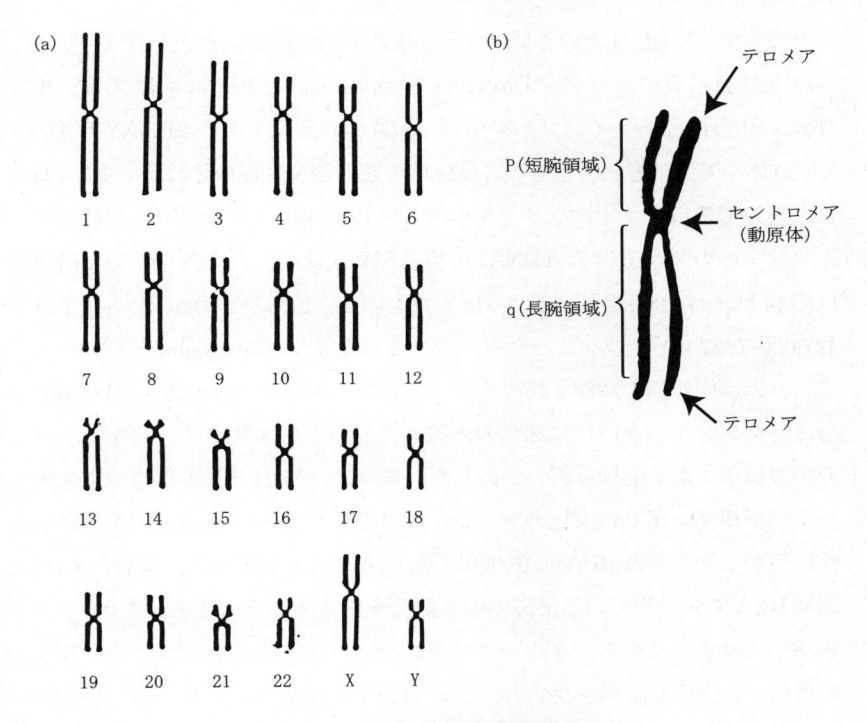

図1-3 染色体と各部の名称
(a)ヒト染色体図　(b)染色体と各部の名称

シェンヌ型筋ジストロフィー遺伝子部位を含む断片とが交換して起こる相互転座によって発症した女児のデュシェンヌ型筋ジストロフィー患者のデュシェンヌ型筋ジストロフィー遺伝子位置はX染色体短腕上のXp21に相当することを報告している。これらの転座した染色体を持つ何人かの女児のデュシェンヌ型筋ジストロフィー患者をさらに詳細に調べた結果，Xp21上の原因遺伝子は3,000 kbp（$3,000 \times 10^3 = 3$百万塩基対）にも及ぶ巨大なものであると推定された(1986年)。デュシェンヌ型筋ジストロフィーの原因遺伝子はこのように巨大なために，突然変異の発生率が高く，患者の1/3が遺伝ではなく突然変異に起因して発症するものと考えられた。また，大きな遺伝子の1部が欠失してベッカー型の患者が発生するものであろうと推定された。

ところで，X染色体上の各種遺伝子の塩基配列の決定に大きな貢献をしたのは女性科学者デービス（Davis）であったが，彼女とは別にクンケル（Kunkel）らは，クラインフェルター症候群の一亜型である49XXXY患者のX染色体やX連鎖遺伝病患者のX染色体の超音波や制限酵素によるDNA断片を用いて遺伝子ライブラリーを作成し，1987年にデュシェンヌ型筋ジストロフィーの原因遺伝子（cDNA）の塩基配列を決定した。対応するmRNAは約14 kbp（14,000塩基）という巨大なもので，3,685残基からなる分子量427,000（427 kDa）のタンパク質，ジストロフィン（dystrophin）をコードする。ほぼ同時期の1988年にカナダのトロント大学のウォートン（Worton）らは，クンケルらとは別に独自の方法でデュシェンヌ型筋ジストロフィー原因遺伝子の塩基配列を明らかにした。彼らは，Xp21と21番目の常染色体の1部が相互転座した女児のデュシェンヌ型筋ジストロフィー患者と胎児骨格筋からそれぞれ16 kbp（16,000塩基）のcDNAを単離して，女児のXp21領域DNAで欠失している部分の塩基配列を決定するという方法を用いた。1988年にはクンケルらのグループはデュシェンヌ型筋ジストロフィーの原因遺伝子の全塩基配列を決定し，この遺伝子が79個のエキソンからなる巨大なものであることを明らかにした。同じ1988年には日本の国立精神・神経センターの荒畑・石浦・杉田らのグループが，ジストロフィンの抗体を用いて，ジストロフィンは骨格筋あるいは心筋の細胞膜近傍に存在することおよびデュシェンヌ型筋ジストロフィー患者にはジストロフィンが存在しないことを免疫蛍光法による電子顕微鏡観察により証明した。

前にも述べたように，症状の進行状況の類似などから，ジストロフィンの完全な欠損がデュシェンヌ型筋ジストロフィー，不完全なジストロフィンが生産されるのがベッカー型筋ジストロフィーであると考えられていたが，最近の遺伝子レベルでの研究から，不完全なジストロフィンからもデュシェンヌ型筋ジストロフィーが発症することが明らかにされ，ジストロフィン遺伝子上の欠失するエキソンの場所により，デュシェンヌ型かベッカー型になることが明らかになった（図1-4）。完全なジストロフィンは3,685残基のアミノ酸から構成されているのに対して（図1-5aと5b），

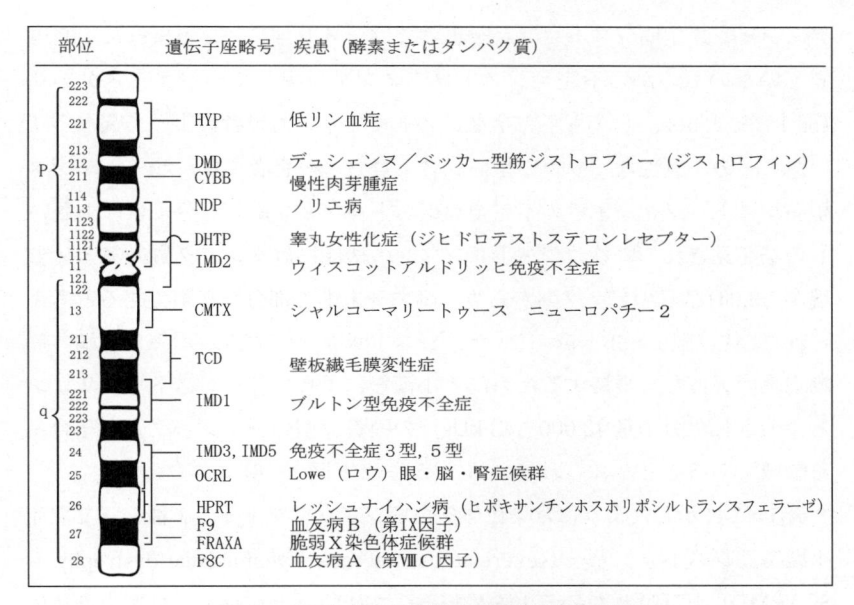

第1章 分子生物学への招待―筋ジストロフィーの病因解明の研究史

部位	遺伝子座略号	疾患（酵素またはタンパク質）
223 222 221	HYP	低リン血症
213 212 211	DMD CYBB	デュシェンヌ／ベッカー型筋ジストロフィー（ジストロフィン）慢性肉芽腫症
114 113 1123 1122 1121 111 11	NDP DHTP IMD2	ノリエ病 睾丸女性化症（ジヒドロテストステロンレセプター）ウィスコットアルドリッチ免疫不全症
121 122 13	CMTX	シャルコーマリートゥース　ニューロパチー2
211 212 213	TCD	壁板繊毛膜変性症
221 222 223 23	IMD1	ブルトン型免疫不全症
24	IMD3, IMD5	免疫不全症3型, 5型
25	OCRL	Lowe（ロウ）眼・脳・腎症候群
26	HPRT F9	レッシュナイハン病（ヒポキサンチンホスホリボシルトランスフェラーゼ）血友病B（第IX因子）
27	FRAXA	脆弱X染色体症候群
28	F8C	血友病A（第ⅧC因子）

図1-4　ヒトX染色体の部分的遺伝子地図
(Davies, K, E., Read, A. P., 笹月・吉住訳,「遺伝病の分子生物学」, 南江堂 (1991))

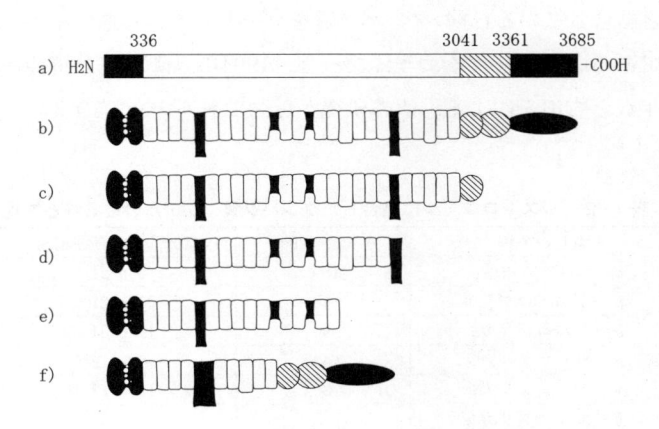

図1-5　筋ジストロフィー患者の部分的に欠失したジストロフィンモデル

a) 正常ジストロフィンのアミノ酸配列, b) 正常ジストロフィンモデル, c) デュシェンヌ型筋ジストロフィー（DMD）, 不完全ジストロフィン（1992年Hoffmanら報告）, d) Recanらが1992年に報告した患者の不完全ジストロフィン(何型のジストロフィーかは不明), e) Halliwellらが1992年に報告したデュシェンヌ型筋ジストロフィー患者（DMD）のジストロフィン, f) Englandらが1990年に報告したベッカー型患者（BMD）のジストロフィン　　　　　（Fabbrizio等 (1994)）

デュシェンヌ型筋ジストロフィー患者ではジストロフィンがまったく発現していないものから不完全ジストロフィンが発現しているケースがあり（図1-5cと5e），しかも不完全なジストロフィンも患者によって異なっていた。一方，良性なベッカー型筋ジストロフィー患者では，デュシェンヌ型筋ジストロフィー患者の不完全なジストロフィンよりも分子量の小さいものが発見されている。ジストロフィンの機能にはタンパク質のアミノ末端から3,041番目のアミノ酸からカルボキシ末端の部分が必須であると考えられている（図1-5bと5f）。また，ジストロフィンのカルボキシ末端は筋細胞膜の裏打ちを維持するために，小沢らによってβ-ジストログリカンと命名された分子量43,000（43 kDa）の膜貫通型の糖タンパク質と結合する領域であることが知られている（表1-2と図1-6）。

表1-1に示したように常染色体劣性筋ジストロフィーの1種として重症小児型筋ジストロフィー（severe autosomal recessive muscular dystrophy ＝ SCARMD）と呼ばれている1群がある。これは，デュシェンヌ型常染色体劣性筋ジストロフィーとも呼ばれているものであるが，それらはジストロフィンと結合している1群のタンパク質をコードしている遺伝子の欠損によるものであると考えられるようになった。1994年以降，国立精神神経センターの小沢と吉田らによる一連の研究から，これらの1群のタンパク質の

表1-2　ジストロフィンに結合したタンパク質（DAP）の各名称と性質

新しい名称	分子量（kDa）	遺伝子上の存在場所
α-ジストログリカン	156	3 p 21
β-ジストログリカン	43	3 p 21
α-サルコグリカン	50	17 p 21
β-サルコグリカン	43	4 q 12
γ-サルコグリカン	35	13 q 12
δ-サルコグリカン	35	5 q 33
25 DAP (A5)	25	—
α-シントロフィン	60	20 q 11.2
$β_1$-シントロフィン	60	8 q 23-24
$β_2$-シントロフィン	60	16 q 22-23
ジストロブレビン	90, etc*	—

＊数種類のアイソフォームが知られている。

遺伝子は同じ染色体上に存在するのではなく複数の染色体上に混在していることが明らかになってきた。例えば，α-サルコグリカンは染色体17q21C7の長腕部に存在するアミノ酸387残基からなる分子量50,000（50 kDa）のタンパク質であり，β-サルコグリカンは4q12に存在し，318残基のアミノ酸からなる分子量43,000（43 kDa）の糖タンパク質であり，δ-サルコグリカンは5q33に存在するアミノ酸291残基からなる分子量35,000（35 kDa）の糖タンパク質である（表1-2）。なお，これらのうちα-およびγ-サルコグリカンは小沢と吉田らが発見したものである。これらのタンパク質が欠けるとSCARMDだけでなく肢体型筋ジストロフィー症状を呈するので，小沢らは，SCARMDという名称の代わりにサルコグリカノパチー（SCP）という名称を提唱している（1998年）。これらのジストロフィンとジストロフィンに結合しているタンパク質との関係を表1-2と図1-6に示した。

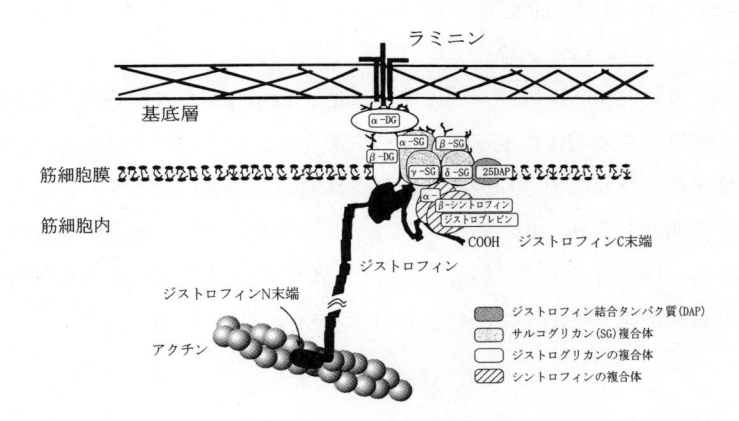

図1-6　ジストロフィンと筋細胞膜上のジストロフィン結合タンパク質（DAP）の構築モデル
（吉田ら，Human Molecular Genetics, 9 : 1033-1040（2000））

福山型先天性筋ジストロフィー（FCMD）は，表1-1に示したように常染色体性筋ジストロフィーの1タイプとして分類されており，1960年に我が国の福山によってこの呼び名が提唱されたもので，わが国の小児期の筋ジストロフィーではデュシェンヌ型に次いで多く，その発症率はデュシェ

ンヌ型が35〜40人／10万人なのに対して5〜10人／10万人といわれている。この患者は起立歩行能力を獲得できず，生涯歩行不能で，筋力低下，全身関節拘縮により10才前後に完全に臥床状態となり，多くは20才までに死亡する。この患者にみられる小多脳回などの脳奇形は胎生期初期の神経細胞遊走障害によると考えられている。戸田らは，先に述べたジストロフィンやハンチントン病遺伝子産物であるタンパク質のハンチンチンなどの研究と同様に連鎖解析や染色体異常を手がかりにして遺伝子の染色体上の位置を決定し，原因遺伝子を単離するというポジショナルクローニング法を用いてFCMD遺伝子は，9q31（第9番目の染色体長腕31）に存在することをつきとめ，この遺伝子産物であるタンパク質をフクチンと命名した。フクチンは461残基のアミノ酸からなり，FCMD患者はその中のアミノ末端から47番目のアルギニンと63番目のメチオニンに突然変異が起きていることを明らかにした（1998年）。フクチンの生理的機能は今のところ不明である。

　このように筋ジストロフィーの研究はここ10年間で急速に進み，筋細胞膜から筋細胞外基底膜に至る連結構造を担うタンパク質の異常が筋細胞膜の破壊を起こす原因ではないかと推測されている。何はともあれ，これまで難病の典型とされてきた筋ジストロフィー患者に明るい展望を期待させるこれら一連の分子生物学的研究は，これから先もこの遺伝病の原因解明および治療法確立へ向けて続けられるであろう。

第2章
生命と細胞

　生命はどのようにしてこの地球上に誕生したのであろうか。この疑問は，生命とは何かという問題と絡み合って，生命科学の大きな問題である。多くの科学者がこの疑問に挑戦し，いろいろな事実，仮説を提示しており，生命の誕生にまつわるストーリーができあがりつつある。また，原始生命体が単細胞から多細胞の生物に進化してきた過程とその細胞の仕組み，細胞周期に関する知識は，生命科学の最も基本的な事項であると思われる。この章では，生命の誕生・進化について，生物の基本的単位である細胞の仕組み・特徴について，さらに細胞の増殖に関連する細胞周期の特徴について解説する。

2－1　化学進化・生命の誕生

　生命の誕生については様々な議論がある。その中には生命の種子は宇宙から来たものであるとか，生命は神が創ったものであるというものまである。しかしこの節では生命が地球上で自然発生したものであるという立場にたち，生命の誕生とそれに先立つ有機化合物の生成（化学進化）について考えていきたい。

2－1－1　原始地球の環境と有機物の化学的合成

　我々の住む地球は約46億年前に誕生したと考えられている。そして，約35億年前の地層からは生命の最初の痕跡が見つかっている。この約10億年

の間にどのようにして生命が誕生したのであろうか。これを考えるために，科学者はまず生命が誕生することになった原始の地球の環境はどのようなものであったかを推定しようとした。これまでの研究によると，原始地球の大気は現在の大気と異なり，酸素を含まず，メタン，アンモニアなどを含む還元的なものであったと推定されている。酸素は生命の発生後，光合成によって作りだされたものであると考えられている。したがって，オゾン層は存在せず，地上は強力な紫外線にさらされており，火山活動も活発であったと考えられる。このような環境の中での化学反応が生命を構成する有機化合物を作りだし，それが原始の海に蓄積していき，この有機物から生命が誕生したと考えられており，この過程を化学進化と呼ぶ。

　この考え方を示唆する実験が1953年にシカゴ大学のミラー（Miller）らによって行われた。彼らは，原始大気と考えられる成分（水素，メタン，アンモニア，水蒸気）を含む気体混合物を反応容器（図2-1）に入れ，放電を繰り返すことにより反応を起こした。1週間反応を続けることにより，容器中にはアミノ酸4種類（アラニンなど），蟻酸，ポルフィリンなどの高分子などの有機化合物の生成が認められた。アミノ酸はタンパク質の材料である。また，オロー（Oro）らは1961年にシアン化水素とアンモニアの水

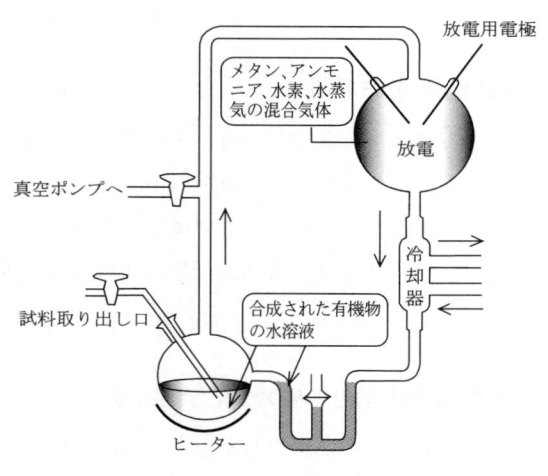

図2-1　ミラーの実験装置

溶液を放置しておくと，アデニンが生成することを見つけた。アデニンは核酸（nucleic acid）に含まれる塩基の1つであり，ATPの一部分でもある。

ロシアのオパーリン（Oparin）らは，酸素を含む酸化型の大気中では生命に必要な有機物が合成されないことを指摘している。これは当時の大気が還元的であったということを示唆しており，ミラーらの実験は，その大気中で紫外線，雷，火山活動などのエネルギーによって化学反応が起こり，様々な比較的小さな有機化合物が合成されることを示したものである。そして，これらの比較的小さな有機化合物が，長い時間をかけて蓄積されていったと考えられる。

太古の大気の中で生成した比較的小さな有機物は海に溶けていったと考えられる。しかし，海全体に希釈された状態では物質の濃度が極めて低く，より複雑な有機物ができる確率は非常に小さい。したがって，タンパク質，核酸，多糖類のようなより大きな有機物が生成するためには，小さな有機物がより濃縮された環境が必要とされる。オパーリンは1924年に，コアセルベートと呼ばれる液滴が生命の誕生につながったという説を唱えた。このような液滴の中に外部からある程度隔離された環境が作られ，その中に有機物が濃縮していき，特定の化学反応が起こるようになったというものである。さらに，この段階から生きるために必要な化学反応が効率的におこる原始的な細胞が生じてきたと思われる。このように，有機物を内包し，その中で一連の化学反応が起こる液滴から，生命としての細胞が進化してきたと考えられている。現在の細胞はただの液滴ではなく，共通してリン脂質を主成分とする細胞膜を持っている。

2−1−2 自己複製能力の獲得

生物の特徴の1つに，自己複製能力を持つことがあげられる。この能力の発現には遺伝物質とさらにその複製のための酵素が必要である。これらはどのように獲得されてきたのだろうか？

ベルギーのド・デューヴ（de Duve）は原始の細胞の中で起こる反応は，鉄イオンとチオエステルと呼ばれる硫黄化合物の間の酸化還元反応によっ

て放出されるエネルギーを利用していたと提唱している。これによって、リボ核酸（ribonucleic acid ＝ RNA）などの高分子が生成してきたと考えられる。これらの高分子の中で、RNAは極めて重要である。RNAはデオキシリボ核酸（deoxyribonucleic acid ＝ DNA）より簡単に合成でき、遺伝物質としての働きをする。また、コロラド大学のチェック（Cech）らによりRNA自身が酵素活性を持つことが発見された（リボザイム、ribozyme）。このように遺伝物質、酵素という生物として必要な2つの機能が、RNAに存在することがわかり、生命はRNAから始まったというRNAワールドの考えが提案された。その後RNAの酵素としての働きにより、タンパク質の合成ができるようになったと考えられる。そして、さらにはRNAはタンパク質と共同してリボヌクレオプロティン（ribonucleoprotein ＝ RNP）をつくりだし、単独ではなしえない触媒活性を持つようになった。この段階をRNPワールドと呼んでいる。リボソーム（ribosome）はまさにRNAとタンパク質の巨大な複合体であり、細胞におけるタンパク質合成の場である。このように、様々な酵素タンパク質がより効果的に合成されるようになっていったと考えられる。RNAはその後、より安定なDNAに遺伝物質としての座を譲った。現在の細胞の中で遺伝物質はDNAであり、酵素はタンパク質である。

　遺伝暗号の成立についてもいろいろの議論がある。クリックは進化の初期に20種類のアミノ酸に対する暗号ができあがり、それが凍結されて現在の普遍的暗号になったとしている。このことは、地球上の生物が単一のルーツを持つことを示している。このような原始細胞における進化の過程を生化学進化と呼ぶ。

2－2　生物進化

　細胞の成立によってついに生命の進化がはじまった。この節ではその進化を生物の代謝の進化、細胞内構造の進化、多細胞化の3つのステップに分けて考え、それぞれのステップでどのような変化が起こったのかを中心に述べることにする。

2-2-1 原核生物の登場とその進化

原始細胞は，生体膜としての特徴を備えた細胞膜を持ち，その中でさまざまな機能を果たす小器官を形成して単細胞の原核生物（バクテリア）へと次第に進化していった。その初めの原核生物は従属栄養型の生物だったと考えられている。原始生物は周りの環境から必要な物質を取り込み，嫌気的な呼吸や発酵によって生命活動を維持するエネルギーを得ていたと推定される。しかし，当初の有機物資源は生物の活発な活動のために，急速に枯渇に向かい，その危機的状況の中で，光合成能力を持った生物が出現したと考えられている。可視光のエネルギーを吸収して蓄えることができる葉緑素（クロロフィル）という分子が出現し，これを取り込んだ生物はそのエネルギーを使って一連の化学反応を起こし，複雑な食物分子（炭水化物）を作り出せるようになった。これは太陽エネルギーを生命活動に利用できるようになったという意味で，生命にとって独立栄養型に移行する重要なステップであった。

水と二酸化炭素を利用し酸素を放出する植物型の光合成は藍藻（シアノバクテリア）によって成し遂げられた。35億年前のことである。オーストラリアのこのころの地層にはストロマライトと呼ばれる堆積岩が見られ，その中から藍藻の化石が発見されている。しかし，藍藻の出現の結果，酸素というそれまで単体としては大気中にはなかった分子が大気中に放出されはじめた。酸素はその当時の還元的な大気に対する汚染物質である。藍藻が繁栄していくにつれ，大気中の酸素濃度が上昇し，水中にも酸素が含まれるようになってくると，これまでの還元的な環境でしか生きられない原核生物は次第に淘汰されていくことになった。しかし，酸素を利用して光合成生成物を酸化する方式（酸素呼吸）を獲得した生物は非常に大きなエネルギーを手に入れることができるようになった。だんだんと地球上には光合成を利用して食物を作り，酸素を利用してそれからエネルギーを得るというタイプの生命が一般的なものになっていった。この時代は細胞がその代謝系を発達させた時代ということができる。

2-2-2 真核生物（原生生物）の登場，共生説，膜進化説

原核生物の時代が20億年ほど続いた後，真核生物が登場した。約15億年前のことである。真核生物は大型で様々な細胞内小器官（オルガネラ）や細胞核を持つという特徴を持っている。真核生物という分類はまさに，それが遺伝物質であるDNAを納めている膜を持つかどうかという点に着目したものである。

どのようにして，真核生物が現れてきたのかについても様々な議論がある。マーグリス（Margulis）は1970年に共生説（図2-2）を発表した。この説は，大型の嫌気性の原核生物が共生的に様々な細菌を取り込み，それ

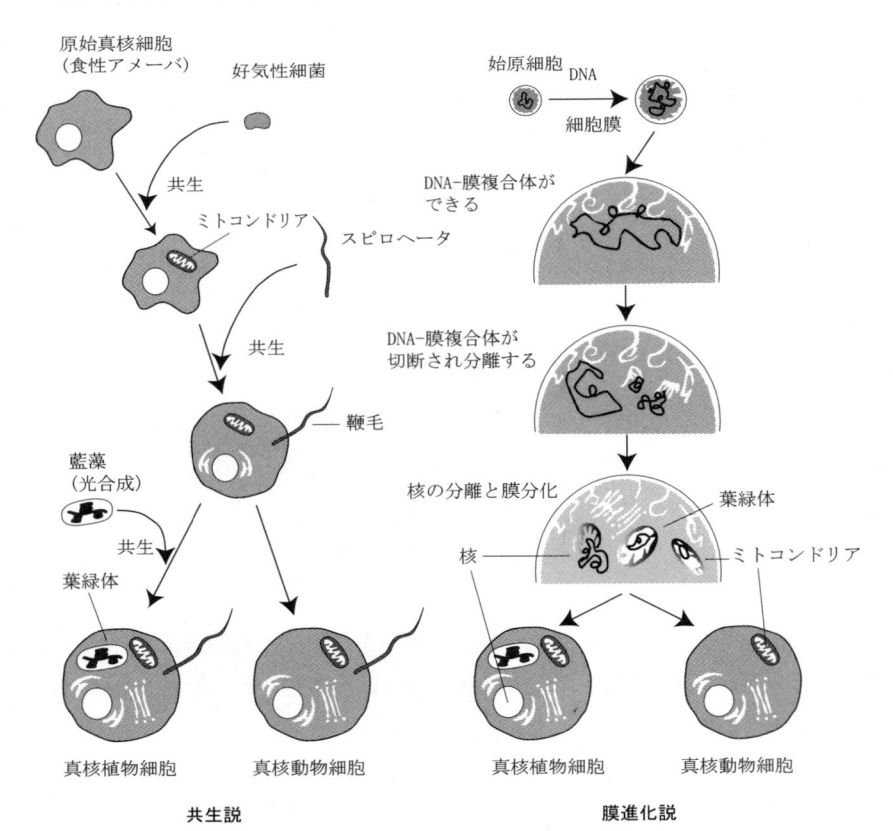

図2-2　真核生物への進化（共生説，膜進化説）
（中村　運，日経サイエンス（5月号），膜進化説（1997）より改変）

らが細胞内小器官となっていったというものである。好気性細菌が取り込まれてミトコンドリアとなって，嫌気性の原核細胞の酸素耐性を強め，酸素を利用できるようにした。また，藍藻を共生させることによって，それが葉緑体となり，植物への進化を遂げたとしている。一方，中村運は1975年に膜進化説（図2－2）を発表した。その説では原核生物の細胞膜に様々な酵素が含まれていることに注目している。また，藍藻などでも細胞内に細胞膜から発達した複雑な膜構造を持つものがある。膜進化説では，進化の過程でそれらの膜が細胞内部にあるDNAを呼吸や光合成，その他に関する部分に分断し，取り囲むことにより，ミトコンドリア，葉緑体，核を形成したと説明している。どちらの説が正しいのかはまだ決着がついていない。サイエンスの現場では提起された仮説を様々な角度から検証していく姿勢が必要であり，将来において過去を振り返って見たときにも耐えられるような，論理的な思考が常に要求される。この時代は，細胞がその内膜系やオルガネラを発達させた時期といえる。

2－2－3　多細胞生物へ，さらにより複雑な生物への進化

　真核生物の出現後，単細胞の真核生物には原生動物と呼ばれる複雑な構造（知覚毛，光受容器，鞭毛，足，刺針，筋肉様の収縮束など）を発達させた生物が現れた。この仲間にはアメーバ，ゾウリムシ，繊毛虫類，渦鞭毛虫などがある。一方，真核生物の中には多細胞化への進化の道をたどるものも現れた。約8億年前に初めて多細胞性真核生物が出現している。多細胞化の時代の幕開けである。

　多細胞化の利点は，生物体が大きくなり，その細胞間でいろいろな役割を分担することにより，より広範囲な環境に適応できることである。多細胞生物は単細胞生物が分裂後に分離しないで残り，それらが集まり，群体を形成することから出現したと考えられている。緑藻類は単細胞，群体，多細胞などの様々な形態で存在する真核生物である。それぞれを複雑さの順に並べると，それらから多細胞化への進化の過程を推察することができる。その多細胞真核生物の中から，大型の植物，動物などが進化してきたと考

えられる。

　その当時の大気はすでに一定量の酸素を含み，大気の上層部にはオゾン層が形成されていた。オゾン層は生物に有害な紫外線をカットする。オゾン層ができたことによって，生物は水中から地上へと出ることが可能となったと思われる。まず，植物が地上に進出し，動物界では，5.5億年前，脊索を持つものが現れ，それが5億年前に脊椎を持つ動物に進化し，さらに魚類から両生類となって，3.5億年前地上に進出した。そして両生類からより乾燥した地上に適応した卵を生む爬虫類に，爬虫類から温血の鳥類，哺乳類に進化してきた。現在の高等生物の細胞は非常に特殊化し，機能の分担がはっきりと見られるが，それでいて全体として1つの個体として統一された生物となっている。表2-1に地球における生物の進化年表を示した。

2-3　生物の細胞

　生物の細胞は，リン脂質の2重層を基本構造とする細胞膜で被われている。この細胞の中には共通の成分として，遺伝物質であるDNA，タンパク

表2-1　進化年表

	億年前	形態	特徴
生物進化	2.2	哺乳類	胎生
	3.0	爬虫類	殻のある卵生
	3.5	両生類	陸上生活
	5.1	脊椎動物	脊椎
	5.5	脊索動物	脊索
	8.0	多細胞生物	
	14.0	真核生物	
	36.0	原核生物	呼吸（好気的酸化）
			光合成
			発酵
			嫌気呼吸（解糖）
生化学進化		原始細胞 (RNPワールド)	DNA（遺伝） タンパク質（タンパク質合成）
化学進化	46.0	(RNAワールド) (チオエステルワールド)	高分子（RNA）の生成 複雑な有機物の生成 還元型大気中での単純な有機物 （アミノ酸，核酸など）の化学合成

質を合成するリボソーム，生体内の化学反応を触媒する酵素などが含まれている。この節では，原核生物と真核生物（動物，植物）の細胞の特徴や，高度に分化した高等生物の体組織を構成している細胞の特徴を紹介する。表2-2に原核生物と真核生物の細胞の特徴をまとめた。

表2-2　原核生物と真核生物の特徴の比較

	原核生物	真核生物
生物種	細菌（バクテリア） らん藻（シアノバクテリア）	原生生物，菌類 植物，動物
存在	主として単細胞	主として多細胞 細胞が分化している。
代謝	嫌気的または好気的	好気的
光合成	H_2S型	H_2O型
生殖形態	無性生殖	有性生殖
細胞分裂	無糸分裂 分裂装置（中心体，紡錘体）なし	有糸分裂 減数分裂 分裂装置（中心体，紡錘体）あり
細胞構造	細胞膜 膜構造，細胞小器官が不明瞭。 リボソーム メソソーム クロマトホア チラコイド 鞭毛(タンパク質) 細胞壁 （ペプチドグリカン）	細胞膜 膜構造，細胞小器官 リボソーム 小胞体 ミトコンドリア ゴルジ体 リソソーム ペルオキシソーム 中心体 細胞骨格 鞭毛（微小管） ＊植物細胞にみられる構造 葉緑体 液胞 細胞壁 （セルロース，キチン）
細胞質流動 エンドサイトーシス エクソサイトーシス	なし	あり
DNA	細胞質中に環状DNA有	DNAはヒストンと結合しクロマチンを形成する。 エクソン，イントロン
染色体	単一染色体	複数染色体
RNA合成（転写） タンパク質合成（翻訳）	転写，翻訳は同時進行	核内で転写，スプライシング 細胞質で翻訳
リボソーム	70S 細胞質中に遊離	80S 遊離の他，粗面小胞体に付着
核	核膜がなく核がみられない。 核様体	核膜に包まれた核が存在する。 核小体（リボソーム製造）

19

2-3-1 原核生物，真核生物の細胞の特徴

原核生物（図2-3）はバクテリアや藍藻に代表されるような核膜を持たない単細胞生物である。原核細胞の細胞膜には様々な輸送タンパク質が含まれ，細胞質にはタンパク質合成の場であるリボソームや細胞膜から派生したと思われる内膜系として，メソソーム，クロマトホア，チラコイドな

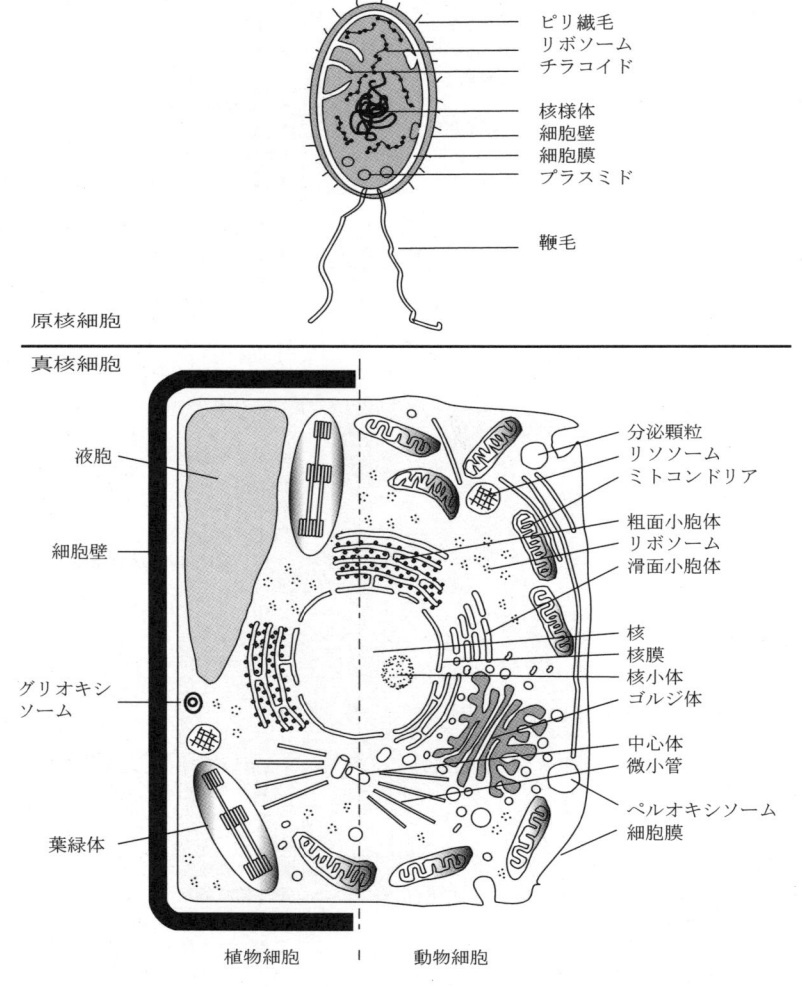

図2-3 原核細胞，真核細胞（動物，植物）の模式図

どが含まれる。DNAが集積して核様体となっている場合もあり，プラスミドと呼ばれる環状DNAを含んでいることもある。また鞭毛を持つものはその運動により動き回ることができる。メソソームは細胞膜が内側にくびれこんでできる管状，胞状構造である。クロマトフォアは光合成色素を含む泡状の小胞構造で，電子伝達，光リン酸化の反応が起こる場所である。チラコイドは藍藻などの細胞に見られる多層や不規則な形をした扁平な袋様構造であり，藍藻の光合成器官である。

真核細胞（図2-3）はDNAを囲い込む核膜を持つことが大きな特徴であり，その他に複雑な内膜系と，様々な細胞内小器官が発達している。これらの小器官はそれぞれ膜で被われ，その中にその機能に適した環境を作りだしている。核にはDNAが染色体として納められ，核小体が見られる。また，呼吸の中心であるミトコンドリアがあり，リソソーム，ペルオキシソームが見られる。内膜系ではゴルジ体，小胞体（滑面小胞体，粗面小胞体）などがある。また，中心体と繊維性のタンパク質からなる細胞骨格を持っている。植物細胞に特徴的な構造としては，葉緑体，液胞，セルロースでできた細胞壁がある。

真核細胞の核内には核小体が見られ，これはリボソームを組み立てる場として知られている。遺伝物質であるDNAはヒストンという塩基性タンパク質と結合してクロマチンを形成し，コンパクトにまとめられた染色体となっている。核内ではDNAからメッセンジャーRNA（messenger RNA ＝ mRNA）が作られる。核膜には核膜孔と呼ばれる直径0.1ミクロン（1ミクロン（μ）は1ミリメートルの1,000分の1）ほどの穴があいており，核でつくられたmRNAやリボソームが核外に出る際の通路となっている。

小胞体は細胞内を縦横に走る膜構造であり，膜の外側に顆粒状のものが付着しているように見えるものを粗面小胞体と呼び，そうでないものを滑面小胞体と呼ぶ。粗面小胞体上の顆粒はリボソームである。粗面小胞体はしばしば核膜と連続している。小胞体で作られた様々な物質は滑面小胞体から出芽してゴルジ体に運ばれる。特殊な滑面小胞体としては，筋肉中に存在し，内部にCa^{2+}を蓄え，その放出，回収により筋収縮を制御する役割

を持つ筋小胞体がある。

　リボソームはタンパク質合成の場であるが，粗面小胞体表面に存在するほか，細胞質中にも遊離したり（遊離リボソーム），集合したり（ポリソーム）して存在している。

　リソソームは膜に被われた細胞器官であり，様々な形態を示す。その特徴は内部に約40種類にも及ぶ加水分解酵素を含んでいて，細胞内の異物や不要になった細胞器官を消化分解する働きを持つことである。内部のpHはその中に含まれる消化酵素の至適pHになっていると思われ，酸性（pH 4～6）である。

　ゴルジ体はゴルジ（Golgi）によって神経細胞で発見された細胞内の構造であるが，動植物細胞に普遍的に見られる構造であることが知られるようになった。ゴルジ体は扁平な層状の膜構造に隣接する包状の部分を持ち，核の近くによく観察される。ゴルジ体は細胞の中での宅配便の集積基地のような働きを持っている。ゴルジ体の周りには微小な小胞がたくさん集まって見える。分泌物質や多糖類がゴルジ体の中でつくられたり，小胞体から送り込まれたりした後，それらがつまった小胞がゴルジ体から離れ，さまざまな方向に輸送されていく。この輸送には後述の細胞骨格に付属するモータータンパク質があたる。分泌細胞では，小胞は細胞膜に接触してその内容物を細胞外に分泌する。また，食によって取り込まれエンドソーム中に存在する物質はリソソームを経て，ゴルジ体などへ輸送される。

　ミトコンドリアは長い円柱状の構造を持ち，2層の膜で被われている。内膜はミトコンドリア内部に襞状に突起している（クリステ，cristae）ので，細胞中で目につきやすい。ミトコンドリアはクエン酸回路から得られるNADH，FADHを用いてATPを産生する働きをし，呼吸を司る細胞器官である。生物体はATPの高エネルギーリン酸結合に含まれるエネルギーを利用して様々な仕事をしている。そのため，ATPは極めて重要な化合物であり，生体におけるエネルギー通貨といわれる。ミトコンドリアにはそれ自身のDNAがあり，分裂増殖したり，必要なタンパク質を合成している。この点が他の細胞器官と大きく異なっている点である。

ペルオキシソームは1層の膜に包まれた回転楕円体様の小粒であり，マイクロボディとも呼ばれる。ペルオキシソームは細胞における酸素利用能力を持つ小器官の1つである。その中には基質から水素を取り去り，酸素と化合させて過酸化水素を発生させる酵素を含む。できた過酸化水素はカタラーゼなどのペルオキシダーゼによる酸化反応に使われる。

　細胞骨格は細胞内部の小器官の位置を保ったり，移動させたり，細胞に形や運動能力を与えている。細胞骨格を形作るフィラメント構造には3種類がある。それらは，アクチンからなる最も細いフィラメント，ビメンチンなどの繊維性タンパク質ファミリーからなる中間径フィラメント，チューブリンからなる最も太い微小管フィラメントである。アクチンフィラメントにはミオシン，微小管にはキネシン，ダイニンといったモータータンパク質が存在し，フィラメントに沿って運動や小胞の輸送が行われる。

　中心体は細胞における微小管形成の中心である。3つの微小管が融合した3連管が9組環状に配列した構造を持つ。ここから微小管が伸張する。細胞分裂の時には中心体が紡錘極体となり星状体を形成する。

　葉緑体は植物細胞に特有の小器官であり，内部には葉緑素を含み，光合成反応を行い，酸素と炭水化物を生成する機能を持つ。ミトコンドリアと似たところがあり，同様に2層の膜に包まれていて，固有のDNAを持っている。内部にはチラコイドと呼ばれる膜構造が重なったグラナ構造が見られ，その間はストロマと呼ばれる基質で埋められている。

　植物細胞によく見られる液胞は若い細胞では目立たないが，細胞の成長とともに大きくなり，ついには植物細胞の大部分を占めるまでになる。液胞は1層の膜でおおわれ，内部には無機イオン，アミノ酸，糖などや2次代謝産物などが蓄えられており，細胞の浸透圧の調節や細胞の一定の大きさを保つ働きを持つ。また，液胞は，物質の貯蔵器官，あるいは消化機能を持つ小器官であるともいわれている。

　細胞壁は原核生物でも見られるが，原核生物の細胞壁がペプチドグリカンを主成分とするのに対し，植物細胞ではセルロースなどの多糖類を主成分としている点が異なっている。細胞壁を貫通する組織としてプラスモデ

スムがあり，隣接する細胞間の物質の移動がここを通じて行われる。細胞壁は植物の伸長を制御する重要な組織である。

2-3-2 細胞の機能

真核細胞においては，核は遺伝情報，つまりタンパク質の設計図の保管庫であり，核小体はタンパク質合成工場であるリボソームの生産場所である。リボソームは粗面小胞体上や細胞質中でタンパク質を合成する。合成されたタンパク質，有機物質はゴルジ体を経由して様々な場所に輸送される。ミトコンドリアは酸素を利用したエネルギー代謝を行いATPを産出する。ATPの化学エネルギーを基本通貨として酵素反応が推進され，生命活動が維持される。

2-3-3 分化した細胞のパターンと組織

高等動物の体細胞にはたくさんの異なった型の細胞があり，その種類は200種類以上といわれている。細胞は分裂後様々な型に分化していく。これらの特殊化した細胞が混在しながら集まり，上皮，結合組織，筋，神経組織などの様々な組織ができる（図2-4）。

上皮は上皮細胞と呼ばれる細胞が層状に並んで作られている。消化管内部の上皮には栄養物を吸収する吸収細胞，運動して粘液を輸送する絨毛細胞などがあり，様々な物質を分泌する分泌細胞も存在する。

結合組織は器官と組織の間を埋める組織であり，コラーゲンなどの繊維の網目構造を持ち，線維芽細胞からできる。また，骨は造骨細胞から作られる。また，大きな脂肪滴を持つ脂肪細胞もある。

神経はニューロンとも呼ばれる神経細胞からなる。脳，脊椎は神経細胞の巨大なネットワークであり，グリア細胞で支えられている。また，ニューロンの軸索は長く伸び，その先端でシナプスを形成しているが，その軸索はシュワン細胞で絶縁されている。

血液中にはヘモグロビンを持つ赤血球，アメーバ状の白血球，リンパ液中にはリンパ球，マクロファージ，好中球などの生体防御に関連する細胞

図2-4 分化した様々な細胞

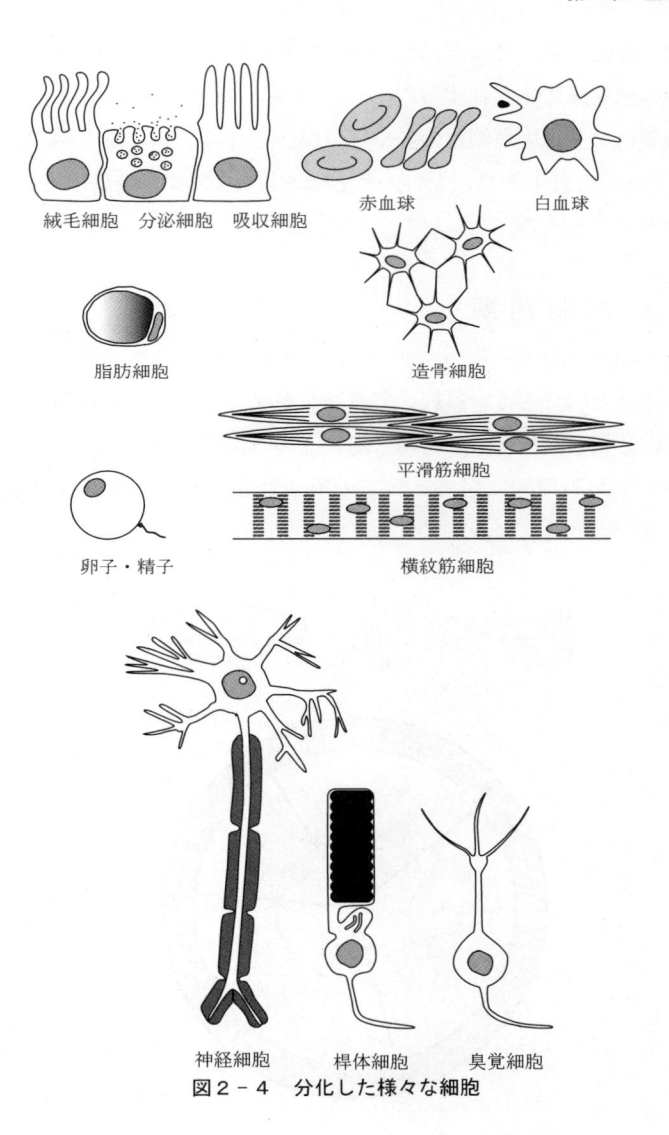

が存在する。

　筋肉は，筋細胞と呼ばれる細胞からなり，アクトミオシン系により運動を司っている。

皮膚，鼻腔，舌，目などには外界からの物理的，化学的な刺激を感知するための感覚細胞が存在する。

卵巣や精巣では生殖細胞の卵や精子が作られる。いずれも減数分裂の結果，染色体を1組しか持たない。卵と精子の融合により生じた胚から，2倍体の生物が生まれる。

2−4 細胞周期

真核生物の細胞は一定の大きさになると核内の染色体を複製し，核が分裂し，それと同時あるいは続いて細胞質が2分して2つの細胞ができるという細胞分裂を繰り返し，増殖する。この細胞の分裂増殖の過程では一定のイベントが周期的に起こる。この繰り返される一連の過程を細胞周期（図2−5）と呼ぶ。

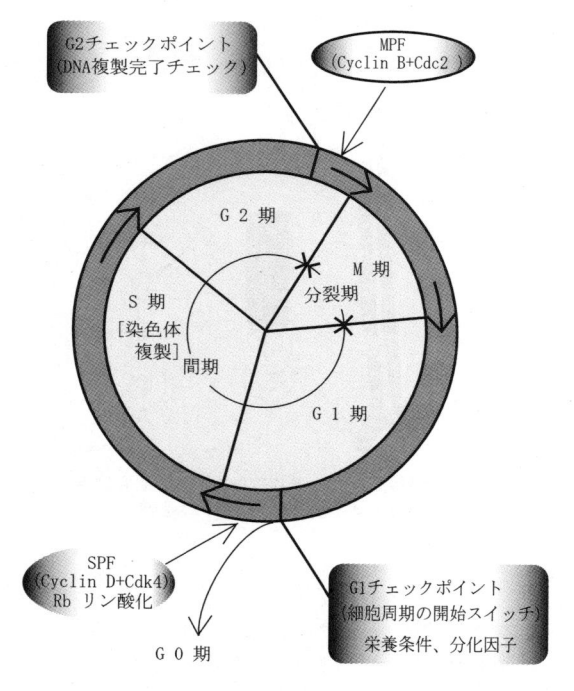

図2−5 細胞周期とその制御

2-4-1　細胞周期の各期

　細胞周期の中で一番派手なのが，核や細胞質が2つに分裂する時期である。この時期は分裂期（M期，M-phase）と呼ばれる。しかし，再び分裂が起こる前には必要な量の細胞質を増やし（G1期，G1-phase），遺伝物質であるDNAを複製する時間（S期，S-phase）が必要である。その後，次のM期の開始を準備する時期（G2期，G2-phase）を経て，再び細胞が分裂する。各期の長さは生物によって異なるが，動物細胞ではG1期が比較的長い。M期のMは核分裂（mitosis）の頭文字であり，S期のSはDNA synthesisのSである。G1，G2のGは間期（gap）の頭文字であり，クロマチン染色によって特に細胞に変化が見られない時期をさす。

2-4-2　細胞周期の調節

　真核細胞は増殖し，様々に分化するが，その分化の開始も増殖の開始もともにG1期で調節される。細胞内外からの様々なシグナルに応答し，細胞周期を開始するマスタースイッチとなる調節系が存在する。このスイッチがオンになると分化は抑制され，DNAの複製が開始され，S期に移行する。オフのままであると分化したり，静止期（G0期）に移行する。S期に続くG2期では，DNAの複製を確認する機構が働いている。これらにパスできないと細胞周期の停止が起こり分裂は起こらない。正常であれば核分裂，細胞分裂（M期）が起こる。

　これらの調節はタンパク質リン酸化酵素（タンパク質キナーゼ）の働きによる。G1期やG2期にはサイクリンとよばれる活性化タンパク質ファミリーに対して依存性を持つサイクリン依存性タンパク質キナーゼ（cyclin-dependent protein kinase ＝ Cdk）ファミリーが関与していることが知られている。サイクリンにはG1サイクリン，有糸分裂サイクリンなどがあり，それぞれ，G1期やG2期にCdkと結合し，S期やM期へ周期を進める。この調節機構の解明には遺伝子クローニング法の急速な発達が大きな要因となった。

　動物細胞ではG1期の細胞周期を開始するスタートスイッチに関連して，

数種類のCdkが見つかっているが，その中で，Cdk4が重要である。G1期初期の細胞中ではDNAの転写に必要な転写因子（TF）がRbタンパク質（網膜芽細胞腫遺伝子産物）と結合して不活性化されている。Cdk4はサイクリンDと結合することにより活性化したS期促進因子（S-phase-promoting factor ＝ SPF）となり，Rbタンパク質をリン酸化する。そのことにより，TFがRbタンパク質から離れて活性化し，細胞周期が開始され，DNAの複製が進行する。続くG2期には次のM期に移行するためのチェックポイントがあり，細胞分裂の周期を開始するスイッチが働く。ここでは，Cdc2とよばれるサイクリン依存性タンパク質キナーゼとサイクリンBが，M期促進因子（M-phase-promoting factor ＝ MPF）を形成する。このMPFは，はじめCdc2がリン酸化されていて不活性型になっているが，Cdc25というプロテインフォスファターゼがCdc2を脱リン酸化することによって，活性型のMPFとなる。この活性型MPFの生成が有糸分裂開始を誘導する。また，次の間期（G1期）の開始にはそのMPFが分解される必要がある。

　各チェックポイントでは細胞周期を次の段階に進ませる前に，現段階の進行がうまくいっているかを感知するセンサーシステムが働いている。例えば，細胞が細胞周期を開始するにあたっては，細胞が一定以上の大きさになっていて充分な栄養の供給があるかどうかということを感知する必要がある。またS期からM期に移るにあたり，S期の進行を感知したり，複製されたDNAに損傷がないかをチェックする機構が存在する。このようにして，細胞はセンサーシステムにより細胞周期を開始し，各段階のチェックポイントを通過して，次の段階を起こさせる因子を次々と活性化しながら，DNAの複製，細胞分裂を経て一周期を巡るのである。

第3章
タンパク質の構造と機能

　遺伝子は生命現象の設計図であり，タンパク質はその設計図に従って生成され，直接的に生命現象をコントロールする生理活性物質である。近年タンパク質の立体構造を明らかにすることで，このタンパク質の機能を立体構造学的側面より理解しようとする学問，「構造生物学」分野がめざましい発展を遂げている。この構造生物学の発展により，生命現象を3次元的に分子レベルでイメージできるようになった。本章では，比較的一般になじみが深く，かつ生物にとって非常に重要な，DNA結合タンパク質の1つ「転写因子」を例に，「生命現象の立て役者」タンパク質の構造と機能について述べる。

3-1　遺伝子とタンパク質

　我々のからだを形作っている60兆個もの細胞も，元を正せば1つの細胞から始まっている。1つの受精卵は発生・成長に伴い，細胞の持つ遺伝情報に従って髪の毛，皮膚，内臓や骨など，それぞれがまったく似ても似つかぬ形態を持ち，特殊な機能を持った細胞へと「分化」していく。しかしこれらの分化した細胞はそれぞれ形や機能はまったく異なれど，どれも最初の「1つの細胞」のときと変わらぬ同じ「遺伝子」を持っている。分化に伴って不必要な遺伝子を切り捨てているわけではない。つまり，例えどんな細胞へと分化していようと，いつでも他のどのような細胞へも変わることができる能力をすべての細胞は潜在的に持ち続けている（細胞の全能性）。

しかし、実際に分化した細胞では、「その細胞が行うべき仕事に必要な遺伝子のみ」が発現している。またさらには、そうした遺伝子は「必要な時に、必要な分だけ」しか発現してこない仕組みになっている。このような細胞レベルでの遺伝子の発現制御の積み重ねの結果、複雑な生命の営みがコントロールされているのである。

我々が生きていくために必要な情報「遺伝子」はDNA上に遺伝コードとして記録されているが、実はこのDNAだけでは何も起こらない。遺伝子が機能するためには（これを「遺伝子の発現」と呼ぶ）まず、DNAから遺伝子がRNAポリメラーゼという「タンパク質」によってRNAへと写し取られ（これを「転写」と呼ぶ）、これを基にリボソームという核酸・タンパク質複合体においてタンパク質が合成される（これを「翻訳」と呼ぶ）必要がある（図3-1）。そうして生まれてきたタンパク質が様々な生理活性を担っているのである。例えるなら、DNAは生命の設計図ともいえる遺伝情報を保管している「書庫」であり、RNAはその「設計図のコピー」、タンパク質はこの設計図を基に製造された「機能製品」である。つまり、タンパク質こそが生体内で実際に生理的活性調節を行っている張本人なのである。

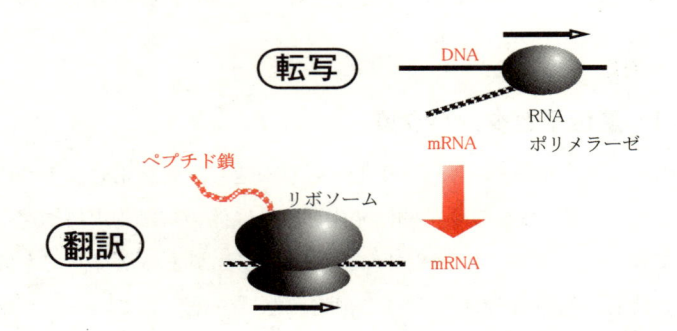

図3-1　遺伝子はまず、DNAからRNAポリメラーゼによって伝令RNA（mRNA）に写し取られる（転写）。mRNAはその後リボソームへと運ばれ、ここでペプチド鎖（タンパク質）がmRNAの情報に従って合成される（翻訳）。

3−2 タンパク質の基本構造

タンパク質はアミノ酸がペプチド結合で結ばれた高分子である。タンパク質を構成しているアミノ酸は20種あり，その性質により疎水性アミノ酸，荷電アミノ酸，極性アミノ酸の通常3種類に分類される（図3−2）。これらのアミノ酸がRNA鎖にコピーされた遺伝情報に従い，リボソーム上で様々な順序・長さにつなげられ，タンパク質を構成するポリペプチド鎖を形成している。このポリペプチド鎖のアミノ酸配列はタンパク質の「1次構造」と呼ばれているもので，DNA鎖上の塩基配列と同じように，記号を用いて一義的に表すことができる（図3−3）。しかし，ポリペプチド鎖がDNA鎖と決定的に異なっている点は，DNA鎖が2重らせん構造という規則的な構

疎水性アミノ酸	グリシン (Gly, G)	アラニン (Ala, A)	バリン (Val, V)	ロイシン (Leu, L)	イソロイシン (Ile, I)
	メチオニン (Met, M)	フェニルアラニン (Phe, F)	プロリン (Pro, P)		
荷電アミノ酸	アスパラギン酸 (Asp, D)	グルタミン酸 (Glu, E)	リシン (Lys, K)	アルギニン (Arg, R)	
極性アミノ酸	セリン (Ser, S)	スレオニン (Thr, T)	システイン (Cys, C)	アスパラギン (Asn, N)	
	グルタミン (Gln, Q)	ヒスチジン (His, H)	チロシン (Tyr, Y)	トリプトファン (Trp, W)	

図3−2 アミノ酸はその側鎖の性質によって大きく分類される。疎水性アミノ酸は，主にタンパク質内部でタンパク質の立体構造を安定化する働きをしており，荷電アミノ酸，極性アミノ酸は主に分子表面にあってそのタンパク質の活性部位を形作っている。

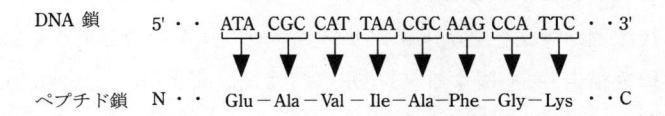

```
DNA鎖    5'・・ ATA CGC CAT TAA CGC AAG CCA TTC ・・3'
              ↓   ↓   ↓   ↓   ↓   ↓   ↓   ↓
ペプチド鎖  N・・ Glu − Ala − Val − Ile − Ala − Phe − Gly − Lys ・・C
```

図3−3 タンパク質を構成しているペプチド鎖はアミノ酸が一列につながったものであり，その配列は個々のタンパク質に特異的である。また，翻訳の時，塩基3つから成るコドンが1つのアミノ酸をコードする事で，遺伝情報がタンパク質へと反映される仕組みとなっている。このことから遺伝情報がわかれば自動的にタンパク質の1次構造までわかる。

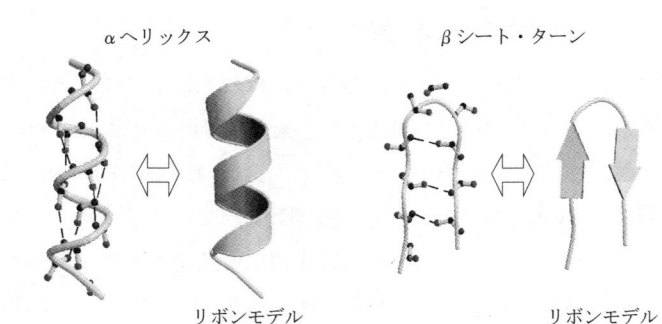

図3-4 ペプチド主鎖を形成するペプチド結合には極性があり，この極性に起因する水素結合（点線で表している）によって2次構造が形成されている。αヘリックスは1つの主鎖間で，βシートは2本の主鎖間で水素結合を形成する事で保持されている。

造しかとらないのに対し，ポリペプチド鎖は多様な立体構造をとっているという事である。まず，ポリペプチド鎖の部分部分が，そこに含まれるアミノ酸の性質によって「2次構造」と呼ばれる規則的な構造（例えば，αヘリックスやβシート；図3-4）を形成する。タンパク質の構造中にはこれらの2次構造が複数個，特異的な配置をとって存在していることが多い。この様な2次構造の連結でできた簡単な幾何学的構造単位は「モチーフ」と呼ばれ，それ自身では機能を持たないが，ある特定の機能と関連づけることのできる最小単位を構成する。異なる種類のタンパク質であっても，共通の機能を持つもの，あるいは共通の祖先タンパク質から進化してきたもの同士である場合は，共通のモチーフを持つことが多い（図3-5）。モチーフはさらに密に折りたたまって，ドメインという構造単位を構成する。実際のタンパク質の立体構造（「3次構造」）は，1つのドメインからできていることもあれば，複数個のドメインが集まってできているものもある。また，複数個のポリペプチド鎖（サブユニット）が会合してさらに上位の構造，「4次構造」を形成するタンパク質もある（図3-6）。このように，タンパク質は複雑な立体構造をとることで，1次構造の上では遠く離れているアミノ酸を3次元的に近接させ，機能を発揮する「活性部位」を形成している。こうすることでタンパク質は驚くほどに複雑，かつ特異的な活性を獲得することに成功している訳であるが，その機能を研究する上ではこ

れは非常にやっかいな障害となる。なぜなら，アミノ酸配列から一義的に決定される1次構造だけではその作用機構がよく解らないからである。このため，タンパク質の機能を研究するためには，そのタンパク質がどのような立体構造をとっているのか？という，3次元的な情報が必要不可欠となる。

CAP-DNA結合ドメイン　　　*Antp*-ホメオドメイン　　　OmpR-DNA結合ドメイン

図3-5　多くのDNA結合タンパク質で共通に見られるヘリックス・ターン・ヘリックスモチーフ（赤色）
このモチーフは1980年代のはじめ，CAPを含む原核生物の3種の転写因子に共通のDNA結合モチーフとして発見された。類似のモチーフが，真核生物由来のホメオドメイン，2成分情報伝達系のレギュレータータンパク質のDNA結合ドメインにも存在している。

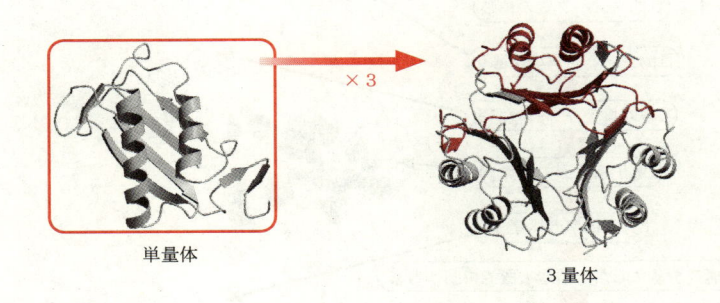

単量体　　　×3　　　3量体

図3-6　4次構造を形成しているタンパク質の例
（D-Dopachrome Tautomerase：DDT）
DDTは2つのαヘリックスと7つのβストランドから構成された単量体が3つ組合わさって活性を有する構造単位を形成している。それぞれの単量体が，2つの腕で両脇の分子をうまく掴まえられるような形をしていることに注目されたい。

3−3 タンパク質の立体構造解析

タンパク質の機能を理解するためには，理想的にはそのアミノ酸配列，つまり1次構造から立体構造を予想できることが望ましいが，残念ながら現時点では実現できていない。タンパク質の立体構造を決定するには，X線結晶構造解析や核磁気共鳴法が用いられる。特にX線結晶構造解析法はタンパク質の分子構造を最も精密に決定でき，今日の構造生物学にとって最も重要な手法である。図3−7にX線結晶構造解析法の流れを示した。X線結晶構造解析法はその名が示すとおり，立体構造解析を行いたいタンパク質を結晶化させ，その結晶にX線を入射し，得られる回折像からタンパク質分子の立体構造を導き出す方法である。結晶とは，分子が立体的，規則的に配向することで形成されたものであり，結晶中には規則的に並んだタンパク質分子によって格子が形成されている。格子に光を入射すると，各格子点で散乱された光が干渉して周期的な斑点模様を形成する。これを光の「回折」という。単位格子の構成物（タンパク質分子）によって，フィ

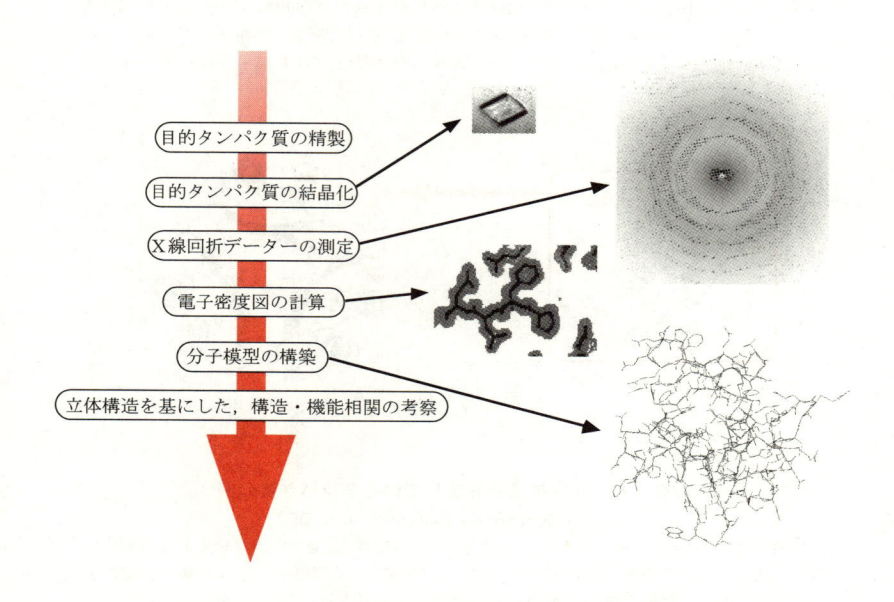

図3−7 タンパク質のX線結晶構造解析の全体の流れ図

ルムに映る斑点模様の濃度が変化するが，逆にこの斑点模様の濃度から元の格子の構成物，すなわちタンパク質の構造を知ることができる。

　結晶に入射され，タンパク質によって散乱を受けた光のエネルギーは，結晶の回折現象によって斑点上に集中する。このために個々のタンパク質分子によるX線の散乱波は弱くても，結晶からの回折波のシグナルは格子の数だけの増幅を受けることになる。この増幅効果こそX線結晶構造解析法の比類ない精度の源である。一般のタンパク質からの回折斑点の数は数万から数十万に及び，その斑点の1つ1つの強度がタンパク質の全構造情報を内包している。X線回折実験では数十万に及ぶ反射データを集める。斑点の数を多く収集すればするほど分解能は向上し，分子の細部を見ることができるようになる。

　生体内では様々な生体高分子が複雑に相互作用しあいながら，生命活動を支えているが，このような相互作用を分子レベルで理解するためには，これら高分子が結合している「複合体」での立体構造を明らかにすることが非常に有用である。現在，様々なタンパク質複合体の結晶構造解析例が次々と科学雑誌に登場しセンセーションを巻き起こしているが，大きな分子の複合体であるほど解析の難度は増す。しかし，X線結晶構造解析法に分子量の限界は存在しない。どんなにたくさんの分子が複合体を形成していても，「結晶さえ準備できれば」その3次元構造を解析することができ，生命現象の解明のために立体構造学的側面より重要な知見を与えることができる。しかしこの方法にも欠点がないわけではない。例えば，タンパク質を結晶化することで分子の動きが止まってしまい，本来生体内ではダイナミック（動的）な姿をしているタンパク質の，スタティック（静的）な一面しか見ることができないことである。しかし，この手法が生体高分子の立体構造解析において最も強力な手法であることは疑いなく，生命現象の理解に向けて，これからも重要な情報を与え続けてくれるはずである。

3−4 タンパク質の構造と機能

さて,ここで話をタンパク質の構造と機能へと戻そう。タンパク質の働きは多種多様である。筋肉など体を構成する成分となっているもの,生体内で行われる化学反応を触媒する酵素,器官間・細胞間での情報のやりとりの仲立ちするもの(レセプターなど情報伝達に関与しているタンパク質群)など,様々なタンパク質が存在し,それぞれが特殊な生理的活性を,様々な立体構造をとることで発揮している。先に述べたように,「遺伝子の発現は厳密にコントロールされており,必要な遺伝子が必要なときに,必要なだけしか発現しない」が,ではこの遺伝子の発現調節はどのようにして行われているのであろうか?発現が必要な遺伝子と,不必要な遺伝子の区別は?遺伝子の発現量の調節はどうか?すべての遺伝子が同じ分量だけ発現する必要はない。少量の発現で済むものもあれば,大量に発現される必要のあるものもある。また,ある特殊な条件下におかれた時にのみ発現すればよいものもあるのだ。遺伝子の発現には転写と翻訳の2つのステップが存在することを先に述べた。この両方においてタンパク質は非常に重要な役割を果たしているが,特に,遺伝子発現の最初のステップである転写の段階において,遺伝子の発現をコントロールしている「転写因子」と呼ばれるタンパク質の1群が存在する。DNA上にはプロモーター領域と呼ばれる遺伝子の発現に関わる情報をコードした領域が存在するが,転写因子はこのプロモーター領域を認識,結合するなどして実際に転写を行うタンパク質,RNAポリメラーゼに働きかけ,遺伝子の発現を調節している。ここでは,著者の研究室で立体構造が解析された,大腸菌が持つOmpRと呼ばれる転写因子を例に,遺伝子発現調節タンパク質の構造と機能に注目してみる。

3−5 転写因子OmpR

pH,温度や浸透圧など絶えず変化し続ける外部環境に直接さらされている大腸菌など原核生物は,生き延びていくためにその環境変化に能動的に適応していく必要がある。そのために外界の環境変化を感知するセンサー

タンパク質を細胞表面に持ち，そのセンサーからのシグナルを細胞内部に伝達，変化に積極的に適応する仕組みを持っている。こうした細胞外からのシグナルは複数のタンパク質の連携によって次々に細胞内部へと伝達され，最終的には転写活性の調節へと反映される。原核生物ではこのシグナル伝達の最も基本的な系として，細胞膜上のセンサータンパク質と，そのセンサーからの情報を受け取り転写制御を行う転写因子（この場合は特に，センサータンパク質と対比させてレギュレータータンパク質と呼ばれることが多い）の2つの成分から構成されたシグナル伝達系（2成分情報伝達系）が存在している（図3−8）。センサータンパク質からのシグナルはリン酸化という形で下流のレギュレータータンパク質へと受け渡される。この2成分情報伝達系は原核生物のみならず，酵母などの真核生物にも見受けられるなど，広く生物種に普遍的に存在する，最も基本的なシグナル伝達系であると考えられている。

大腸菌では，様々な外界刺激に応答するレギュレータータンパク質が存在し，その中の多くは1次構造上非常に類似したタンパク質同士であることがわかっており，OmpRファミリータンパク質群と呼ばれている。ファミ

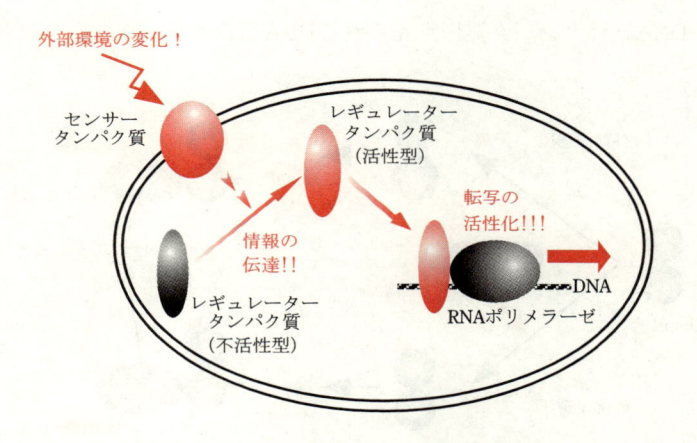

図3−8　2成分情報伝達系の概念図
センサータンパク質からの情報に従って，レギュレータータンパク質は遺伝子の発現調節を行っている。

リーの名前にもなっているOmpRは大腸菌の2成分情報伝達系を代表するレギュレータータンパク質であり，センサータンパク質EnvZとコンビを組んで，細胞外部の浸透圧変化に対して転写レベルで対応を行っている。外部浸透圧が低い状態ではOmpRは外膜にあるチャンネルタンパク質OmpFの遺伝子をコントロールする*ompF*プロモーターに結合し，RNAポリメラーゼに働きかけることで転写の活性化を行っているが，EnvZからリン酸化による外部浸透圧上昇のシグナルを受けると，今度はOmpCという別のチャンネルタンパク質遺伝子のプロモーター，*ompC*プロモーター，に結合してこちらの転写を活性化するようになる（図3-9）。

OmpRは240残基のアミノ酸から構成されており，アミノ末端側領域とカルボキシ末端側領域がそれぞれ異なった機能を持ち，明確に2つに分かれたドメイン構造をとっている。アミノ末端側ドメインはセンサータンパク質EnvZからの情報を受け取る働きをする「リン酸化ドメイン」であり，カルボキシ末端側ドメインはDNA上のプロモーター領域に結合する「DNA結合ドメイン」である。OmpRのDNA結合ドメインは，6つのβシートと3つのαヘリックスとから構成されており，このうち2つ目と3つ目のαヘリックス（$\alpha 2$と$\alpha 3$）が，ホメオドメインタンパク質など非常に重要な役割を果たすDNA結合タンパク質にも見られるDNA結合モチーフ，ヘリックス・

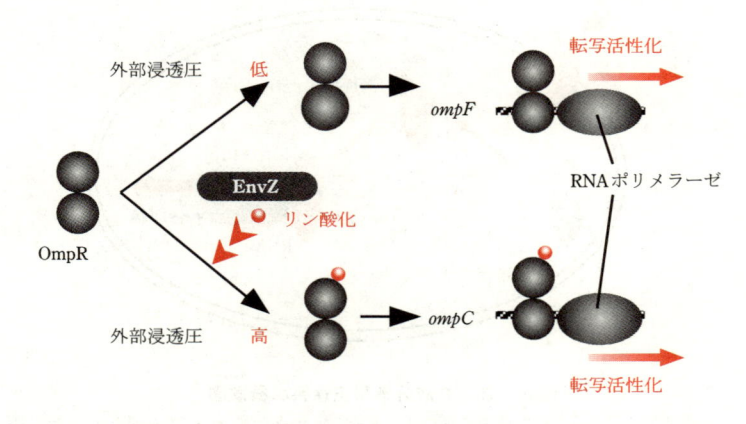

図3-9　OmpRによる，大腸菌の浸透圧変化に対する転写レベルでの調節機構

第3章 タンパク質の構造と機能

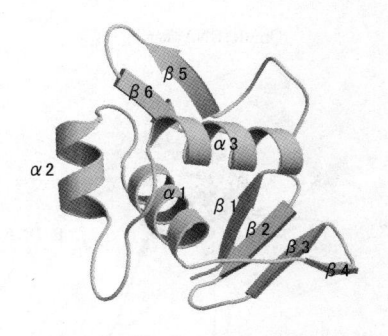

図3-10 X線結晶構造解析法によって解析されたOmpR-DNA結合ドメインの立体構造

ターン・ヘリックス（helix-turn-helix ＝ HTH）モチーフを形成している（図3-10）。

　タンパク質の機能を詳細に解析しようとする時，そのタンパク質中の任意のアミノ酸を，遺伝子工学的手法によって性質の異なるアミノ酸に置換することで，そのアミノ酸がどのような機能を果たしているのかを現象論的に調べる実験（アミノ酸変異実験）や，目的タンパク質がファミリーを形成している場合はそれら類似タンパク質間で1次構造の比較検討を行うことが非常に有効である。OmpR-DNA結合ドメインには，(1) DNA上のプロモーター領域を認識して結合する，(2) RNAポリメラーゼに働きかけて転写を活性化する，の2つの働きがあるが，解明された立体構造情報と，これまでに報告されている数々の変異実験の結果とを合わせてみると，これらの機能に重大な影響を及ぼす部分は主にそれぞれ，(1) α3ヘリックス，(2) α2ヘリックスとα3ヘリックスの間のループ部分，に存在することがわかった（図3-11）。また，OmpR-DNA結合ドメインの立体構造を基にファミリータンパク質間で1次構造の比較検討を行ったところ，タンパク質分子の立体構造保持に重要な役割を果たす疎水性アミノ酸が非常に高い割合で保存されていたことから，各ファミリータンパク質のDNA結合ドメインがOmpRのものと類似した立体構造をとるであろうということが確認できた。また逆に，上記(1), (2) の機能を果たす部分においては多様性が見られた（図3-12）。似たような形を保ちつつも，実際に機能を持つ部分で違い

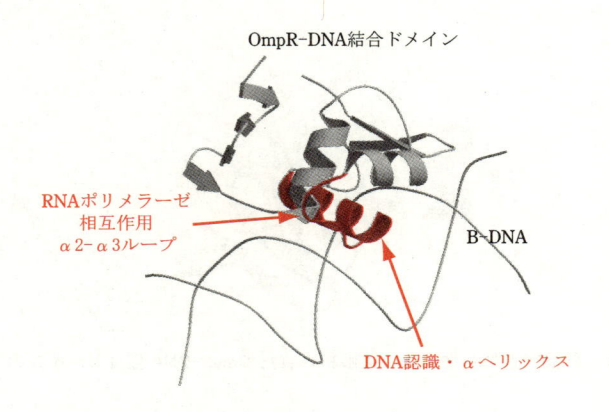

図3-11 OmpR-DNA結合ドメインの立体構造と変異実験の結果から，コンピューターによって計算されたDNAとの複合体モデル

OmpR-DNA結合ドメインがDNAに結合した際，いかにもRNAポリメラーゼに相互作用しそうな位置に，RNAポリメラーゼ相互作用ループが飛び出ている．変異実験によって明らかにされた，DNA結合部位とRNAポリメラーゼ相互作用部位が，立体構造学的にも非常に納得の出来るものであることがわかる．

を持つことにより，異なるプロモーター領域を認識し，異なったRNAポリメラーゼ活性化能を持つという，各ファミリータンパク質間に見られる機能の多様性が構造学的に証明されたといえる．

一方，OmpRのリン酸化ドメインの立体構造はまだ明らかにされてはいないが，同様の機能を有する類似タンパク質CheYのX線構造解析法による構造解析例が報告されている（図3-13）．これらの立体構造解析の結果と，分子生物学的・生化学的研究の結果を統合する事で，2成分情報伝達系という，センサータンパク質（シグナル伝達系の最上流）から直接，転写活性調節を行う転写因子（シグナル伝達系の最下流）へとつながる最も単純な形のシグナル伝達系の作用機構について，分子レベルでの解明ができることになる．そして，これはより多くの伝達段階を経る，さらに複雑なシグナル伝達系の作用機構解明への足がかりとなるであろう．

第3章 タンパク質の構造と機能

OmpR-DNA結合ドメインの2次構造

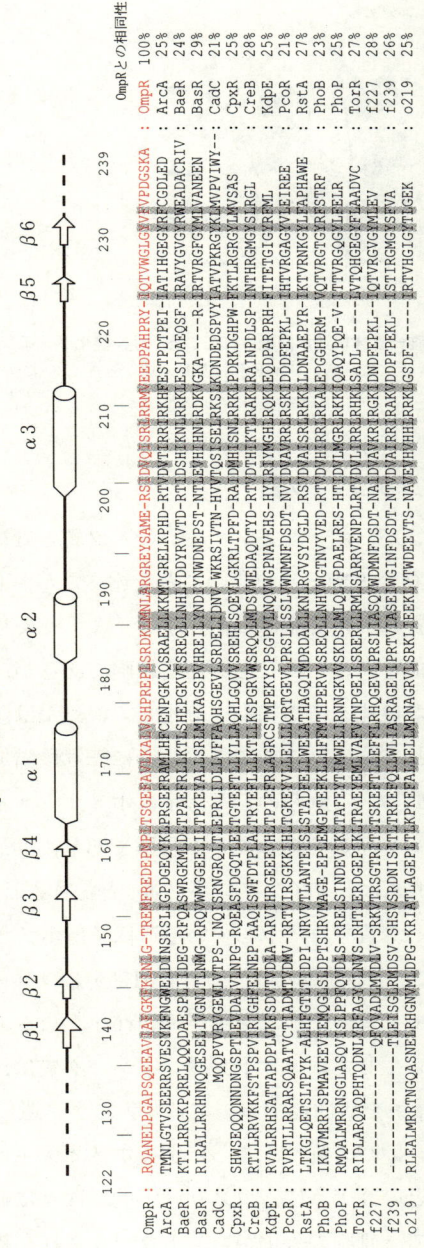

```
           β1  β2   β3  β4                          α1                      α2                     α3                    β5  β6
       122      130       140       150       160       170       180       190       200       210       220       230       239                                    OmpRとの相同性
OmpR :  RQANELPGGAPSQOEEAVIAIGKMKKNLG-TREMFREDEPMPETTSGEEAVLKAIVSHREPLSRDKIMNLARGREYSAME-RSEIDVQISRLRRMKEEDPAHPRY-IQTVWGLGYVFVPDGSKA  : OmpR   100%
ArcA :  TMNLGTVSEERRSVESKIFENGWELIDNSRLLGPDGEKPARSERAMLHFCENPGKIQSRAELLKKMTGRELKPHD-RTVDTIEMHIRNLRKHESTPDTPEI-RAIHGEGRPCGDLED        : ArcA   25%
BaeR :  KTILLRRCKPQRELQQQDAESPIIDEG-RFQASWRGKMDETPAERLIKTLTRPREMPTLTPEI-RAVYGVGFWREADAGRIV                                             : BaeR   24%
BasR :  RIRALLRHNNGQESELIVGNITNLNMG-RRQVWMGGELIITPKEYALILSRMLKAGSPYHREILYINLNDRELDNVYHRELIXTLQYDYRVVTD-RTIDSHIKNIRKRLESLDADQSR-R-IRTVRGFGMIVANEEN : BasR   29%
CadC :  MQQPVURVGEMLVTPS-INQISRNRGQELTIEPKCFIDLIVFFAQHSGEVLSRDELLDNV-WKRSIVINTV-HVVTQSIISEVRSLKDDEDSPVYA-TVPKRGKLMPVIWY-- : CadC   21%
CpxR :  SHWSEQQONDNGSPTEVDAVLNPG-RQEASFDGQTIELTCGTETLIYLIAQHLGQVVSREHLSQEVLGKRLITFPD-RAIDMHISRLTPSRLRKTKLTRGFGMVSAS      : CpxR   25%
CreB :  RTLLRRVKKFSTPSPVIRIGHFELENE-AAQISWFDTPLATRYEELILLLKSPGRVWSRQQLMDSWEDADGTYD-RTVDTHKTIRKLRAINPDLSP-EKTLRGGYLMVSAS    : CreB   28%
KdpE :  RVALRRHSATTAPDPLMKFSDVTVDLA-ARVIHRGEEEVHITPIERLACRCSTMPEKYSPSGPVLNQWGPNAVEHS-HYIRIYMGLHROKLEQDPARPRH-ITETGIGYRML : KdpE   25%
PcoR :  RVRTILLRARSQAATVCTIADMTVDMV-RRTVIRSGKKIHLTGKEVLELLLQRTGEVLPRSLISSLWNMNFDSDT-NVIDAVRRSKIDDEPKL-IHVRGAGVIEIREE : PcoR   21%
RstA :  LIKGLQETSLITPYK-AHEGTITIDPI-NRVVLANTEISSITAFEVLMWELATHAGQITTPIERLHHFMTHPERVYSREQLLINWGMNYVYED-RTVDHIRIRJRKALEPGGHDRM-VQTVRGTGVRSTRF : RstA   27%
PhoB :  IKAVMRRISPMAVEVIEMQGLSLDPTSHRVMAGE-EPEMGPTEEKLLHFMTHPERVYSREQLLINWGMNYVYED-RTVDHIRIRJRKALEPGGHDRM-VQTVRGTGVRSTRF : PhoB   23%
PhoP :  RMQAIMRNSGLASQVISLIPPFQVDLS-RRELSINDEVIKITAFEYTIMWELIRNNGKVVSKDSLMLQYPDAELRES-HIIDLMGRIRKRLQAQYPQE-V-TTVRGQGLEELR : PhoP   25%
TorR :  RIDLARQAQPHTQDNLYRFAGNCLNVS-RHTLERDGEPIKITRAEKEMLVAFVTNPGELISERLLRMLSARRVENPDLRTVDLLRIRRHKLSADL----IVTOHGEGFWAADVC : TorR   27%
f227 :  -QFIVADLMVDLV-SRKVTRSGTRITTSKETLLEFRHGEVIPRSLIIASQWDMNFDSDT-NAIDVAVKRIRGKIRRIRAKYVDDFPPEKL-IQTVRGVGYMEV : f227   28%
f239 :  -THEISGLRMDSV-SHSVSRDNISITTRKEFQLLWILASRAGEIIPRTVIASEIWGINFDSDT-NTVDVAVTSSTIRGMGYVA : f239   26%
o219 :  RLEALMRRTNGQASNELRHGNVMDPG-KRIATIGEAPLEILMRVAEEVLEKRHRRMLRRKIGSDF---RIRTVHGIGYTGEEK : o219   25%
```

OmpRファミリータンパク質間で保存されている疎水性アミノ酸。OmpR-DNA結合ドメインにおいては203番目のValを除くすべてのアミノ酸が、タンパク質内部で分子の立体構造を安定化させる働きをしていた。立体構造を基にしたこの1次構造比較図より、ファミリータンパク質がOmpRとよく似た立体構造をとるDNA結合ドメインを持つことが予想できる。

図3-12 大腸菌でOmpRファミリーに属しているタンパク質は16種
OmpR-DNA結合ドメインの立体構造を基に、それらの1次構造を比較することで、まだ立体構造が決定されていないファミリータンパク質の構造・機能が、ある程度予測できる。

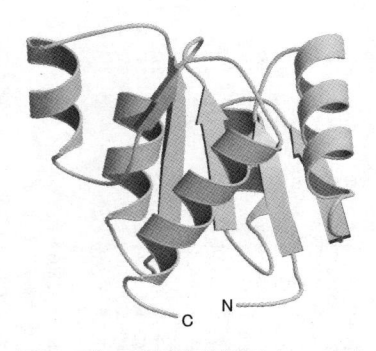

図 3-13 OmpR ファミリーで唯一立体構造が解析されている「リン酸化ドメイン」CheY
ファミリータンパク質間の 1 次構造比較から，OmpR のものも，遠からずこのような立体構造をしているものと予想される。

3-6 ホメオドメインタンパク質

　OmpR の DNA 結合ドメインが，ホメオドメインタンパク質と呼ばれる重要な転写因子群と同じ DNA 結合モチーフを持つことを述べたが，ここでそのホメオドメインタンパク質について簡単に紹介する。まったく同じ遺伝子を持ちながら，様々な機能を持った器官を形作る細胞であるが，どの部分にある細胞が，どのような機能を持つ細胞へ分化していくかは，発生の過程において厳密に調節されている。ここでこの調節に転写段階で関わる転写因子の 1 群が存在している。これらの転写因子はホメオドメインと呼ばれる保存された DNA 結合ドメインを持つことが特徴であり，共通するドメインから名前をとって「ホメオドメインタンパク質」と総称されている。これらホメオドメインタンパク質をコードしている遺伝子はホメオティック遺伝子と呼ばれており，ここに変異が加わると体の1部分に，体のある別の部分が間違って形成されてしまい正常な発生が行われなくなる。あるホメオティック遺伝子（A）から生じたホメオドメインタンパク質は，別のホメオティック遺伝子（C）の発現を活性化する。ホメオティック遺伝子（B）から生じたホメオドメインタンパク質は，さらに別のホメオティック遺伝子（D）を活性化する・・・というように，カスケード的に次々に遺伝子の発現が調節されていくことで，細胞の分化がコントロールされ，複雑な体

が正しく形成される。最初にこのホメオドメインが見つかったのは，遺伝学や発生学の発展に大きく貢献してきたショウジョウバエであり，Antennapedia（Antp）と呼ばれるホメオティック遺伝子から生じる転写因子である。この部位に変異が起こり，Antpホメオドメインタンパク質が正常に機能しなくなると，頭の「触覚」が生えるべきところに何と「足」が生えてしまう。この他，Ultrabithrax（Ubx）と呼ばれるホメオドメインタンパク質が変異すると，本来「平均棍」となるべきところに「羽根」が生え，ハエなのに羽根が4枚生えるなど，異常な発生をする。

　これまでに様々な種において，様々な器官の発生誘導をコントロールするホメオドメインタンパク質が同定され研究されているが，そのすべてのタンパク質において，ホメオドメインの1次構造は「種の壁」を越えて高度に保存されている。このことから，このホメオドメインは多細胞生物の発生調節の鍵を握る，最も基本的かつ重要なDNA結合ドメインの1つであるといえよう。立体構造解析の結果，このホメオドメインと，原核生物に広く見られる2成分情報伝達系のレギュレータータンパク質のDNA結合ドメインは共通のHTHモチーフをDNA結合部位として持っていることが明らかになったのである（図3−5）。

3−7　生物学としての構造生物学

　タンパク質のX線結晶構造解析を行うためには，まず目的となるタンパク質の結晶を得る必要がある。そのためには高純度に精製されたタンパク質が大量に必要とされる。X線結晶構造解析以外の手法，例えば核磁気共鳴法などでも，やはり大量の高純度な目的タンパク質が必要である。近年の構造生物学の隆盛は，分子生物学分野の発展なしでは語ることはできない。遺伝子工学の進展により，目的となるタンパク質の遺伝子をクローニングし，大腸菌，酵母や動物培養細胞などを用いた大量発現系を構築できるようになり，サンプル調製が容易となるに至り，本来生体内ではごく微量しか発現していないような稀少なタンパク質であっても立体構造解析を行うことが可能となった。立体構造が明らかになることで，そのタンパク質が

関わる生理的現象の理解が飛躍的に進み，またあるときには，そのタンパク質の立体構造から「カタチ（形態）を見なければ解らなかった」ような，思いもしなかった新事実の発見に結びつくこともある。「百聞は一見にしかず」。これまでの現象論的研究アプローチだけではなし得なかったことが，その分子のカタチを3次元イメージでとらえることにより可能となりつつある。これまで試行錯誤に頼らざるを得なかった，アミノ酸変異実験によるタンパク質の活性部位の同定・反応機構の研究も，立体構造がわかることで効果的に行うことができるようになり，その結果，短い時間でより多くの事実を発見できるようになった。現象を追いかけるだけでも，カタチを追いかけるだけでも，生命現象の本質に迫ることはできない。立体構造学的アプローチ，分子生物学的・生化学的アプローチなど，共通の目的に向かって様々なアプローチの仕方があるが，それぞれの長所を合わせ，弱点を補い合うことで，1＋1＝3となるような発見ができるようになるのである。こうした発見の積み重ねにより，我々は「生命の神秘」の解明へと1歩，また1歩と近づいていくことができる。

第4章
遺伝子の構造と機能

　細胞は，分裂をくり返すことで自分と同じ形と機能を持ち，また，新しい機能をも果たすことができる新たな細胞を作り出す。生物が，形と性質を決め，それを次の世代に引き継ぐために働く因子は遺伝子と名付けられ，物質的には核酸であることが明らかになっている。核酸には，DNAとRNAの2種類があり，いずれもヌクレオチドが縮重合してできる高分子の重合体（ポリマー）である。たいていの場合，遺伝情報はDNAに記録されている。親の細胞のDNAが複製され，子の細胞のDNAとして伝えられることが遺伝の物質的な過程であり，RNAは，DNAに書きこまれた情報に基づいて細胞が形を作り，機能を発揮する過程で必要ないろいろな手助けをする。

　細胞の機能は，個々の機能に固有な多数のタンパク質分子の働きによって維持されている。これら多様なタンパク質分子の構築に必要な設計図にあたる情報もDNAの構造に書き込まれている。そして，その設計図に基づきタンパク質分子を組み立てる過程は，タンパク質分子の働き（機能）があってはじめて可能になる。細胞内の代表的な生体高分子である核酸とタンパク質は，それぞれ固有の役割を分担しながら細胞の生命活動を維持している。細胞の形と性質を決める情報はDNAに保持され，親から子に伝えられる。細胞は，DNAに保持される情報に基づきタンパク質分子を組み立てる。細胞固有の形と性質は，できあがったタンパク質分子の働きによりつくりあげられ，それによって生命活動は維持される。

4－1　核酸の化学構造と遺伝子

4－1－1　核酸の成分

　核酸は，ヌクレオチドを単量体（モノマー）単位としてできるポリマーである。モノマー単位となるヌクレオチド残基は，糖，プリンまたはピリミジン塩基，エステル結合リン酸基の3成分で構成される。糖はD-リボースまたはD-2-デオキシリボースのいずれかなので，核酸を2つのグループに分けて考えることができる。D-リボースを成分とする核酸をRNA，D-2-デオキシリボースを成分とする核酸をDNAと呼ぶ。

　プリン，ピリミジン塩基は，それぞれプリン，ピリミジンの誘導体であり，アデニン（6-アミノプリン）とグアニン（2-アミノ-6-オキソプリン）はプリン塩基としてDNA，RNA両方に含まれる。ピリミジン塩基のうち，DNAに含まれるのはチミン（2,4-ジオキソ-5-メチルピリミジン）とシトシン（4-アミノ-2-オキソピリミジン）であり，RNAに含まれるのはウラシル（2,4-ジオキソピリミジン）とシトシンである。これらの他にもプリン，ピリミジンの誘導体が核酸の微量成分として含まれている。

　プリン，ピリミジン塩基は，それぞれN-9，N-1でリボースまたはデオキシリボース環のC-1′に結合（N-β-グリコシド結合）してリボヌクレオシドまたはデオキシリボヌクレオシドを形成する。塩基と糖の原子を区別するために糖を構成する原子の番号にはプライム（′）をつける。糖のC-5′位の-OHとC-1′位に結合した塩基は，フラノース環の同じ側にある。核酸を構成する成分の化学構造を図4-1に示した。

　ヌクレオシドの2′，3′，または5′位の-OH基にリン酸がエステル結合したものをヌクレオチドという。核酸のモノマー単位としてのヌクレオチドは，ヌクレオシド 5′-リン酸である。核酸を構成するヌクレオチドとその略称を表4-1に示した。AMPは5′-アデニル酸またはアデノシン 5′-リン酸，dAMPはデオキシアデニル酸またはデオキシアデノシン 5′-リン酸と呼びそれぞれ，pA，pdAと表すこともある。同様に，3′位のリン酸エステルについては，Ap，dAp等と表すことがある。

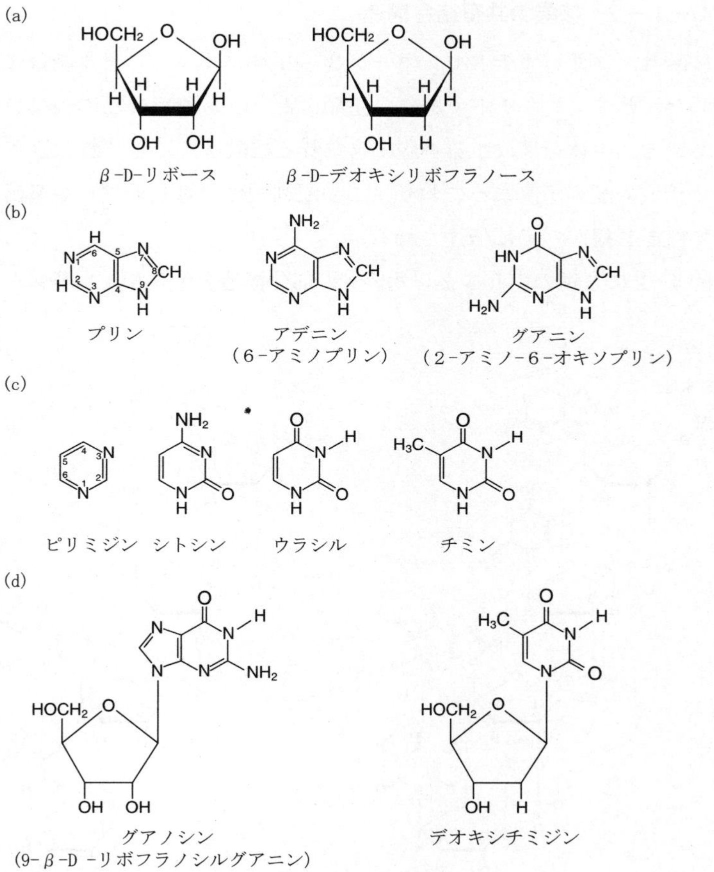

第4章　遺伝子の構造と機能

(a) β-D-リボース　　β-D-デオキシリボフラノース

(b) プリン　　アデニン（6-アミノプリン）　　グアニン（2-アミノ-6-オキソプリン）

(c) ピリミジン　シトシン　ウラシル　チミン

(d) グアノシン（9-β-D-リボフラノシルグアニン）　　デオキシチミジン

図4-1　核酸の構成成分
(a) 糖，(b) プリン塩基，(c) ピリミジン塩基，(d) グアノシン（リボヌクレオシド）とデオキシチミジン（デオキシリボヌクレオシド）。

表4-1　核酸の構成成分と用いられる記号

塩基	リボヌクレオシド	記号	デオキシリボヌクレオシド	記号	リボヌクレオチド	デオキシリボヌクレオチド
アデニン	アデノシン	A	デオキシアデノシン	dA	AMP	dAMP
グアニン	グアノシン	G	デオキシグアノシン	dG	GMP	dGMP
シトシン	シチジン	C	デオキシシチジン	dC	CMP	dCMP
チミン	チミジン	T	デオキシチミジン	dT	TMP	dTMP
ウラシル	ウリジン	U	デオキシウリジン	dU	UMP	dUMP
塩基一般		N		dN	NMP	dNMP

47

4－1－2 核酸の共有結合構造

核酸は，ヌクレオチドモノマーが $3'\rightarrow 5'$ ホスホジエステル結合により連結したポリヌクレオチドであり，主鎖は糖とリン酸が交互につながってできている。生体を構成する細胞に含まれる核酸は，それぞれ大きさとヌクレオチドの配列が決まっており，この配列順序（塩基配列）が遺伝情報として機能し親から子に伝達される。

図4-2に2種のポリヌクレオチドの部分構造を示した。ポリヌクレオチ

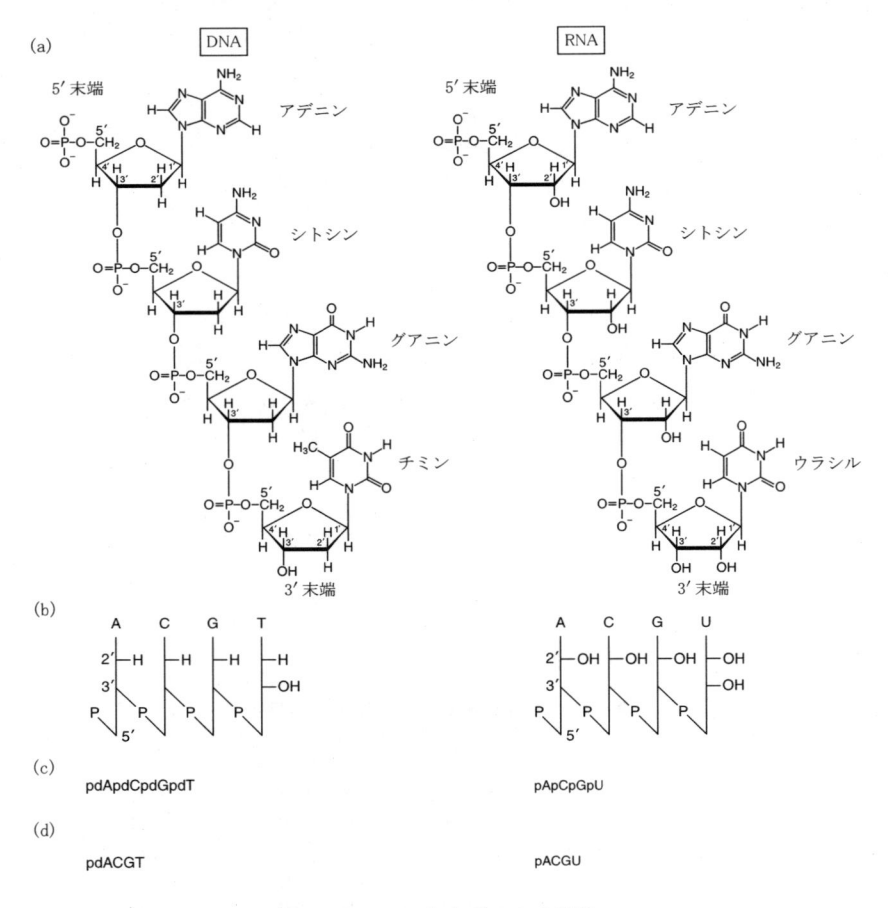

図 4 - 2　DNA および RNA の構造
それぞれをテトラヌクレオチドとして表わし，4つのタイプの表記法を示した。

ドの構造は，5′→3′の向きで記述する。この図では，5′末端-OH基にはリン酸基が結合しているが，3′末端は遊離の-OH基で表わした。主鎖の構造は同じ構造の繰り返しなので，遺伝情報としての意味を持つ塩基の配列順序に重点を置いた (b), (c), (d) の表記法がよく使われる。

4−1−3 核酸のヌクレオチド配列

遺伝情報は、核酸のヌクレオチド配列（塩基配列）に含まれているので、塩基配列を正確に決定する方法の開発は遺伝情報の解明、分子生物学の発展にとって極めて重要な課題であった。サンガー（Sanger）は、DNAポリメラーゼによるDNA合成反応を応用して塩基配列を決定する方法（ジデオキシ法）を開発した。次節で示すように、DNAは二本鎖構造をとっており、逆向きの2本のポリヌクレオチド鎖が両鎖の塩基間の水素結合で結ばれてできている。dAはdTとのみ、dGはdCとのみ水素結合して塩基対を形成するので、一方の鎖の塩基配列が決まれば相補的な塩基対を形成する相手の鎖の塩基配列が決まる。また、一方の鎖を鋳型にして相補的な鎖を合成することができる。DNAポリメラーゼによるDNA合成反応は、鋳型鎖の配列に相補的な鎖を合成する反応であり、基質となる4種類のdNTPの他に、鋳型となるDNA鎖、および、これと相補的に結合して伸長反応（相補鎖合成反応）の開始点（プライマー）としてはたらくオリゴヌクレオチドを必要とする（後述）。ジデオキシ法では、塩基配列を決めたいDNA鎖（鋳型鎖）の3′末端に任意の塩基配列をもつヌクレオチド鎖を付加し、これに相補的な塩基配列をもつオリゴヌクレオチドを化学合成してプライマーとし、プライマーの5′末端から3′末端側向きにDNA合成反応を進めて鋳型鎖に相補的な塩基配列を持つDNA鎖を合成する。DNA合成の反応液をdA、dT、dG、dCの4つに分け、それぞれの反応液名に対応する塩基の2′,3′-ジデオキシヌクレオシド三リン酸を適量加えて反応停止剤とする。2′,3′-ジデオキシヌクレオシド三リン酸には3′-OHがないので、DNA鎖にこれが取り込まれたら合成反応はそこで停止する。サンガーはdNTP量のおよそ100倍の2′,3′-ジデオキシヌクレオシド三リン酸を加えることで、鋳型鎖の配列に

含まれるすべての相補的塩基の位置までの配列（長さ）をもつDNA断片を合成した。4つの反応液の生成物をポリアクリルアミドゲル電気泳動で分離し、分離されたバンドの位置を移動度の大きいもの（短いもの）から順に読んでいくと鋳型鎖に相補的なDNA鎖の塩基配列を求めることができる（11-3-4参照）。

4-2 核酸の高次構造

4-2-1 DNAの二重らせん構造と塩基対

1950年頃には、DNAの構造について2つの規則性が示されていた。シャルガフ（Chargaff）は、DNAの塩基組成を分析し、塩基組成は、生物の種類に固有で、組織、年齢、栄養等の環境条件によらないこと、アデニンとチミン、グアニンとシトシンがそれぞれ同じモル数含まれるという規則性があることを明らかにした（Chargaffの法則）。フランクリン（Franklin）とウィルキンス（Wilkins）は、糸状の長いDNAの繊維を並べた試料のX線回折像を得た。これはDNAが規則的な立体構造（3.4 Åの繰り返し構造）をとることを示す結果であった。

1953年に、ワトソンとクリックは、これら構造上の規則性と、遺伝の分子機構を説明するDNAの分子構造モデル（Watson-Crick構造）を提唱した。Watson-Crick構造は、DNAがらせん構造をとるという発見と、平面構造の芳香族塩基はらせん繊維に沿って平行に積み重なるという推論とに基づいている。Watson-Crick構造（DNAのBコンホメーション、B-DNA）の特徴は以下のようなものである（図4-3と表4-2）。

(1) 2本の反対向き（逆平行）のポリヌクレオチド鎖が共通の軸を中心に右巻きに、直径約20 Åの二重らせんをつくる。

(2) 塩基はらせんの中心を占め、その外側に糖、そのさらに外側をリン酸基がとり巻いており、リン酸基間の負電荷の反発は最小に抑えられている。

(3) 塩基の面はらせん軸にほぼ垂直であり、2本のポリヌクレオチド鎖かららせんの中心に向かって伸びるそれぞれの塩基はA・T間、およびG・C間で水素結合し、平面状に相補塩基対（Watson-Crick塩基対）を形成する。

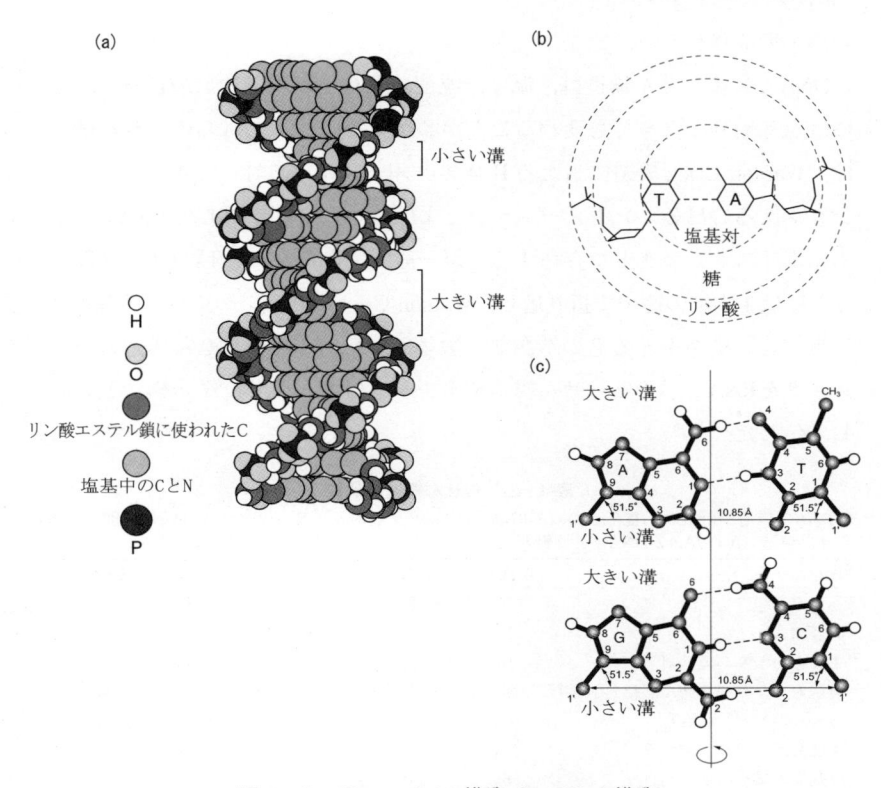

図4-3 Watson-Crick構造（B-DNAの構造）

(a) らせん構造を横から見た図。(b) らせん軸を上から見た図。(c) Watson-Crick塩基対。両塩基対でC1′原子間の距離は等しく，C1′を結ぶ直線と塩基のグリコシド結合のなす角は等しい。A・T塩基対は2本，G・C塩基対は3本の水素結合で結ばれる。

(4) 2本のポリヌクレオチド鎖は，Watson-Crick塩基対の形成により特異的に結合し，二重らせんを形成する。

(5) 二重らせんは1巻き10塩基対（10 bp）であり，相補塩基対の厚さは3.4 Åなので，らせんの1ピッチは34 Åになる。

(6) らせん中心が各塩基対のほぼ中央を通り（図4-3b），リボースのC1′が1方向に偏ってある（図4-3b）ため，外側をとり巻く糖－リン酸鎖間に大小2種類の溝ができる（図4-3aと3c）。塩基対の2つのC1′とらせんの中心を結ぶ角が180度より小さい側（図4-3c）には，その反対側よりも小さ

い溝が形成される。

　DNAの二重らせん構造は，温度，湿度，共存する陽イオンの種類，さらには塩基配列によっても変わることがわかっている。これらのらせん構造は，Watson-Crick構造に当たるBコンホメーションに対してAコンホメーションあるいはZコンホメーションとよばれる。これに対してRNAは，1本鎖ポリヌクレオチドで存在するのが一般的であるが，RNA分子の仲間のうちには1本鎖の途中で折り返し，Watson-Crick塩基対をつくって部分的に二重らせん構造をとるものがある。表4-2に，DNAのらせん構造のパラメータをRNAのつくるらせん構造やタンパク質のαヘリックス構造と比較して示した。

表4-2　らせん構造の比較

B-DNAの構造をRNAの二重らせん（A-RNA），タンパク質のαヘリックスおよびDNAの別の二重らせん構造（A-DNA，Z-DNA）と比較した。

らせん	B-DNA	A-RNA	αヘリックス	A-DNA	Z-DNA
巻き方	右巻き	右巻き	右巻き	右巻き	左巻き
直径（Å）	20		4.6	26	18
1巻きあたりの塩基対	10	11	3.6*	11	12
塩基対あたりのらせん回転角（度）	36	33	100*	33	60
らせんのピッチ（Å）	34	30	5.4	28	45
1塩基対あたりのすすみ（Å）	3.4	2.7	1.5*	2.6	3.7
塩基面の傾き（度）	6	14		20	7

*塩基対をアミノ酸残基と読みかえる。

4-2-2　DNAの変性と復元

　DNAの水溶液を穏やかに加熱すると相補塩基対の水素結合が切れ，らせんがほどけて変性する。DNAはG・C対含量が高いほど安定で，より高温度で変性する。水素結合の数から考えるとG・C対の方がA・T対よりも熱に対して安定なはずなので（図4-3c），2重らせん構造の形成に塩基対の水素結合形成の寄与が大きいことがわかる。水溶液の塩濃度を下げて同様に加熱すると吸光度の増加がより低温で観察される。このことから，リン酸基の負電荷の反発は二重らせんの安定化にとって不都合であることがわかる。加熱により変性して1本鎖に分かれたDNAの溶液の温度をゆっくりと

時間をかけて室温に戻してやると，もとと同じ相補塩基対を形成して二重らせんDNAが復元する．このように，互いに相補的な塩基配列をもつポリヌクレオチド鎖を適当な条件におくとDNA鎖間はもちろんのこと，RNA鎖間，または，DNA鎖とRNA鎖との間でも自然に二重らせんができる．

相補的な塩基配列をもつ2本のポリヌクレオチド鎖が自然に対を作って二重らせんを形成する性質は，Watson-Crick構造が遺伝の分子機構の鍵を握るものであることを示している．細胞は，DNAの二重らせんのそれぞれの鎖を鋳型として，相補的な塩基配列をもつポリデオキシヌクレオチド鎖を合成しもう1組の二重らせん（コピー）を作る．こうして，親とまったく同一の塩基配列をもつDNAが子の細胞に伝えられる．DNAの二重らせん構造は，原核細胞から真核細胞まで共通であり，遺伝の分子機構は共通に働いている．

4－2－3　DNAの二重らせんと染色体の構造

DNAの二重らせんの長さは，1塩基対（1 bp）あたり3.4オングストローム（1オングストローム（Å）は1センチメートルの1億分の1）であるから，3,000 bpまたは3 kbp（1,000 bp ＝ 1 kbp）でおよそ1ミクロンの長さになる（表4－2）．大腸菌のDNAのサイズは4×10^6 bp（4,000 kbp）なので長さは1.4ミリメートルにおよぶ．またヒトの体細胞のDNAのサイズは，58億bp（5.8×10^6 kbp）なので，2メートルにもおよぶ長さになる．これに対して，容器にあたる大腸菌やヒトの体細胞の核の大きさは1～5ミクロンなので，DNAは，小さく折りたたまれて収納されている．

大腸菌のDNAは，1分子の2本鎖DNAの3′末端が5′末端にホスホジエステル結合でつながってできた2本鎖環状分子である．輪ゴムを2個所でつまみ，一端をねじって，そのまま両端の距離を縮めるとロープのようにねじれる（自分でやってみたらよい）．大腸菌のDNAは，これと同じ原理で超らせん構造（スーパーコイル）を作り，その結果，1/10,000にも縮まりコンパクトな染色体を形成して収納される．この過程で妨げになる2重らせん表面のリン酸基の負電荷は，染色体の成分となっているポリアミン

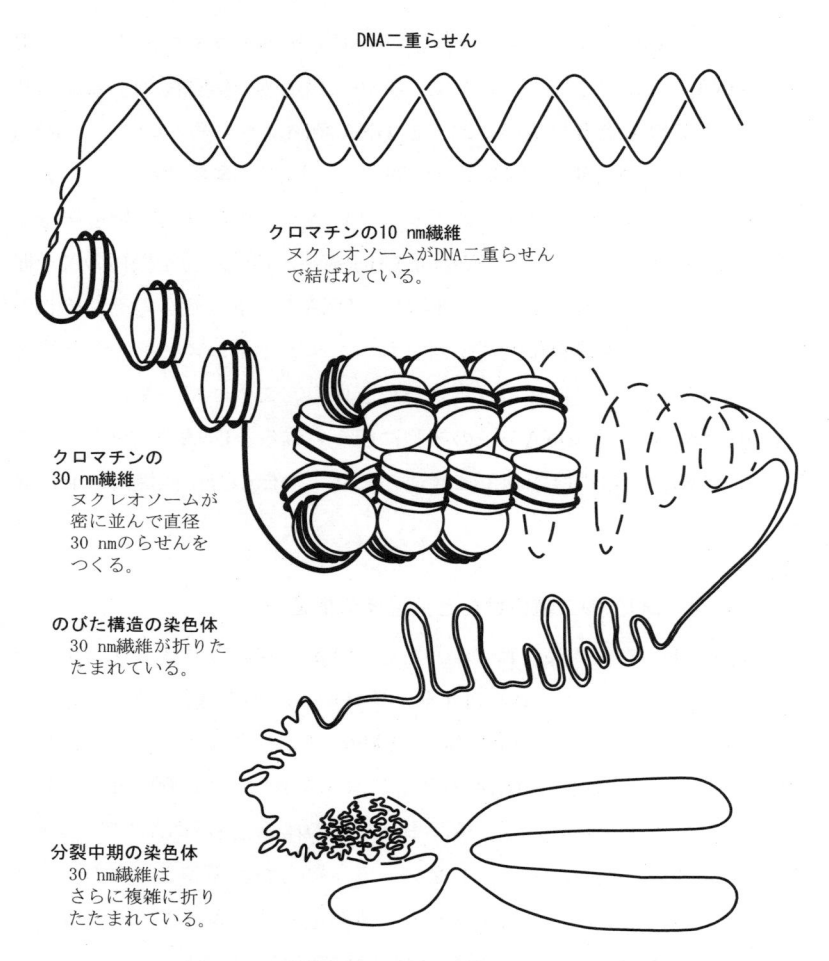

図4-4 真核細胞のDNAの折りたたみと染色体
DNAの二重らせんは、ヒストンに巻きついてヌクレオソームという単位の構造をつくる。
ヌクレオソームが、複雑に折りたたまれて太く短くなり染色体を形成する。

や塩基性タンパク質の正電荷により中和される。

　真核細胞のDNAは大腸菌のDNAに比べるとずっと大きいので、分断され、それぞれ折りたたまれて染色体を形成し核の中に収納されている（図4-4）。染色体の数は、生物に固有で、ヒトのDNAは46に分断され46本の染色体を形成している。染色体を形成する2本鎖DNAは、およそ200塩基

対が単位になってヒストンという球状の塩基性タンパク質におよそ2回巻きつき直径11ナノメートル（1ナノメートル（nm）は10億分の1メートル）のヌクレオソームという構造を作る。ヌクレオソームがつながった数珠状の構造は直径30ナノメートルのクロマチンという繊維状の構造を作り，これが連続的なループ構造を作ってコンパクトに折りたたまれ繊維状の構造を作る。細胞が分裂するときには，この繊維構造がらせんを作って折りたたまれ，さらに太くて短いコンパクトな繊維状の構造ができる。これが光学顕微鏡で観察される染色体の構造にあたる。

4－2－4　RNAの高次構造

　細胞にはRNAがDNAの10倍くらい含まれる。RNAは，機能によって主に次の3種類に分類されている。リボソームRNA（ribosome RNA ＝ rRNA）は最も多量に含まれ，細胞質でタンパク質を合成する場所を構成する。メッセンジャーRNA（mRNA，伝令RNA）は，DNAに記録された遺伝情報に基づきポリペプチド鎖（タンパク質）を合成するときの直接の鋳型として働く。トランスファーRNA（transfer RNA ＝ tRNA，転移RNA）は，20種類のアミノ酸をそれぞれ特異的に認識して結合し，リボソームに運び，mRNAの情報に従ったペプチド鎖の合成に働く。この他にも，核内でmRNAの成熟に関与するsnRNAのように，小さいけれども重要な役割をもつRNAが存在する。

　RNAは，いずれもDNAの二重らせんの一方の鎖（鋳型となるDNA鎖）に相補的なポリリボヌクレオチド鎖として合成される。RNAにはチミンが含まれず，DNA鎖のアデニンに相補的な塩基としてウラシルが取り込まれる。RNA分子はDNAとは異なり1本鎖であり，それぞれ，固有のヌクレオチド配列に依存する決まった高次構造を持つ。1本鎖上の離れた位置に連続的に相補的Watson-Crick塩基対が形成できる配列を持つ場合，RNA鎖は折り返して塩基対を形成しDNAに似たらせん構造を形成する（表4－2）。らせん構造の形成にいたらなくても，塩基間の塩基対形成やその他の塩基間相互作用によりRNAの決まった立体構造が維持される。これらの相互作用には，

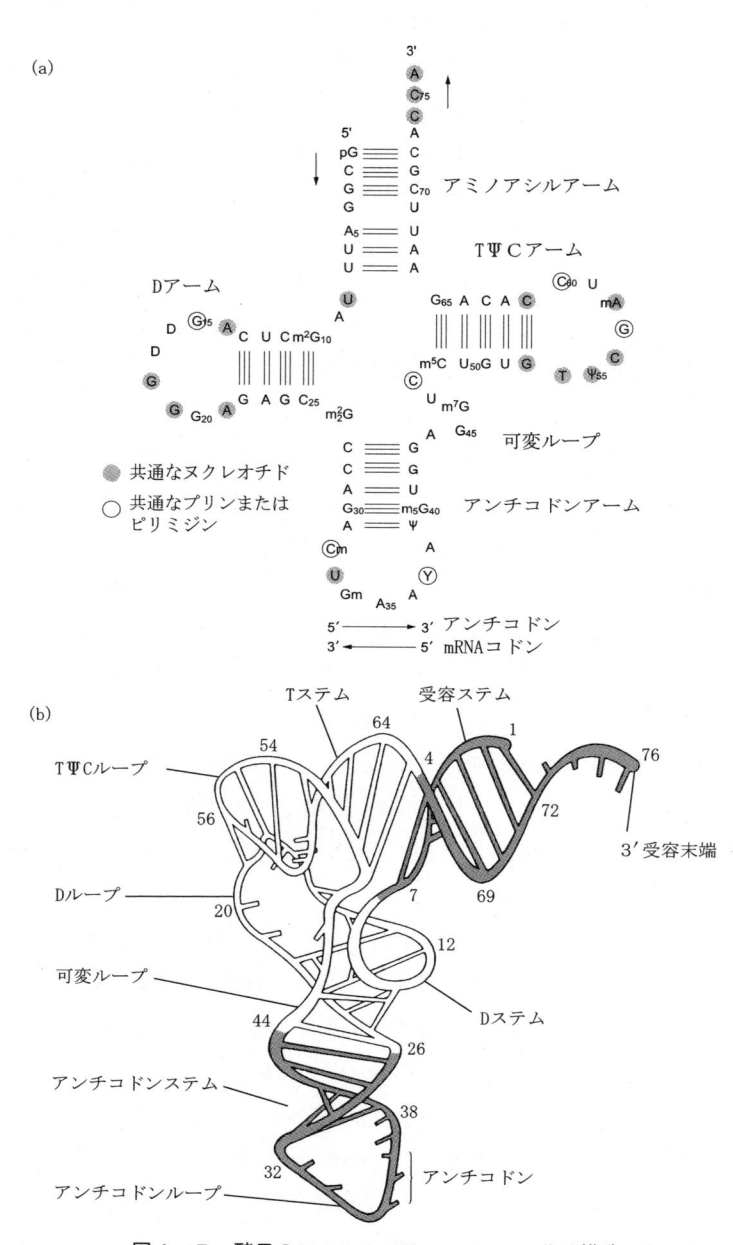

図4-5 酵母のフェニルアラニンtRNAの分子構造
(a) ヌクレオチド配列と予測される塩基対形成(クローバー型の二次構造)。
(b) 結晶構造解析で明らかになった立体構造(L字型の構造)。

G・U塩基対のようなWatson-Crick型以外の塩基対が関与する場合も見いだされている。

いくつかのtRNA分子は，結晶解析により立体構造が明らかになった。図4－5に，76残基からなるフェニルアラニンtRNA分子のヌクレオチド配列（a）と立体構造（b）を示した。ヌクレオチド配列を解析すると塩基対を形成してらせん構造をとる位置が予測できる。多くのtRNA分子は図4－5aのように，3′と5′末端領域が作る塩基対が茎にあたるようなクローバー型に書き表せる。tRNAはこのらせん構造を骨格にしたL字型の立体構造（b）をとり，らせん構造以外の塩基間相互作用が重要な役割を果たすことがわかる。tRNAの機能は，アミノ酸を特異的に認識してリボソーム上のmRNAのヌクレオチド配列で指示される位置に運ぶことであり，これに必要な機能領域が分子上にある。アミノ酸を認識してアシル結合する領域は3′末端のCCA配列であり，mRNAのアミノ酸をコードする配列を認識するアンチコドン領域（フェニルアラニンの場合GAA）とともに，それぞれL字型分子構造の2つの先端部分に位置している。rRNAのように大きなRNA分子の構造についても，ヌクレオチド配列からの構造予測はなされている。細菌のリボゾームの結晶構造解析の結果が近年報告され，その中に含まれるrRNA分子の立体構造も示された。

4－3　DNAの複製

グリフィス（Griffith）は，細胞表面に莢膜がなく病原性を持たない肺炎双球菌R型菌を単離した。ところが，このR型菌と加熱殺菌して病原性をなくしたS型菌の死菌とをまぜてネズミに注射するとネズミは肺炎に罹って死に，体内から莢膜を持ち感染性のあるS型菌が分離された。アヴェリー（Avery）らは，S型菌死菌中のDNAがR型菌に入ること，これによりR型菌の性質が変わり病原性のS型菌に変わった（形質転換）ことを示した。ハーシー（Hershey）とチェイス（Chase）は，大腸菌に感染して増殖するウィルスであるT2バクテリオファージは，感染するときDNAだけを菌体内に注入することを明らかにした。R型菌を病原性のS型菌に変える情報

も，菌体内でファージ粒子を構築し増殖させるのに必要な情報もすべてDNAに含まれていることが明らかになった。遺伝子がDNAであることがわかると，遺伝情報を次世代の細胞に受け継ぐために必要なDNAのコピーをつくる過程（複製）についての研究が進められた。

4－3－1　DNAの半保存的複製

　DNAは，Watson-Crick型二重らせん構造から予言される半保存的複製機構により複製される。すなわち，DNAは二重らせんを構成するそれぞれのヌクレオチド鎖が鋳型になって互いの相補鎖を合成して複製される。このようにして，子は親と同じ遺伝情報をもつDNA二重らせんを受け継ぐが，そのうちの1本は，親の細胞のものである。

　DNA合成は，らせんが部分的にほどかれて露出した1本の鎖を鋳型にして，$5'→3'$の方向に進行する。複製に当たりDNA鎖を伸長するために必要な因子がいくつかある。DNAのらせん構造をほどく酵素（DNAヘリカーゼ），DNA鎖上に1つ以上あり複製の開始点となる複製起点，伸長反応の核になるオリゴリボヌクレオチドプライマーを複製開始点の配列に従って合成するRNAポリメラーゼ，合成されたプライマーとdNTPとを材料にして，鋳型のヌクレオチド配列に相補的なデオキシリボヌクレオチド鎖を伸長するDNAポリメラーゼなどである。

　DNAの複製が始まるときには，まずDNAヘリカーゼの作用で複製起点周辺の二重らせんが1部ほどかれ，これらの再結合を妨げ1本ずつに分離した状態を維持するのに働くタンパク質が結合する。両方のDNA鎖の複製起点に開始部位ができ，それぞれにRNAポリメラーゼが結合してDNAを鋳型に30塩基程度のRNA鎖を合成する。それぞれのRNAをプライマーにして，起点から両方向にDNAの合成が始まる。このとき，DNAポリメラーゼは，dNTPのα位のリン酸基と鋳型に結合したプライマーの$3'$-OH基との間の結合反応を促進してDNA鎖を伸長する（図4－6）。

　たいていの場合，DNAの複製は起点から両方向に進むので，2つの複製フォーク（複製のさいに生じる2本鎖のほどけ目の位置）はヘリカーゼの

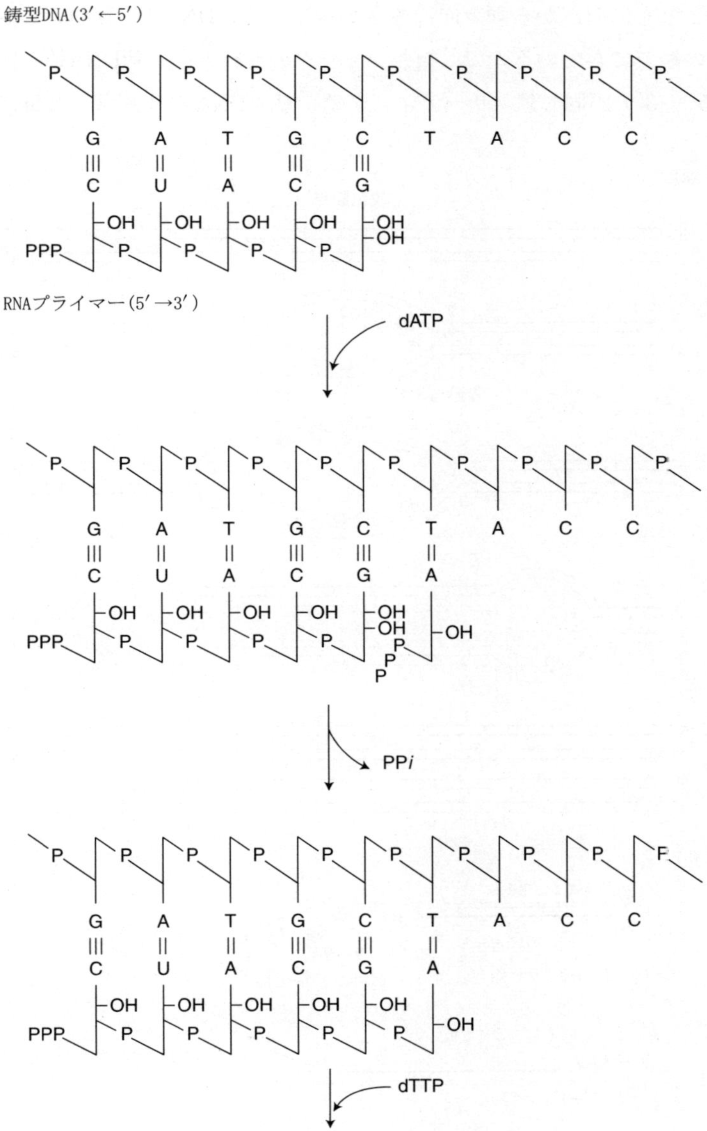

第4章　遺伝子の構造と機能

鋳型DNA (3'←5')

RNAプライマー (5'→3')

dATP

PP*i*

dTTP

図4-6　DNAポリメラーゼによるDNA鎖の伸長反応
dNTPを基質にして，鋳型DNAの配列に相補的なDNA鎖が5'→3'の向きに合成される。
30塩基くらいの短いRNA鎖がプライマーとして必要。

進行とともに起点から両方向に遠ざかっていく。DNAの分子は，2本の逆向きの鎖でできているので，複製フォークの進行方向と新DNA鎖の伸長方向（5′→3′）が同じ鎖（リーディング鎖）ではDNAポリメラーゼⅢによる

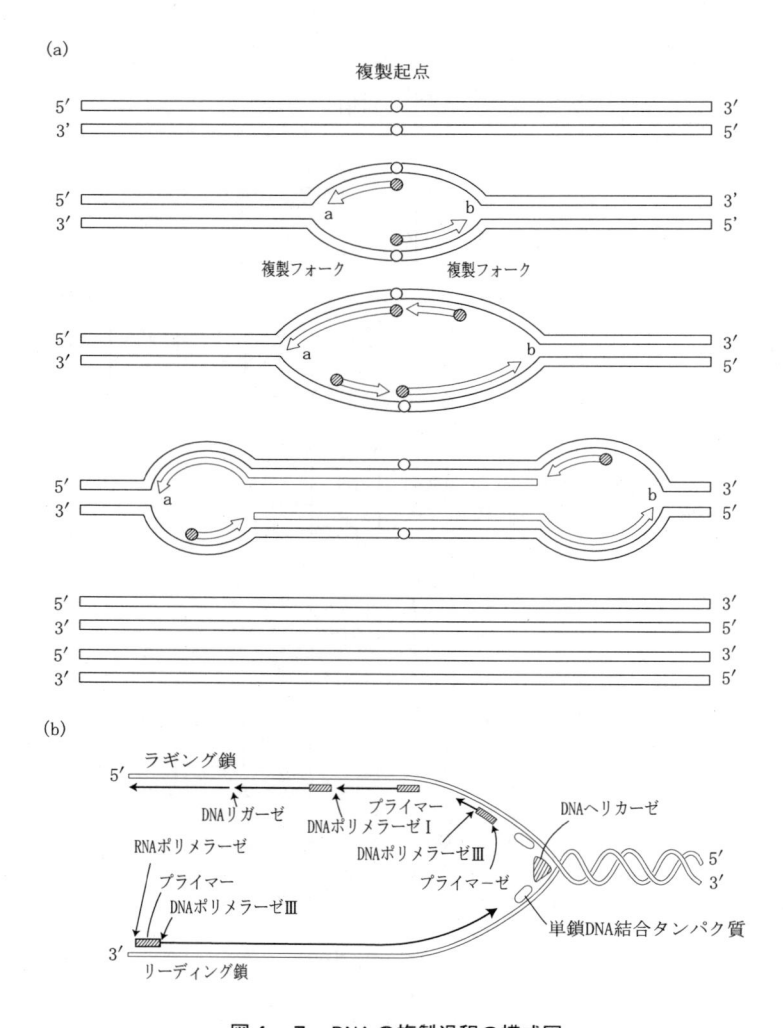

図 4-7　DNAの複製過程の模式図
(a) 複製フォークの移動。(b) 複製フォークの構成とDNAの複製過程。リーディング鎖では連続的に合成され，ラギング鎖では前駆体として岡崎フラグメントができ，これがつなぎ合わされる（不連続合成）。

連続的な合成が行われる。一方、反対側の鎖（ラギング鎖）では、不連続的なDNA合成が行われる。すなわち、一本鎖領域がある程度伸びると、フォークの進行方向と逆向きにプライマーの合成（DNAプライマーゼ），次いで、DNAポリメラーゼIIIによる1,000塩基程度の短い新DNA鎖（岡崎フラグメント）の合成というステップが繰り返される。岡崎フラグメントは、DNAポリメラーゼIの5′→3′エキソヌクレアーゼ活性でRNAプライマーを取り除かれ、DNA鎖に置き換えられた後、DNAリガーゼのはたらきで1本のDNA鎖につなぎ合わされる。こうして複製された二本鎖DNAの一方が、細胞の分裂とともに子の細胞に伝えられる。図4-7にDNAの半保存的複製過程とそこで働く因子を模式的に示した。

4-4 DNAの転写

4-4-1 転写とRNAポリメラーゼ

DNAに保存され伝達された遺伝情報は、実行用のコピーとして働くRNAの塩基配列に変換される（転写）。転写の過程では、RNAポリメラーゼが触媒として働く。この酵素は、DNAポリメラーゼとは異なり、鋳型となる二本鎖DNAのみを必要とし、プライマーなしでヌクレオシド5′-三リン酸を基質にして反応を進める。RNA合成は非対称であり、2本鎖DNAのうちの1本だけが転写される。RNAポリメラーゼが鋳型鎖上のプロモーターという特定の塩基配列を持つ領域に結合すると、5′→3′方向に連続的な合成反応が起きる（図4-8）。原核細胞のプロモーターは、転写開始点よりも上流（5′側）にあり、ここにRNAポリメラーゼが結合すると、転写開始点前後の約10塩基分のらせん構造がほどける。RNAポリメラーゼは、ほどかれた2本鎖のうちの鋳型となるDNA鎖上を3′→5′方向に進みながら相補的塩基配列をもつRNA鎖を合成していく。転写の終点近くには、特定の塩基配列を持つ転写終結信号（ターミネーター）があり転写産物のRNAとRNAポリメラーゼは鋳型から離れ、正しい位置で転写が終結する。

真核細胞には3種類のRNAポリメラーゼがあり、それぞれ異なる遺伝子を転写する。RNAポリメラーゼIは、rRNAの遺伝子を転写し、RNAポリ

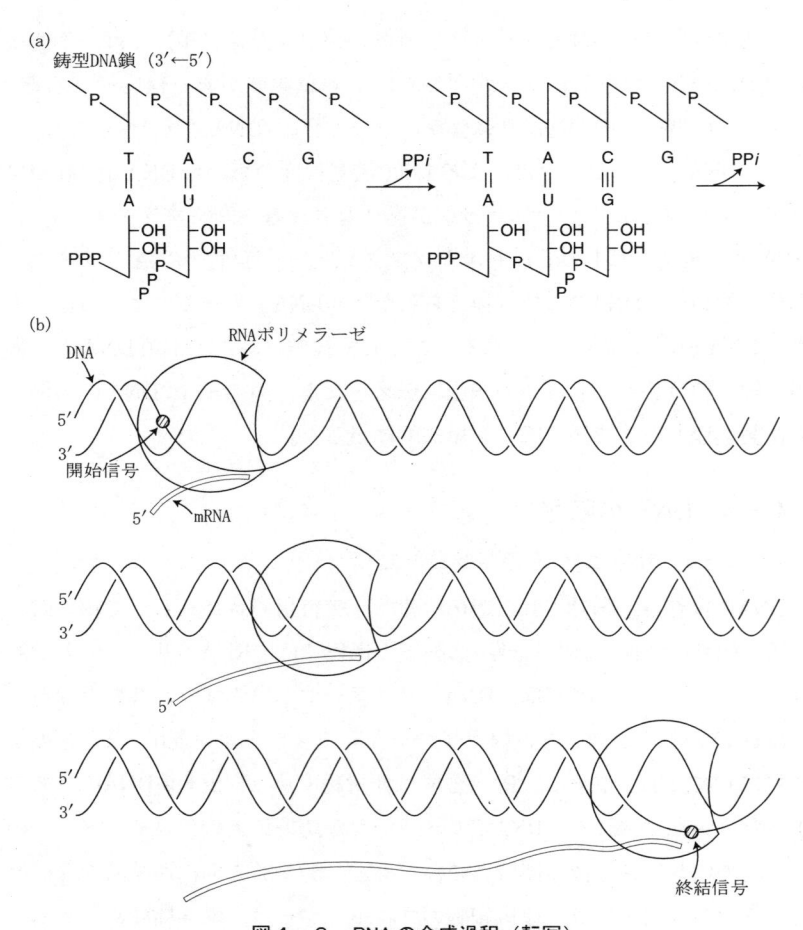

図4-8 RNAの合成過程（転写）
(a) RNAポリメラーゼによるRNAの伸長反応。(b) 転写の模式図。

メラーゼIIは，タンパク質の構造遺伝子を転写しmRNAの前駆体となるヘテロ核RNA（hnRNA）を作る。RNAポリメラーゼIIIは，tRNAと5S rRNA遺伝子を転写する。

4-4-2 RNAのプロセッシング

転写直後のRNAは，塩基の構造の修飾，ヌクレオチド鎖の除去等の転写

後プロセッシングとよばれる化学反応をうけて特定の高次構造をとり機能型の成熟RNAに変わる。

　原核細胞のtRNAやrRNAは，両末端に付加的な配列をもったかたち，または，いくつかの分子がつながったかたちの大きな前駆体分子として転写され，その後，ヌクレアーゼにより分断されて成熟RNA分子ができる。mRNAは，転写されるとそのまま機能する場合が多い。

　真核細胞のRNAポリメラーゼⅠの転写産物は45S RNAであり，これがエ

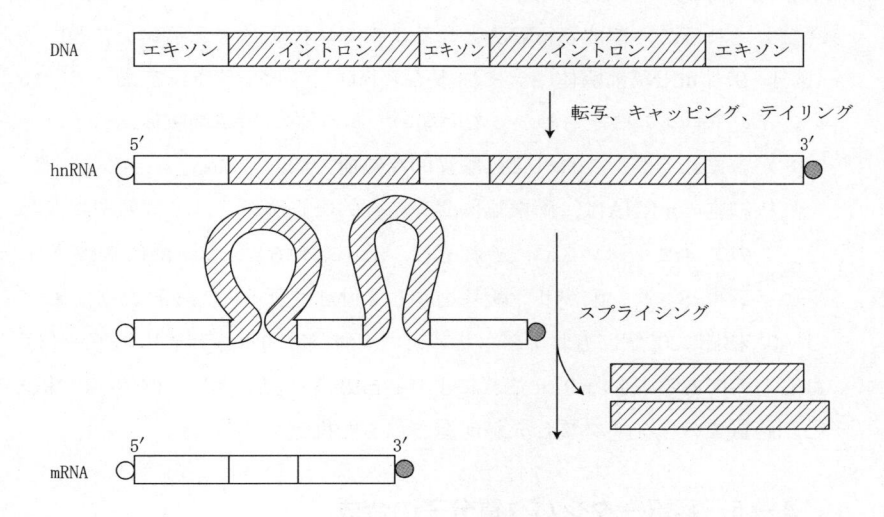

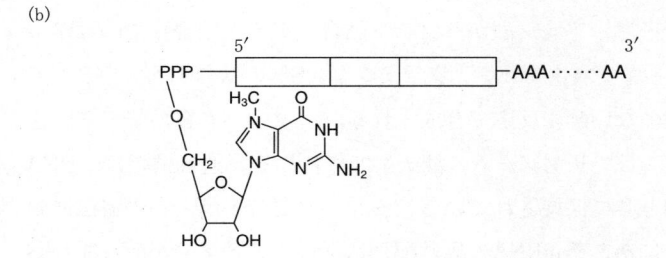

図4-9　真核細胞mRNAのプロセッシング
(a) スプライシング。RNAポリメラーゼⅡの転写産物hnRNAに含まれるイントロンは，特異的エンドヌクレアーゼの作用で切除され，エキソンがつなぎ合わされる。(b) キャッピングとテイリングで付加される構造。

ンドヌクレアーゼの作用により18S，5.8S，27S rRNAに分断される。また，rRNAのいくつかの塩基は，特異性の高いメチル化酵素の働きでメチル化される。

　真核細胞のタンパク質分子をコードする遺伝子は，タンパク質合成のときに読まれない塩基配列（介在配列，イントロン）と，読みとられる配列（エキソン）からなるのが普通である。RNAポリメラーゼIIは，これらをまとめて連続的に転写し，mRNAの前駆体となるhnRNAを作る。hnRNAは，ある種の核タンパク質の働きでイントロンを切り取られ，エキソンがつなぎ合わされることで成熟mRNAとなる。この過程をスプライシングという（図4－9）。mRNA前駆体に含まれるイントロンの数や長さは定まっていない。イントロンの機能もわかっていない。ある種のrRNA前駆体にもイントロンが含まれるが，これは自己触媒的な機構で切除される。

　真核細胞のmRNAは，両末端に共有結合的な修飾をうけて成熟型に変わる。このプロセッシングは，それぞれ，5′末端の5′－二リン酸に7-メチルグアノシル-5′-リン酸がリン酸基を介して付加されるキャッピング，および，3′末端に200個にもおよぶポリアデニル酸が付加するテイリングと呼ばれるものである（図4－9）。これにより，mRNAは安定化し，核外への輸送と細胞質でのタンパク質合成が促進されると推定される。

4－5　翻訳－タンパク質分子の合成

　タンパク質分子は，アミノ酸がペプチド結合（アミド結合）でつながったポリマーである。グルタチオン，グラミシジンS等の低分子ペプチドのアミド結合は鋳型のない酵素反応で合成されるが，タンパク質のアミド結合はmRNAを鋳型にしてリボソームの翻訳系で作られる。遺伝情報は，DNA分子の塩基配列として保持されている。タンパク質分子は，この遺伝情報の実行用コピーにあたるmRNAの塩基配列に従ってアミノ酸が順に並びペプチド結合でつながれてできあがる。タンパク質合成の場所はrRNAと多くのタンパク質で構成されるリボソームであり，ここで，多数の酵素，補因子，ATP，GTPが協同作業に組み込まれる。材料となる20種類のアミノ酸

は，tRNAがそれぞれを認識し活性化して運んでくる。遺伝情報としてDNAに保存され細胞に伝えられた細胞固有の形と性質は，できあがったタンパク質分子の働きにより形づくられ維持される。

4−5−1 遺伝コード

表4−3は，mRNAに転写された遺伝暗号を解読してアミノ酸に対応させる遺伝暗号表である。mRNAの遺伝暗号は，$5'→3'$方向に3塩基ずつを1つの単位として読みとられていき，それぞれが1種類のアミノ酸に対応した遺伝暗号の単位（コドン）になっている。隣り合うコドンの塩基配列が重複して読まれることはなく，mRNAの$5'→3'$方向のコドンの配列順序が，タンパク質のアミノ末端から始まるアミノ酸配列順序に対応する。このコードは，ほんの少しの例外を除いて原核細胞と真核細胞に共通である。

4種類の塩基から3個とって並べる組み合わせは64通りあり，そのうち3つ，UAA，UAG，UGAは翻訳終止コドン（対応するアミノ酸がないので

表4-3 遺伝コード表

1番目の塩基 (5'末端側)	2 番 目 の 塩 基				3番目の塩基 (3'末端側)
	U	C	A	G	
U	Phe	Ser	Tyr	Cys	U
	Phe	Ser	Tyr	Cys	C
	Leu	Ser	STOP[2]	STOP[2]	A
	Leu	Ser	STOP[2]	Trp	G
C	Leu	Pro	His	Arg	U
	Leu	Pro	His	Arg	C
	Leu	Pro	Gln	Arg	A
	Leu	Pro	Gln	Arg	G
A	Ile	Thr	Asn	Ser	U
	Ile	Thr	Asn	Ser	C
	Ile	Thr	Lys	Arg	A
	Met[1]	Thr	Lys	Arg	G
G	Val	Ala	Asp	Gly	U
	Val	Ala	Asp	Gly	C
	Val	Ala	Glu	Gly	A
	Val	Ala	Glu	Gly	G

1) mRNAの5'末端に最も近いAUGは，翻訳開始コドンとしてはたらく。
2) 翻訳終止コドン。

```
  1 gcugcaucag    aagaggccau    caagcacauc    acuguccuuc    ugccAUGGCC    CUGUGGAUGC
                                                                MetAla    LeuTrpMetA     6
 61 GCCUCCUGCC    CCUGCUGGCG    CUGCUGGCCC    UCUGGGGACC    UGACCCAGCC    GCAGCCUUUG
    rgLeuLeuPr    oLeuLeuAla    LeuLeuAlaL    euTrpGlyPr    oAspProAla    AlaAlaPheV    26
121 UGAACCAACA    CCUGUGCGGC    UCACACCUGG    UGGAAGCUCU    CUACCAGUG     UGCGGGGAAC
    alAsnGlnHi    sLeuCysGly    SerHisLeuV    alGluAlaLe    uTyrLeuVal    CysGlyGluA    46
181 GAGGCUUCUU    CUACACACCC    AAGACCCGCC    GGGAGGCAGA    CCACCUGCAG    CUGGGGCAGG
    rgGlyPhePh    eTyrThrPro    LysThrArgA    rgGluAlaGl    uAspLeuGln    ValGlyGlnV    66
241 UGGAGCUGGG    CGGGGGCCCU    GGUGCAGGCA    GCCUGCAGCC    CUUGGCCCUG    GAGGGGUCCC
    alGluLeuGl    yGlyGlyPro    GlyAlaGlyS    erLeuGlnPr    oLeuAlaLeu    GluGlySerL    86
301 UGCAGAAGCG    UGGCAUUGUG    GAACAAUGCU    GUACCAGCAU    CUGCUCCCUC    UACCAGCUGG
    euGlnLysAr    gGlyIleVal    GluGlnCysC    ysThrSerIl    eCysSerLeu    TyrGlnLeuG    106
361 AGAACUACUG    CAACUAGacg    cagcccgcag    gcagccccc     acccgccgcc    uccugcaccg
    luAsnTyrCy    sAsn***                                                              110
421 agagagaugg    aauaaagccc    uugaaccagc
```

図4-10 ヒトのインスリン前駆体mRNAの塩基配列(上段)と,
それがコードするアミノ酸配列(下段)

ナンセンスコドンともいわれる)であり,この位置でペプチド鎖の合成が止まる。AUGはメチオニンのコドンであるが,mRNAの5'末端に最も近いAUGはホルミルメチオニンを結合したtRNAに認識され,翻訳開始コドンとして使われる。残り60種のコドンが19種のアミノ酸に対応している。1種類のアミノ酸に対して複数のコドンが用意されていることをコドンの縮退といい,遺伝子の塩基配列変化に対する寛容性を与え,アミノ酸配列が変わらないので細胞の形質変化が起きにくくなる。図4-10に,ヒトの比較的小さなタンパク質インスリン前駆体(分子量11,500,110アミノ酸残基)のアミノ酸配列とそれをコードするmRNAの塩基配列を示した。

4-5-2 アミノ酸の活性化とtRNA

アミノ酸をペプチド鎖に組み込む反応をすすめるためにアミノ基,または,カルボキシル基を活性化し反応性を高める必要がある。細胞は,アシルリン酸結合を作ってカルボキシル基を活性化する方法を選択している。アミノ酸は,アミノアシルtRNAシンテターゼの作用でATPと反応し,アシルリン酸結合をもつアミノアシルAMPに変わる。次いで,アミノアシル

基はtRNAの3′末端の-OH基に移され，反応性の高いエステル結合を作る。アミノアシルtRNAは，活性化されたアミノ酸を，リボソームに結合したmRNAの対応するコドンの位置まで運ぶ（図4-11a, b）。

　tRNAは，80個ほどのヌクレオチドでできており，各アミノ酸に対応したものが細胞内にあわせて100種類くらいあり，どれも似たような構造をしている（図4-5）。tRNAは，特異的なアミノアシルtRNAシンテターゼを認識して（シンテターゼ認識部位）特定のアミノ酸を活性化し，アミノ酸結合部位（3′末端のCCAトリプレット）の3′-OH基に結合する。tRNAのアンチコドンループにはmRNAのコドンに相補的なトリプレット配列（アンチコドン）があり，ここで塩基対を形成してmRNAと結合する。こうして，mRNAのコドンとアミノ酸の1:1の対応ができ，mRNAの塩基配列で指定されるアミノ酸配列をもつタンパク質の組み立てが可能になる。このように，tRNAは，核酸の塩基配列をタンパク質のアミノ酸配列に変換するためのアダプターとして働く。

4-5-3　リボソームとタンパク質合成

　タンパク質合成の場所となるリボソームは，rRNAとタンパク質で構成される粒子で，ペプチド合成反応に働く酵素（ペプチジルトランスフェラーゼ）も含んでいる。原核細胞には1万個以上，真核細胞には100万個以上含まれると見積もられている。原核細胞では，直径20 nmくらいの顆粒で，分子量は280万程度，沈降係数は70S程度である。沈降係数は，溶液中の粒子の単位遠心加速度場での沈降速度であり，ここでは粒子の質量が大きいほど大きい値をとると考える。

　原核細胞の70Sリボソームは，50S，30Sの大小2つのサブユニットからできている。50Sサブユニットは，35種類のタンパク質と23S，および5S rRNA分子からなり，30Sサブユニットは21種類のタンパク質と16S rRNA分子からなる。真核細胞のリボソームは80Sであり，60Sおよび40Sサブユニットからなっている。ミトコンドリアや葉緑体も独自のタンパク質合成システムを持つが，ここで働くリボソームは，原核細胞型の70Sに近い。粒

子サイズや構成が少し異なっていても，翻訳の場としてのリボソームの働きは基本的には同じである。

mRNAは，小サブユニットのrRNAと結合し，tRNAは大サブユニットの2個所で結合することができる。1つは，アミノアシルtRNA結合部位（A

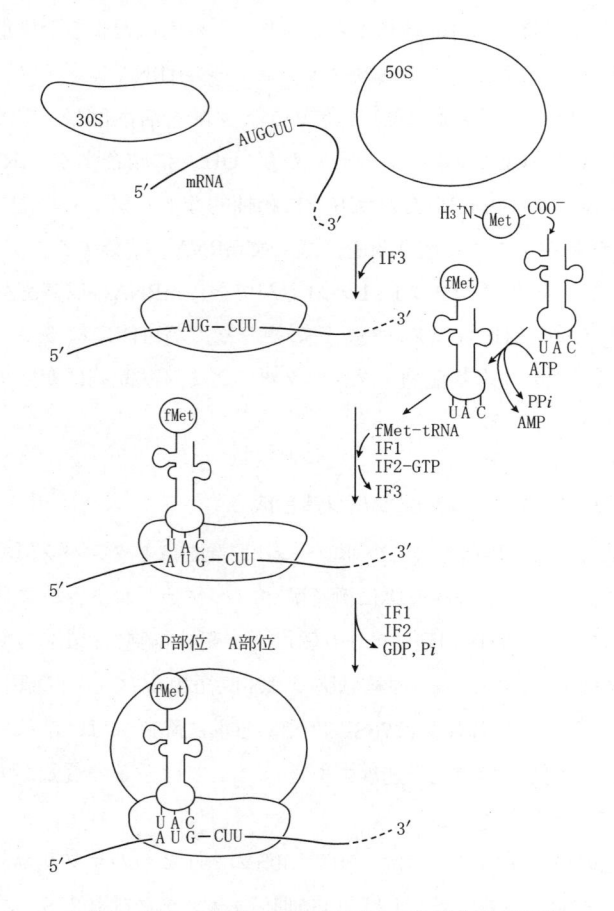

図4-11 a　リボソームでのタンパク質合成の開始
リボソームは，ペプチド結合ができるごとにmRNA上を$5'→3'$方向に1コドン分ずつ進む。

部位）で，もう一方はペプチジルtRNA結合部位（P部位）である。P部位にはアミノ酸がペプチド結合でつなぎ合わされて伸長中のペプチドと結合

したtRNAが結合し，A部位にはアミノ酸と結合したtRNAが結合する（図4−11 a）。P部位に保持されて伸長中のペプチドが，A部位に結合したアミノ酸につながれて新たなペプチド結合ができる。

リボソームでのタンパク質の合成（ペプチド結合の形成）は，大きく分けて，(1) ペプチド鎖合成の開始，(2) ペプチド鎖の伸長，(3) 合成の終結の3段階からなる。大腸菌での合成系を中心にそれぞれを概説する（図4−11 a, b, c）。

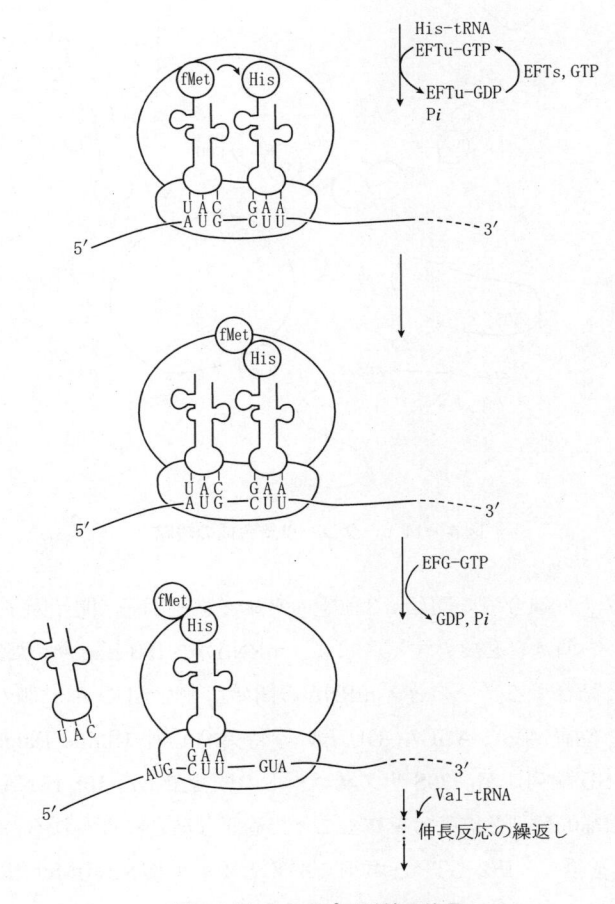

図4−11 b　ペプチド鎖の伸長

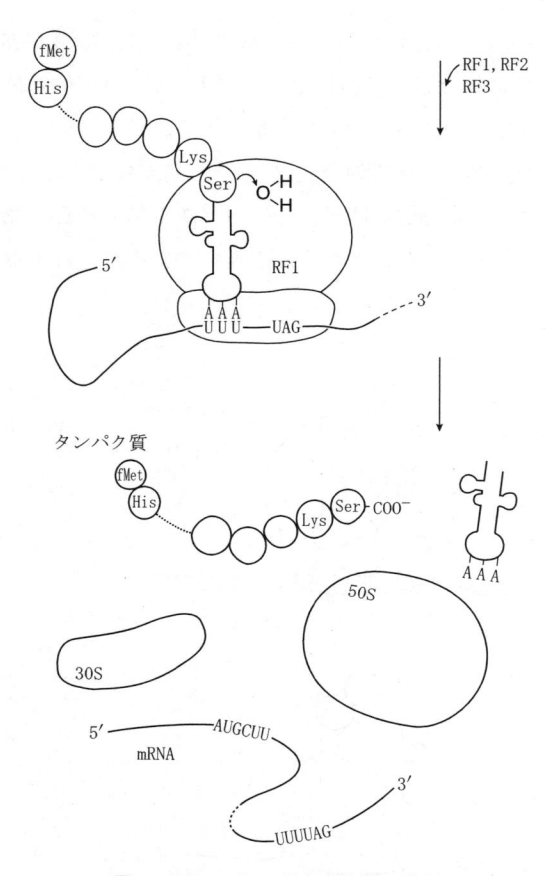

図4-11 c　タンパク質合成の終結

(1) ペプチド鎖合成の開始：3種類のタンパク質因子（開始因子），IF1，IF2，IF3，の助けを必要とする。まず，mRNAが，IF3と結合した30Sサブユニットに結合する。このときmRNAの開始コドンAUGの5′側の5－10塩基離れた位置にあるAGGAGGUという特異的配列（Shine-Dalgarno sequence = SD配列）が，30Sサブユニットの成分である16S rRNAの3′末端にある相補的配列と塩基対を作ることで適正な結合に導かれる。次いで，IF1の助けを得て，IF2-GTPとホルミルメチオニルtRNA（fMet-tRNA）が結合する。ホルミルメチオニルtRNAのアンチコドンはmRNAの開始コド

ンと塩基対を作り結合する。これに50Sサブユニットが結合して70Sリボソームができる。このときGTPは加水分解され，3つの開始因子とともに放出される。ホルミルメチオニルtRNAは，50SサブユニットのP部位におさまり，A部位は開始コドンの次のコドンで指定されるアミノアシルtRNAの結合を待つ状態になる（図4-11a）。真核細胞のmRNAにはSD配列はなく，5′末端に最も近いAUGが開始コドンとして認識される。この近辺の配列にはA/GNNAUGGという共通性があることが指摘されている（図4-10）。

(2) ペプチド鎖の伸長：3種類のタンパク質因子（伸長因子），EFTu，EFTs，EFGの助けを必要とする。次のコドンで指定される新しいアミノアシルtRNAはEFTu・GTP複合体に結合し，EFTuが触媒するGTP加水分解反応に共役してmRNA・リボソーム・ホルミルメチオニルtRNA複合体のA部位に結合する。次いで，ペプチジルトランスフェラーゼの酵素活性でP部位のホルミルメチオニル基，またはペプチジル基がA部位のアミノ基に移りペプチド結合ができる。P部位にはtRNAが残る。このように，ペプチド鎖の伸長はアミノ末端からカルボキシル末端に向かって進行する。新しくできたペプチジルtRNAは，EFGが触媒するGTP加水分解反応に共役して，mRNAのコドンについたままP部位に移る（転位）。転位は，リボソームがmRNAに沿って5′→3′方向へ1コドン分移動する過程にあたる（図4-11b）。

(3) 合成の終結：3種類のタンパク質因子（解放因子），RF1，RF2，RF3の助けを得て進行する。P部位に停止コドンがくるとRF3の助けを得てRF1または，RF2がA部位に結合する。ペプチジルトランスフェラーゼは，P部位のペプチジル結合を加水分解し，できあがったポリペプチドが遊離する。次いで，P部位からtRNAが離れ，mRNAが遊離する。これにともなってリボソームは2つのサブユニットに解離する（図4-11c）。30SサブユニットにIF3が結合すると，次のタンパク合成サイクルに入ることができる。この過程でできるポリペプチドのアミノ末端は，ホルミルメチオニンであるが，これは，タンパク質が高次構造をつくる前に酵素反応で取り除かれる。

4－6　遺伝情報の発現と調節

　DNAの塩基配列として記録された遺伝情報が，転写，翻訳の過程を経て細胞のかたち・機能として表現される仕組み（遺伝子の発現）について学んだ。しかし，細胞はいつもすべての遺伝情報を発現しているわけではない。定常的に生きていくために必要な遺伝子は一定のレベルで連続的に発現するが（構成的発現），ある特別な条件におかれたときだけ発現する（誘導的発現）遺伝子もある。細胞は，その栄養状態に応じて，また，高熱・紫外線・化学薬品にさらされるなどの外部環境変化に由来する刺激やストレスに応じて特定の遺伝子だけを発現することができ，これにより多様な環境の変化に応答し生命を維持する。多細胞生物では，細胞ごとに同一の遺伝子をもつが，特定の細胞群ではこの中から特定の遺伝子の組み合わせを選んで発現し，その発現量を調節する。これにより，これら細胞群に個性（固有の機能）が生じる（細胞の分化）。多細胞生物は，分化した細胞群が組織や器官をつくりそれぞれの固有の機能を分担することで生命活動を維持している。

　遺伝子の発現は，RNAポリメラーゼの転写活性の制御（転写調節），転写産物から成熟RNAを作る修飾過程の制御（転写後調節），リボソーム上での翻訳速度の制御（翻訳調節），または翻訳産物から機能型の成熟タンパク質を作る修飾過程の制御（翻訳後調節）のいずれによっても調節される。これらのうちで最も主要な過程となっている転写調節について概説する。

4－6－1　原核細胞の転写調節

　転写は，RNAポリメラーゼがプロモーターへ結合することではじまるので，この相互作用の強さにより転写活性を制御できる。大腸菌のプロモーターは，転写される最初の塩基を＋1位と数えると－55位から＋5位まで約60塩基の長さにわたる。このうち，大部分の遺伝子の転写に働くRNAポリメラーゼのプロモーターは，－10位近辺の配列がTATAATであり，－35位近辺の配列は，TTGACAとなっている（図4－12）。プロモータ領域の塩基配列にはこのような共通の部分があるがまったく同一ではなく，そのた

め，プロモーターごとにRNAポリメラーゼとの相互作用の強さは異なり，遺伝子発現の効率が様々になる。

(a)

	-100〜-60		-50領域	-30領域		+1
	CCAAT		GGGCGG	TATAAA		
	CCAATボックス		GCボックス	TATAボックス		開始部位

(b)

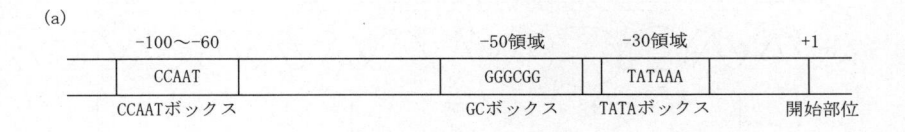

	-35領域		-10領域		+1
	TTGACA	(15-20 bp)	TATAAT	(5-8 bp)	
			Pribnowボックス		開始部位

図4-12　遺伝子のプロモーターの構造
(a)真核細胞のプロモーター　(b)大腸菌のプロモーター

　大腸菌は，培地（環境）のグルコースをエネルギー源として利用するので，グルコース代謝経路である解糖系で働く酵素群は構成的に発現する遺伝子である。これに対してβ-ガラクトシダーゼは誘導的に発現される典型的な酵素であり，培地にグルコースがなく，ラクトースがある場合に発現され，ラクトースをグルコースとガラクトースに分解してエネルギー源とする。この代謝経路の切り替えに必要なβ-ガラクトシダーゼ遺伝子の発現は，大腸菌の代謝産物の濃度に依存した転写調節を受けており，2種類の転写調節因子が働く。

　β-ガラクトシダーゼの遺伝子は，ラクトースパーミアーゼ遺伝子，チオガラクトシドアセチルトランスフェラーゼ遺伝子とともに一続きになっており，これらの5′側にある調節領域（プロモーターとオペレーター）を含めてラクトースオペロンと呼ばれる（図4-13）。一般に，複数の遺伝子（構造遺伝子）が，1つのプロモーターに制御され連続的に転写される場合，調節領域と遺伝子群をまとめてオペロンとよぶ。ラクトースオペロンに含まれるこれらの3つの遺伝子の発現は一緒に起き，ラクトースの代謝を進行させる。

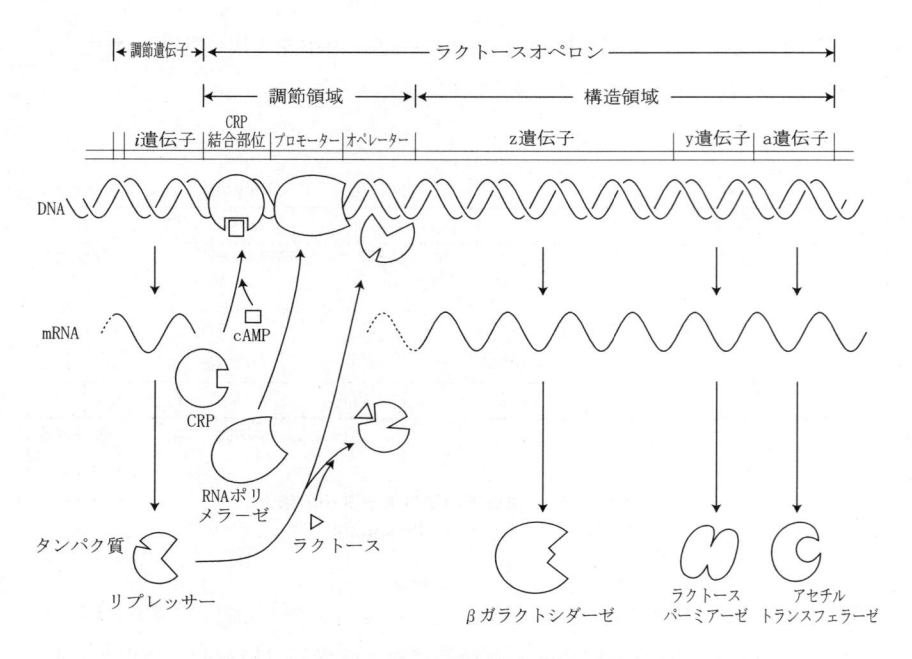

図4-13 ラクトースオペロンの構造と転写調節

　調節領域の5′側に隣接する調節遺伝子からは，リプレッサーというタンパク質が生産される。リプレッサーは，ラクトースオペロンのオペレーターに結合するのでプロモーターに結合してmRNAを合成するRNAポリメラーゼの働きが止まり，3つの酵素は合成されない。ラクトースやその誘導体であるイソプロピル-1-チオ-β-ガラクトシド（IPTG）の濃度が高いとリプレッサーは，これらと結合しオペレーターに結合できなくなるので転写がはじまる。

　ラクトースオペロンの調節領域には転写を活性化する部位も存在し，リプレッサーの場合と同様に培地の栄養状況に依存して転写を制御する。プロモーター領域の5′側にあるアクチベーター結合領域がこれにあたり，ここにアクチベータータンパク質（CRPまたはCAPとよばれる）が結合するとRNAポリメラーゼの転写活性が高められる。培地のグルコースが欠乏すると細胞内でサイクリックアデノシン3′,5′-一リン酸（cAMP）の合成が始

まる。cAMP濃度が上昇すると，cAMPはCRPに結合し，その結果生じるcAMP・CRP複合体がアクチベーター領域に結合する。培地にグルコースがあるときには，cAMPの合成が止まるのでCRPはアクチベーター領域に結合できず，ラクトースオペロンのmRNAの合成は抑制されている。このように，転写の効率は，アクチベーターとリプレッサーという2種類の転写調節因子により，それぞれ，活性化または抑制解除というかたちで調節される。

4－6－2 真核細胞の転写調節

真核細胞でも転写効率はプロモーターの塩基配列に依存する。真核細胞のRNAポリメラーゼIIは，転写を助ける複数のタンパク質因子（転写因子）の助けを得てはじめてプロモーター領域を認識し特異的な転写をすることができる（図4－12 b）。最初に，基本転写因子TFIIDが，遺伝子のプロモーター領域－30位付近にある特異的配列TATAAA（TATAボックス）を認識し結合する。次いで，他の転写因子そしてRNAポリメラーゼが順に結合して転写開始複合体ができると転写がはじまる。多細胞生物には分化に依存せず構成的に発現する遺伝子（ハウスキーピング遺伝子）があるが，これらのプロモーター領域にはTATAボックスは見いだされず，－50位近辺の特異的配列GGGCGG（GCボックス）に転写因子Sp1が結合することが転写に重要である。多くの動物細胞遺伝子のプロモーター領域の－80位近辺には特異的配列CCAAT（CCAATボックス）があり，転写因子NF-Iの結合により転写活性が著しく向上する。

真核細胞でも，RNAポリメラーゼはターミネーター構造に到達すると解離し，転写は終結すると考えられている。RNAポリメラーゼIIの転写産物の3′末端にはポリA鎖が付加されるが（テイリング），それに必要な特異的配列AAUAAA（ポリAシグナル）が約20塩基上流に見られる（図4－10）。

真核細胞では，プロモーターの上流数千塩基におよぶ領域にまで転写制御配列が認められる場合もあり，これに転写制御因子が結合してRNAポリメラーゼの転写活性が活性化されたり抑制されたりする。また，遺伝子内の領域・配列の向きを選ばず機能するエンハンサーと呼ばれる配列が見出

されており，組織および時機特異的な転写の活性化に重要な役割を持つ。熱ショックやホルモン・ビタミン・分化誘導物質による刺激に対する応答は，それぞれに対応する細胞内の制御因子（ステロイドホルモンやビタミンAでは受容体タンパク質が同定されている）が核に入り遺伝子の転写制御配列に結合することではじまる。転写制御因子は分子内にDNA結合部位と転写制御部位を持つタンパク質であり，ヘリックス–ターン–ヘリックス，ヘリックス–ループ–ヘリックス，ロイシンジッパー，Zn–フィンガー等の構造モチーフに分類されてきている。

　真核生物のDNAはクロマチン構造をとっているので，遺伝子の発現は非特異的に抑制されている。DNAが転写されるためには，DNA鎖がヒストンから解離し露出する必要がある。一部の転写制御因子や基本転写因子は，これらの過程でも機能し転写を活性化する。

第5章
受精と発生

　アリストテレス(Aristoteles)は交尾していないニワトリの産んだ卵が発生しないのは雄の精液に発生に必要な何かがあるからだと述べている。精子は，そのはるか後の1677年にオランダのレーベンフック(Leeuwenhoek)により発見された(図5-1)。当時，彼は自作の顕微鏡を用いて様々な微生物を発見していた頃で，精子が精液中に入り込んだ外来の微生物である可能性も考えた。また，精子が子供になる基であるなら，精子の中に子供の姿が見えるはず(このような考え方を前成説とよぶ)なのに見えないことを悩んだとも伝えられている。この精子が卵と物理的に接触しなければ発

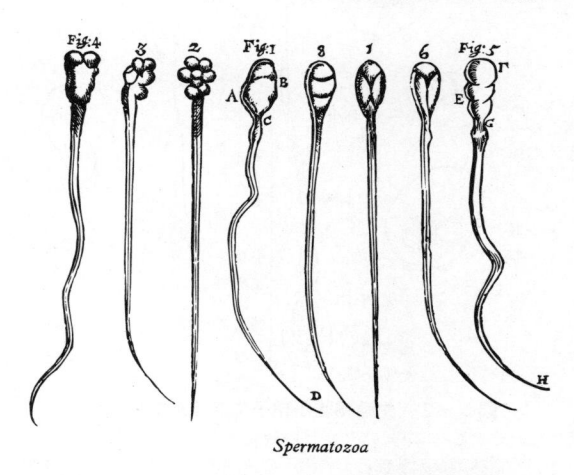

図5-1　レーベンフックによるヒト精子の観察
(Schierbeek, A., "Measuring the Invisible World" (1959))

生がはじまらないことをスパランツアーニ (Spallanzani) が犬を用いて初めて示したのは，さらに1世紀後の1779年のことであった。一方，植物においても卵と精子の合体（受精）により発生が始まることは1822年にミズゴケで発見された。1896年には東京帝国大学の小石川植物園で当時画工だった平瀬作五郎によってイチョウの胚珠中に動いている精子が発見されている。

5−1　精子の構造

　動物の精子は頭部，中片部と尾部から構成されている。頭部の先端には先体があり，受精の際には重要な働きをする。先体のうしろにはDNAにプロタミンなどの核タンパク質が結合し，高密度に凝縮した細胞核がある。中片部にはミトコンドリアがあり，呼吸をしながら精子の運動エネルギー源としてのATPを供給している。頭部と中片部の境目には中心体が存在する。尾部には中心体を基点とした微小管の束からできている鞭毛がある（図5−2）。この微小管はチューブリンという分子量約50,000（50 kDa）の

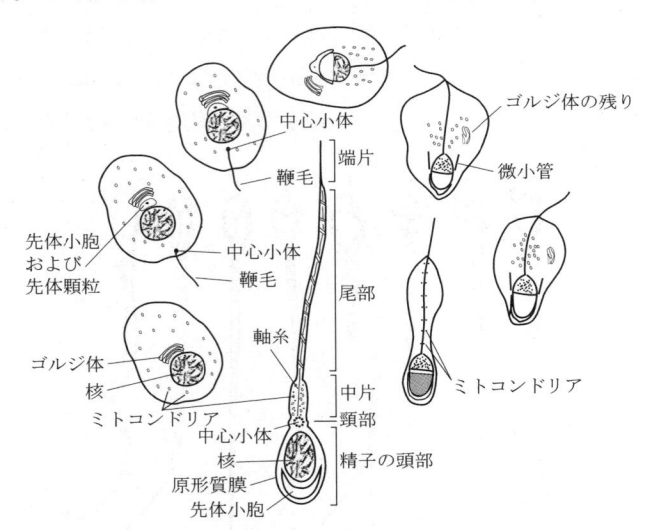

図5−2　生殖細胞が精子になるまでの変化

後に精子の後端になるところに中心小体が長い鞭毛をつくり，前端になるところにはゴルジ体が先体小胞を作る。一倍体の核の基部近くの鞭毛の周囲にミトコンドリア（図中，中空の点）が集まり，精子の中片に組み入れられる。それ以外の細胞質は細胞外に捨てられ，核は凝縮する。成熟した精子の大きさは他の図に比べて拡大してある。(Clemont, Leblond (1955))

第 5 章　受精と発生

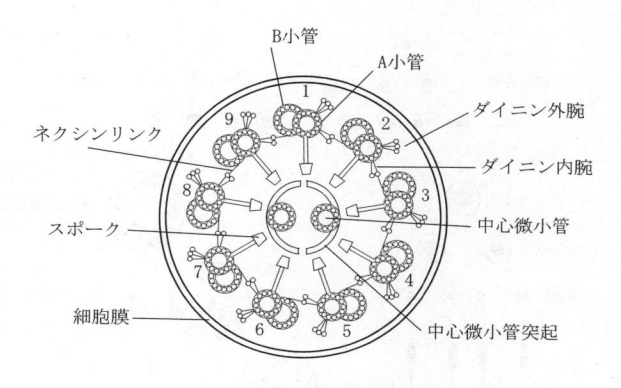

図5-3　微小管の断面図

　球状タンパク質が重合してできた管空構造で，鞭毛の中心部には2本（シングレット微小管と呼ぶ），その周囲に2本の微小管が側面結合したような形のダブレット微小管が9組並んで存在する。この構造は動物界に共通に見られ，2＋9構造と呼ばれる。ダブレット微小管にはダイニンという分子量 1,200,000（1,200 kDa）〜 2,000,000（2,000 kDa）の巨大分子からなる腕構造が見られる。このダイニンはチューブリン存在下にATPを加水分解し，その際のダイニンの分子変形がダブレット微小管同士の間に滑りを起こし，それが鞭毛運動をもたらしている（図5-3）。

5-2　配偶子形成

　発生の過程で生じた始原生殖細胞は，生殖巣に入り精原細胞または卵原細胞になるが，それらはまだ体細胞分裂（1つの2倍体（2n）の細胞が2つの2倍体細胞に分裂すること）によって増殖を続ける。その後，成長期に入り，分裂を停止して第1次精母細胞または第1次卵母細胞になる。この時に将来の胚の栄養になる卵黄の蓄積がはじまる。

　次に減数分裂が起こり，細胞あたりの染色体セットが2nから1nに半減した配偶子を生じる（図5-4）。第1次精母細胞においては減数分裂後，精子完成過程に入り，先体の形成，核の凝縮，ミトコンドリアの集合，鞭毛や軸糸構造の形成，余分な細胞質の放出が行われる。このようにして1つの

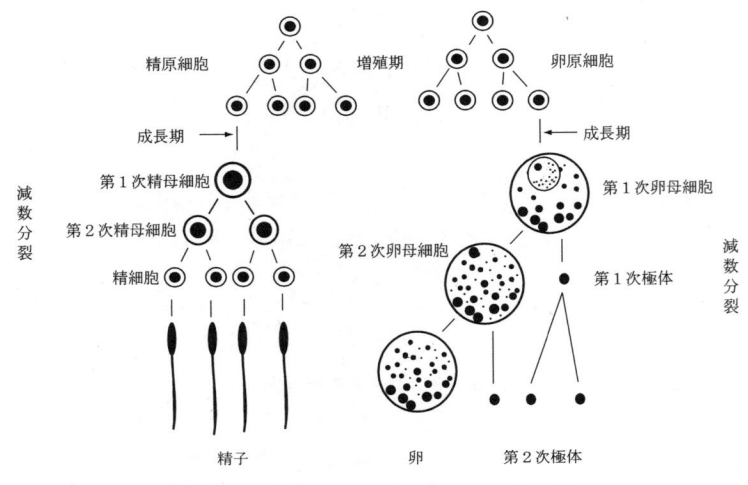

図5-4 配偶子の形成（Balinsky (1965)）

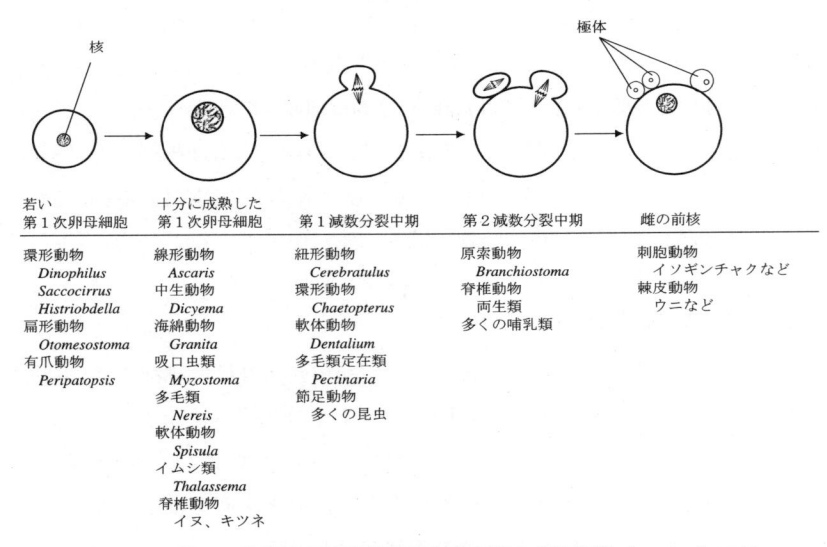

図の左側：精原細胞 → 増殖期 → 成長期 → 第1次精母細胞 → 第2次精母細胞 → 精細胞 → 精子（減数分裂）

図の右側：卵原細胞 → 成長期 → 第1次卵母細胞 → 第2次卵母細胞・第1次極体 → 卵・第2次極体（減数分裂）

若い 第1次卵母細胞	十分に成熟した 第1次卵母細胞	第1減数分裂中期	第2減数分裂中期	雌の前核
環形動物 *Dinophilus* *Saccocirrus* *Histriobdella* 扁形動物 *Otomesostoma* 有爪動物 *Peripatopsis*	線形動物 *Ascaris* 中生動物 *Dicyema* 海綿動物 *Granita* 吸口虫類 *Myzostoma* 多毛類 *Nereis* 軟体動物 *Spisula* イムシ類 *Thalassema* 脊椎動物 イヌ、キツネ	紐形動物 *Cerebratulus* 環形動物 *Chaetopterus* 軟体動物 *Dentalium* 多毛類定在類 *Pectinaria* 節足動物 多くの昆虫	原索動物 *Branchiostoma* 脊椎動物 両生類 多くの哺乳類	刺胞動物 イソギンチャクなど 棘皮動物 ウニなど

図5-5 種々の動物における精子侵入時の卵の成熟段階（Austin (1965)）

　第1次精母細胞から4つの精子が生じる。第1次卵母細胞では減数分裂の過程で計3つの極体と呼ばれる小さな細胞と1つの卵細胞になる。極体は受精の前後に放出され，胚の発生には関与しない。極体の放出時期や卵に

精子が受精する時期は動物種によって異なっている（図 5-5）。

5-3 受精の仕組み
5-3-1 精子の誘引

体外受精をする動物では、いかにして精子が同種の卵と巡り会って受精を成功させるかが種の保存の大きな鍵となる。卵が同種の精子を誘引することができれば、受精のチャンスが増すだろうと思われる。実際、棘皮動物のウニを用いた研究で精子活性化ペプチド群（sperm-activating peptide ＝ SAP）の存在が明らかになっている。このペプチドはウニ卵の表面に保護層として存在するゼリー層に含まれており、同じ種のウニの精子はこのペプチドにより呼吸と運動性が昂進し、ペプチド濃度がより高い領域めがけて泳ぎ出す。つまり、精子の運動に種特異的な走化性をもたらす。鈴木らは1984年にArbacia（アメリカアルバシアウニ）の卵ゼリーからSAPの1種であるレスクトというペプチドを分離した。これは14残基のアミノ酸からなり、同種の精子に対してのみ種特異的に働く。14残基のアミノ酸の配列によって得られる多様性は20^{14}である。地球上に存在する生物種の総数は10^8から10^{10}ともいわれているが、14残基のアミノ酸配列だけでも、それをはるかに上まわる多様性を持っていることになる。知られているSAPのアミノ酸配列を表5-1に、精子呼吸促進活性の種特異性を表5-2に示した。

表5-1　ウニの代表的精子活性化ペプチド（鈴木（1992））

1) ガンガゼ
    SAP-IV　　Gly-Cys-Pro-Trp-Gly-Gly-Ala-Val-Cys
2) ツガルウニ、クロウニ
    SAP-IIB　　Lys-Leu-Cys-Pro-Gly-Gly-Asn-Cys-Val およびその類似体
3) アメリカアルバシアウニ
    SAP-IIA　　Cys-Val-Thr-Gly-Ala-Pro-Gly-Cys-Val-Gly-Gly-Gly-Arg-Leu-NH_2
4) バフンウニ、アカウニ、キタムラサキウニ、ムラサキウニ、パイプウニ
    SAP-I　　　Gly-Phe-Asp-Leu-Asn-Leu-Asn-Gly-Gly-Gly-Val-Gly およびその類似体
5) タコノマクラウニ、スカシカシパンウニ
    SAP-III　　Asp-Ser-Asp-Ser-Ala-Gln-Asn-Leu-Ile-Gly およびその類似体
6) オオブンブク
    SAP-V　　Gly-Cys-Glu-Gly-Leu-Phe-His-Gly-Met-Gly-Asn-Cys

表5-2 精子活性化ペプチドの種特異性(鈴木(1992))

	呼吸促進活性測定に用いた精子				
	ガンガゼ	ツガルウニ	バフンウニ	タコノマクラ	オオブンブク
SAP-IV	+	−	−	−	−
SAP-IIB	−	+	−	−	−
SAP-IIA	−	±	−	−	−
SAP-I	−	−	+	−	−
SAP-III	−	−	−	+	−
SAP-V	−	−	−	−	+

5nM以下で呼吸促進性を示した場合(+)，5〜500nMで呼吸促進活性を示した場合(±)，500nM以上でも呼吸促進活性を示さなかった場合(−)

5-3-2 先体反応

ウニの精子はゼリー成分と接触すると先体が崩壊し，先体胞の中から種々の分子が放出される。先体胞にはタンパク質分解酵素があり，これによって卵ゼリー層が溶解され，精子が卵表面に到達することを助けている。また，種によってはライシン（lysin）と呼ばれるタンパク質が先体に存在し，これが卵膜上の受容体（レセプター，receptor）に結合し，卵膜を非酵素的に破壊する。先体の基部には未重合のアクチン（G-アクチン）が貯蔵されており，先体胞の破壊とともにアクチンが重合し（F-アクチン），先体突起とよばれる糸状の突起をつくる。この一連の反応を先体反応（acrosome reaction）と呼ぶ。その先体突起を被う細胞膜にはバインディン（bindin）と呼ばれる粘着性の高い糖タンパク質があり，これが卵表面にある受容体と種特異的に結合することによって精子が卵表面に接着する（図5−6）。

先体反応をめぐる日本生物学史のひとこま

先体反応は神奈川県の三浦半島にある東京帝国大学の三崎臨海実験所で團ジーンによって発見された（図5−7）。團ジーンは，ウニ卵の細胞分裂研究の第一人者で，後に東京都立大学総長になった團勝磨（1904〜1996年）の妻であるが，ともに1931年から1934年までペンシルバニア大学大学院で細胞生物学の研究をしていた。團夫妻には様々なエピソードがある。團勝磨は第2次世界大戦の終戦直後，三崎臨海実験所で研究をしていたが，特

第5章　受精と発生

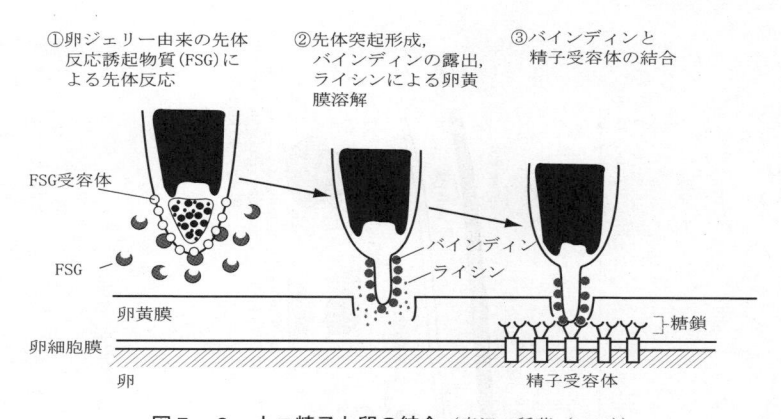

図5-6　ウニ精子と卵の結合（森沢，稲葉（1996））

①卵ジェリー由来の先体反応誘起物質(FSG)による先体反応
②先体突起形成，バインディンの露出，ライシンによる卵黄膜溶解
③バインディンと精子受容体の結合

FSG受容体
FSG
バインディン
ライシン
卵黄膜
卵細胞膜
卵
精子受容体
糖鎖

図5-7　團勝磨博士夫妻
團勝磨博士（左）（丸山工作，「夢と真実」，学会出版センター（1979））と團ジーン博士（右）（團勝磨，「ウニと語る」，学会出版センター（1988年））

　殊潜行艇の基地が敷地内にあったためアメリカ占領軍が実験所を取り壊しに来ると聞いて，実験所を去るときに「この実験所はあなた方の国のウッズ・ホールにある施設と同じ生物学の研究のための施設である」というメッセージを残した。このメッセージを読んで心打たれた占領軍は三崎臨海実験所の取り壊しを断念したという記録が残されている。当時すでに團ジーン（1910～1978年）は勝磨と結婚しており，戦争中も日本で生活をし

83

図5-8 受精過程における情報伝達

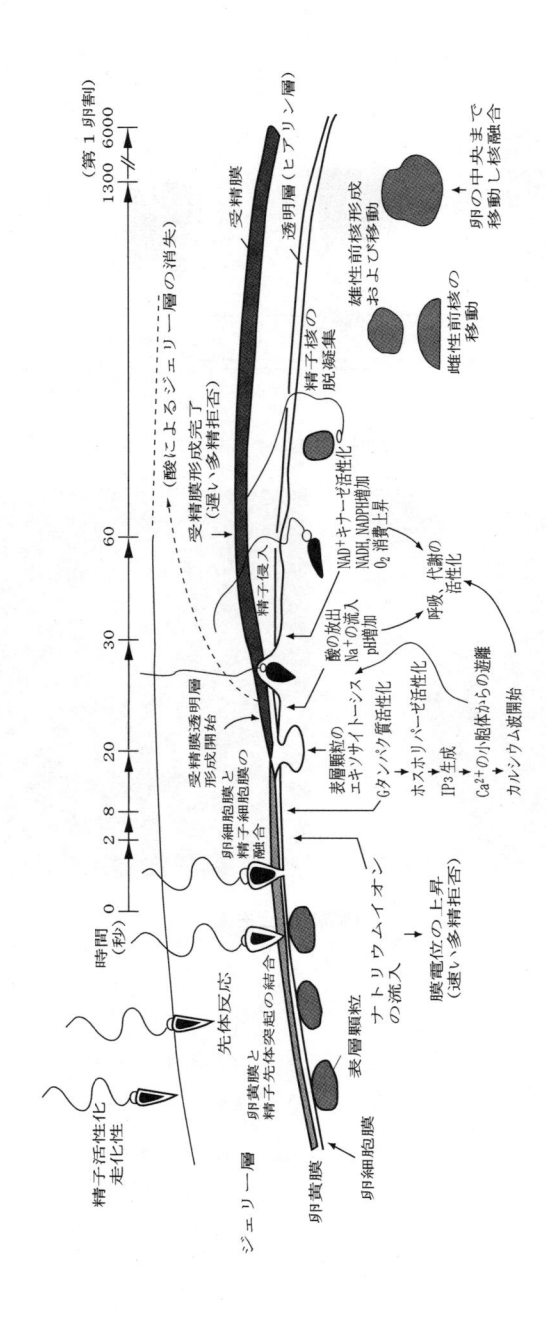

(東京大学教養学部生物部会生命科学資料集委員会, 生命科学資料集, 東京大学出版会 (1997))

ていたが,終戦後アメリカに一時里帰りすることがあった。この折に,アメリカの生物学者達が團夫妻の研究を支援するために研究資金を贈ったところ,帰国するときに團ジーンは,この資金で当時まだ世界中どこでも市販されていなかった位相差顕微鏡(物体と媒質の屈折率の差を利用して見る顕微鏡で,細胞を固定せず,生きたまま観察できる)の第1号機を購入し,持ち帰った。この位相差顕微鏡を使って團ジーンはウニの精子が卵に近づくと精子の先体が変形し,先体突起を伸ばすことを発見した。これが,精子先体反応の初めての発見である。受精・発生の分野のその後の発展に大きな貢献をしたこの重要な発見が戦争直後の混乱期に,しかも夫である勝麿によって占領軍による取り壊しから免れた研究施設で行われたことには何か運命的なものを感じる。受精時の詳細な変化については図5-8に示した。

5-3-3 精子と卵細胞膜の融合の分子機構

プリマコフ(Primakoff)はハムスターの精子細胞膜成分に対するいくつかのモノクローン抗体(マウスの抗体産生細胞と骨髄腫細胞を融合させたハイブリドーマをクローン培養し,その分泌する単一の抗原特異性を持った抗体)を作製し,これらの中から精子と卵細胞膜との結合を阻害する特定のモノクローン抗体PH-30を分離した。その抗体に反応する抗原分子は精子細胞膜上にあり,分子量60,000 (60 kDa)のタンパク質でファーティリン(fertilin)と命名した。興味深いことに,ファーティリンに似たタンパク質メルトリンは藤原-瀬原らによって破骨細胞や筋芽細胞の表面にも発見されている。これらの細胞も細胞分化の過程で細胞融合することが知られている。

5-4 初期発生と卵割
5-4-1 受 精 膜

受精後,卵の細胞分裂がはじまる。その最初の記載はカエル卵を用いて,1660年代にオランダ人スワンメルダム(Swanmerdam)によって行われた

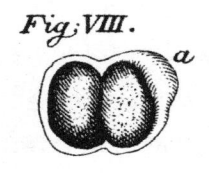

図5-9 1660年代にスワンメルダムによって最初に記載されたカエル卵の卵割
(ボーア・ハーヴェ,「自然の聖典」(1738))

(図5-9)。スワンメルダムは毛細血管の発見者であるとともに,種々の動植物(特に昆虫組織の観察では有名)の器官,組織構造や発生の様子を詳細に記載した人で,前述のレーベンフックやコルクの断面から「細胞」(Cell,小部屋の意味)を初めて記載した英国人フック(Hooke)とともに細胞生物学の父の1人といわれている。

卵の細胞膜直下には表層顆粒が並んでいる。受精後,精子が結合し侵入した地点から波紋状に表層顆粒が崩壊していき,その顆粒の内部に含まれていた種々の物質が細胞外に放出される(図5-8)。その結果,受精卵の細胞膜上に透明層(ハイアリン層),さらにはその外側に少し離れて受精膜ができる。この受精膜は化学的にも物理的にも極めて強靱で,後からやってきた精子や海水中の微生物が内部に侵入することを防ぐなど胚の保護膜として機能する。受精膜はウニ胚がこれを分解する孵化酵素を分泌する遊泳胞胚期まで存在し,胚を護っている。

5-4-2 卵　　割

受精直後の卵細胞質中では精子頭部由来の雄性前核と卵細胞核由来の雌性前核が合体し,受精卵の細胞核ができる。核は直ちにDNAの複製を開始し,複製されたDNAは染色体として凝縮し,主に微小管によって構成される紡錘体により2つに分けられ,続いて細胞質にアクチンとミオシンからなる収縮環と呼ばれるリング状構造が予定分裂溝形成域に現れる(図5-10)。次いで,収縮環が収縮することによって細胞質が2つに縊り切られる。これを細胞質分裂と呼ぶ。このようにして,DNAの複製,染色体の凝縮,染

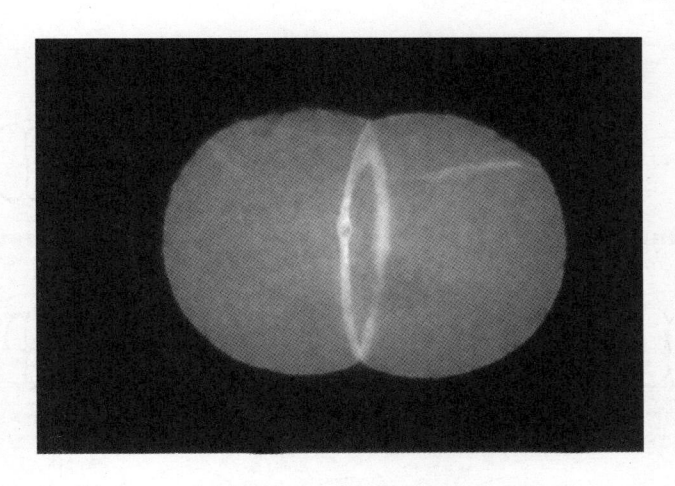

図5-10　ウニ卵の卵割期に出現した収縮環　ローダミン・ファロイジンでアクチンが染まっている。（馬渕一誠博士　原図）

色体分裂，細胞質分裂のサイクルを繰り返すことにより，受精卵は多数の細胞に分裂していく。初期発生の時期の細胞分裂を特に卵割と呼ぶ。

初期発生の例としてウニ卵の受精卵のたどる道筋を図5-11に示した。

ウニの場合，卵割をはじめた受精卵は2細胞期，4細胞期と進み，8細胞期から16細胞期に至る過程で動物極の4個の割球は等分裂し（1個の細胞が，大きさがほぼ等しい娘細胞に分裂すること），8個の中割球を生じる。植物極側の4個の割球は不等分裂（等分裂とは逆に，細胞分裂により，大きさの異なる娘細胞に分裂すること）を起こし，大きな割球4個と小さな割球4個を生じる。それ以降も細胞分裂は進み，100から200の細胞からなる桑の実のような桑実胚になる。さらに分裂が進むと胚は中空の袋状に変わる。これを胞胚と呼ぶ。この中空の空間（胞胚腔）は細胞外基質（コラーゲン，プロテオグリカン，ファイブロネクチン，ラミニンなど）や成長因子を含む胞胚腔で満たされている。細胞は1層のシート状に配列して上皮構造を形成する。個々の細胞には外側にそれぞれ1本の繊毛が生えてくる。胞胚は受精膜の袋の中でグルグルと回りだし，受精膜成分を基質にする孵化酵素を分泌しはじめ，ついには受精膜を溶解して海水中に泳ぎだす。これ

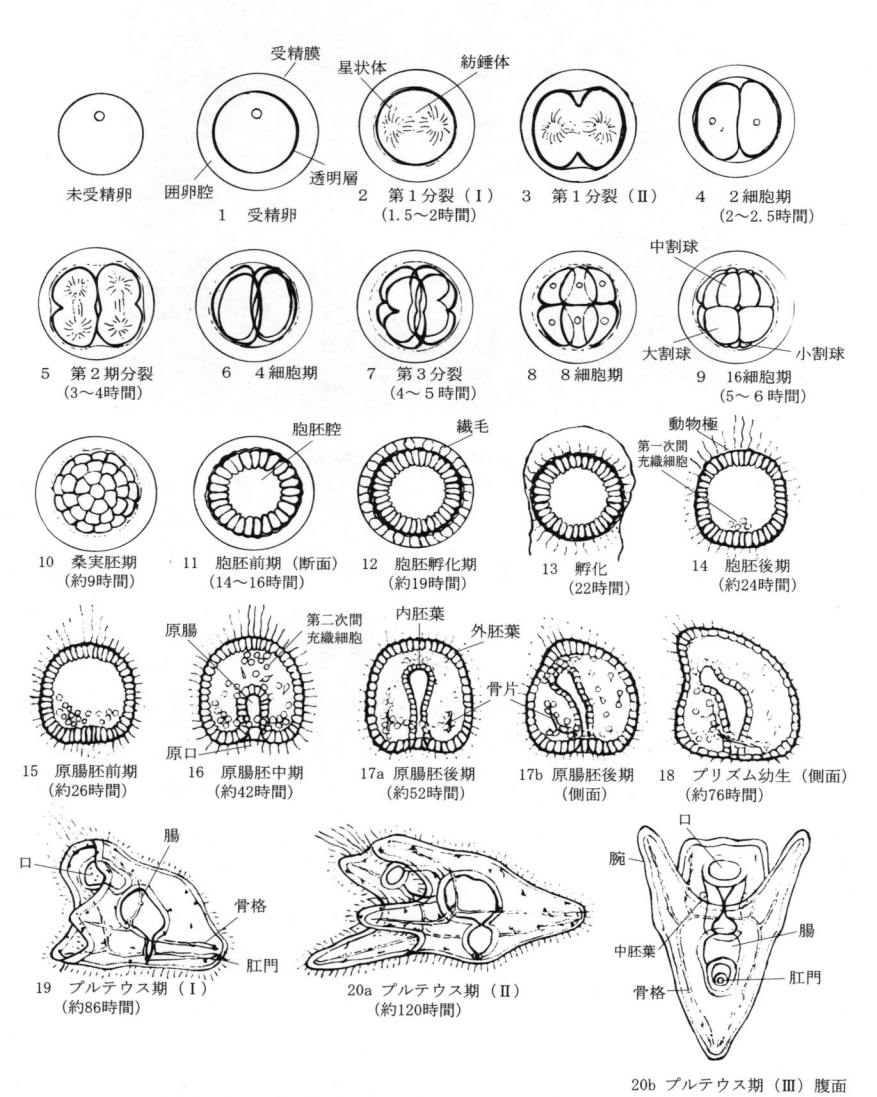

図5-11 バフンウニの発生（岡田・宮内（1958））
（東京大学教養学部生物部会内生命科学資料集編集委員会，「生命科学資料集」，東京大学出版会(1998)）

（　）内時間は10〜15℃の海水における受精後の時間。数字は発生段階図の各期を示す。

が孵化である。この頃の胞胚を遊泳胞胚と呼ぶ。胚は自転しながら泳いでいくが，その植物極側（長い繊毛のある動物極側の反対側）から胞胚腔内に第1次間充織細胞が胞胚腔内に落ち込んでくる。第1次間充織細胞は胞胚腔内の細胞外基質を足場に動き回る。さらに植物極側から胞胚壁がへこみ，原腸となって胞胚腔内に入り込む。これが原腸陥入である。この原腸の開口部が原口と呼ばれる。ウニなどの棘皮動物や脊椎動物などでは，後の肛門になる。その場合，口は後で出来るので，後口動物と呼ぶ。それに対し，昆虫などでは原口がそのまま，将来の口になる。これを前口動物と呼ぶ。このように，動物は前口動物と後口動物の2つに区別される。

　動き回った第1次間充織細胞は，やがて原腸の脇の植物極側の体腔壁の2個所に集まり，炭酸カルシウムと炭酸マグネシウムからできている骨片を作りはじめる。これがウニのプルテウス幼生の骨格になる。伸張した原腸の先端から第2次間充織細胞がはい出し，外壁の細胞層と結合し，やがてそこに穴が空き，口と咽頭部を形成する。20世紀はじめのボベリ（Boveri）の観察から骨片を作る細胞は16細胞期の小割球に由来すると考えられていた。1970年代になって先に述べた團勝磨の弟子である岡崎嘉代はこれら小割球を単離し，それを4％馬血清を含む海水を培養液として培養皿内で培養すると生体内のものと良く似た骨片を作ることを証明をした。この実験系は将来の発生運命（この場合，骨片を作る細胞になること）が決定された未分化な（まだ，骨片を作る細胞に分化していない）細胞（この場合，小割球）を *in vitro*（ガラス器内という意味で，生体内という意味の *in vivo* の反対語）で研究できるので，細胞分化の過程を調べる上で極めて優れた系であるといえる（図5-12）。清水らは小割球を *in vitro* で培養し，骨片を作りはじめた初期の細胞群をマウスに注射し，モノクローン抗体の作製を試み，図5-12に示すような染色パターンを示す抗体P4を得た。P4を培養液中に加えると骨片の形成が濃度依存的に抑制されたことから，この抗体の抗原分子を認識する部位（エピトープ）が骨片細胞の分化と関係しているものと考えられる。

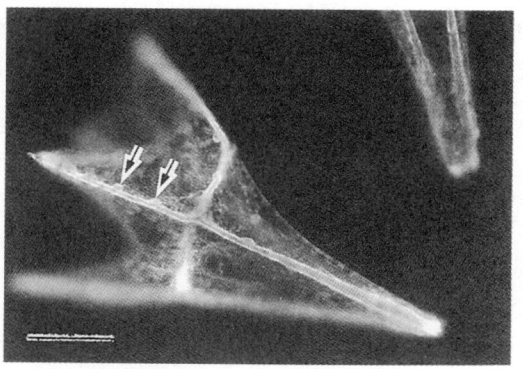

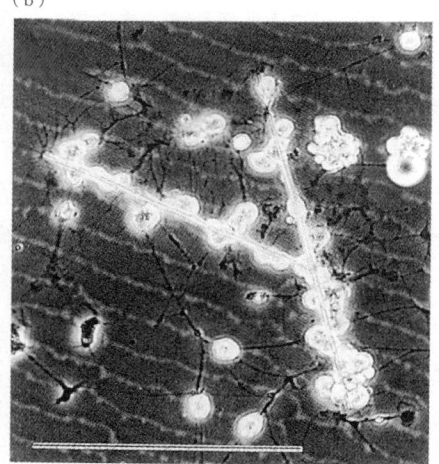

図5-12 ウニ胚の骨片形成（バーは100 μm）
(a) バフンウニプルテウスにみられる骨片（骨片特異的モノクロン抗体による蛍光抗体染色像）（Shimizu, et al. (1988)）
(b) 単離した小割球の子孫細胞がガラス器内で形成した骨片の位相差顕微鏡像（Matsuda, et al. (1988)）

5-5 発生運命の決定

受精卵は卵割を続けながら，様々な発生運命を持った細胞系列に分かれていく。この細胞系列の決定機構解明は現代の発生生物学の大きな課題である。ここでは，その研究例としてショウジョウバエ卵に見られる生殖細胞系列の決定とホヤ卵に見られる筋細胞系列の決定について考えてみる。

5-5-1 ショウジョウバエ卵における細胞質因子

ショウジョウバエ卵の発生は図5-13に示したようにウニ卵などとは異なった卵割様式をとる。まず，発生初期は細胞核が分裂しても細胞質分裂は起こらず，卵の細胞質中に多数の核が集積する時期がある。核はその後，卵細胞膜近くに移動し（多核性胞胚と呼ぶ），4回の核分裂後はじめて細胞質分裂が始まり，多細胞の胞胚（細胞性胞胚）を作る。この間に卵後極側に移動した核が極細胞となり，これが生殖細胞系列のもとになる。極細胞質に生殖細胞系列の確立と生殖細胞の分化過程を制御する因子が局在していることが細胞質移植実験によって明らかにされた。すなわち，卵の後極に紫外線を照射すると極細胞が形成されなくなり，不妊のハエになる。その紫外線照射卵に未照射の卵の後極細胞質を注射すると極細胞形成能が回復する。この極細胞形成を司る因子は1993年筑波大学の岡田益吉らによってミトコンドリアの大リボゾームRNAであることが証明された。この極細

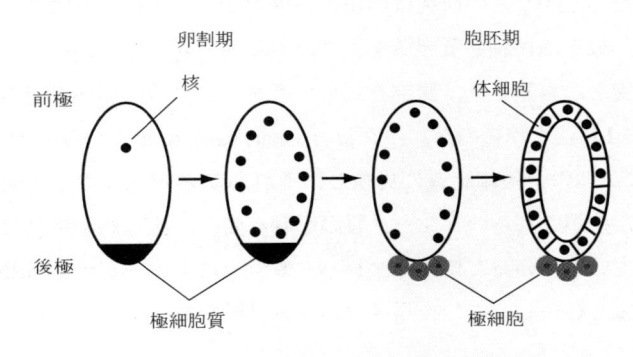

図5-13　ショウジョウバエの極細胞形成過程
(小林悟,「生殖細胞」, 共立出版 (1996))

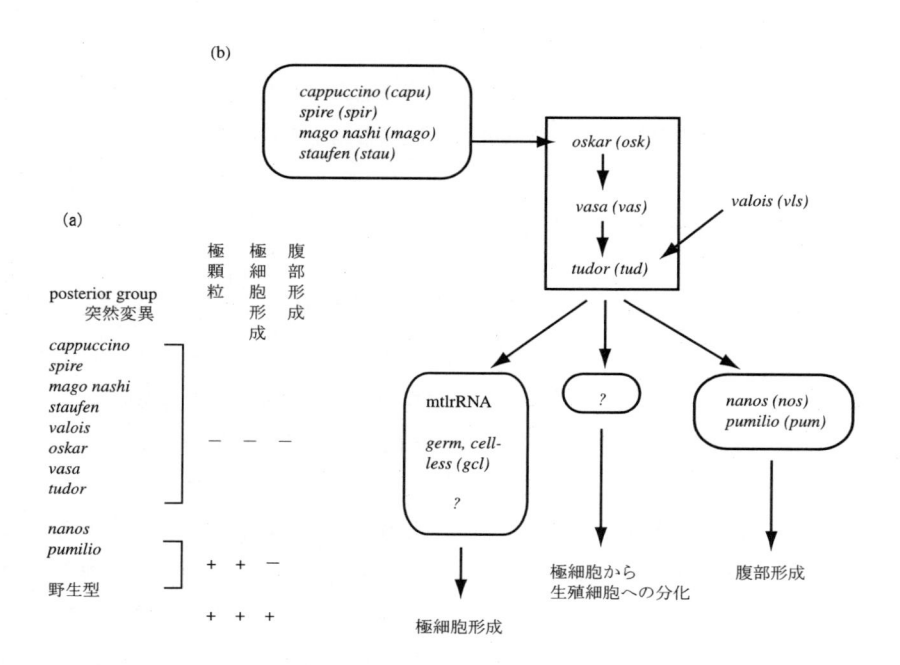

図5-14 ショウジョウバエの極細胞形成と腹部形成にかかわる遺伝子群
(a) posterior group突然変異の表現型　(b) posterior group遺伝子の発生遺伝学的研究に基づくカスケード（小林悟，「生殖細胞」，共立出版（1996））

　胞質にはミトコンドリアの大リボゾームRNA以外にどのような細胞質因子があるのだろうか？この研究は岡田の後継者である小林悟らによって引き継がれた。彼らは極細胞質因子を欠く突然変異体10系統を用いて，極細胞質に極細胞を誘導したり，腹部を誘導するタンパク質の存在を明らかにした（図5-14）。これらのタンパク質（oskar, vasa, tudorなど）をコードするmRNAが卵の後極細胞質に局在し，それらが翻訳されると後極領域にやってきた核がこれらのタンパク質の影響を受け，生殖細胞系列になると推測されている。vasaと類似のタンパク質とそれをコードするmRNAが哺乳類の卵にも存在し，この作用メカニズムは動物界に広く共通していると考えられている。

5-5-2 ホヤ卵における細胞質因子

ホヤは脊椎動物の先祖である脊索動物の1種である。この動物の卵は棘皮動物や哺乳類とは異なっている。棘皮動物や哺乳類の場合，2細胞期や4細胞期に割球を分離すると2個または4個の完全な個体ができる。逆に卵割初期の胚をくっつけると合体して完全な1個体ができる。これはそれぞれの割球の発生運命が卵割初期には可塑性があるからである（このような卵を調節卵と呼ぶ）。ところが，ホヤの場合は2細胞期に割球を分けるとそれぞれの割球からは完全な個体はできず，左右半身の幼生ができる。8細胞期の胚の割球をバラバラにすると，それぞれの割球からは正常発生時にみられる組織だけが分化してくる。それぞれの割球の発生運命がすでに決まっているからである（このような卵をモザイク卵と呼ぶ）。

1880年代はじめに，ワイズマン（Weisman）は受精卵の中には細胞の将来の発生を方向づける決定因子が存在し，それが卵割によって不等分配され，その結果，互いに異なる細胞系列が生じるという考えを提唱した。ワイズマンの考えは調節卵ではそのままでは当てはまらないが，ホヤのようなモザイク卵においてはその通りであると考えられる。

ホヤの8細胞期胚のB4.1と呼ばれる割球にマーカー色素やマーカー酵素を注射すると，そのまま胚は発生を続け，幼生（オタマジャクシのような形になり泳ぎ回る－オタマジャクシ幼生）の尾部の筋肉細胞にマーカーが検出される。西田らやウィッタカー（Whittaker）は同様な方法で8細胞期の各割球の発生運命を詳細に調べ（図5-15），B4.1の細胞質を本来なら筋には分化せず，表皮や脳に分化するa4.2割球に導入すると筋分化を起こすようになるなど，B4.1の細胞質には筋分化を促す因子が存在することを明らかにした。その因子は何か？その因子は卵形成過程でどのように作られるのか？その因子はどのようにして卵の特定の場所に局在しているのか？他の細胞系列に運命づける細胞質因子はないか？など多くの興味ある疑問が沸いてくる。

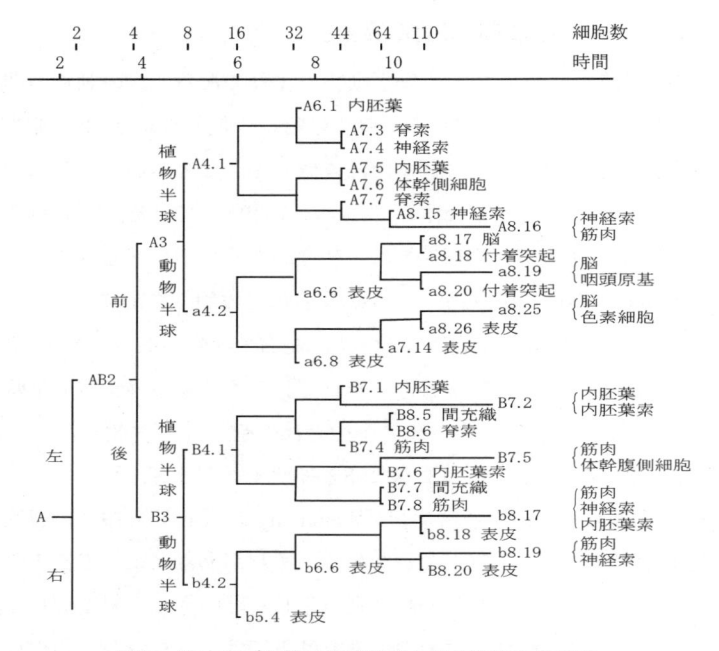

図 5-15 マボヤ胚の細胞系譜と発生運命の分岐図

割球の発生運命が単一の組織に定まった後の細胞分裂は省略してある。卵割および割球の発生運命は左右相称なので，胚の左半分についてのみ示す。(佐藤矩行編，「ホヤの生物学」，東京大学出版会（1998））

5-6　発生における誘導

5-6-1　初期発生における誘導

　1924年ドイツのシュペーマン（Spemann）とマンゴールド（Mangold）はイモリの初期原腸胚の原口背唇部を切り取り，他の胚の胞胚腔に移植すると本来なら皮膚などに分化する予定外胚葉から神経や体節などが分化し，時には宿主胚によく似た 2 次胚を形成させることを示した（図 5-16）。シュペーマンは原口背唇部には周囲にある宿主の細胞の発生運命を変化させ，本来なら作らない組織を創出させる能力があると解釈し，この誘導能力の本体をオーガナイザー（organizer）と命名した。シュペーマンはこの発見により1935年にノーベル医学生理学賞を受けた。その後，マンゴールドは未分化な外胚葉で原口背唇部その他の組織片を挟んで培養することによ

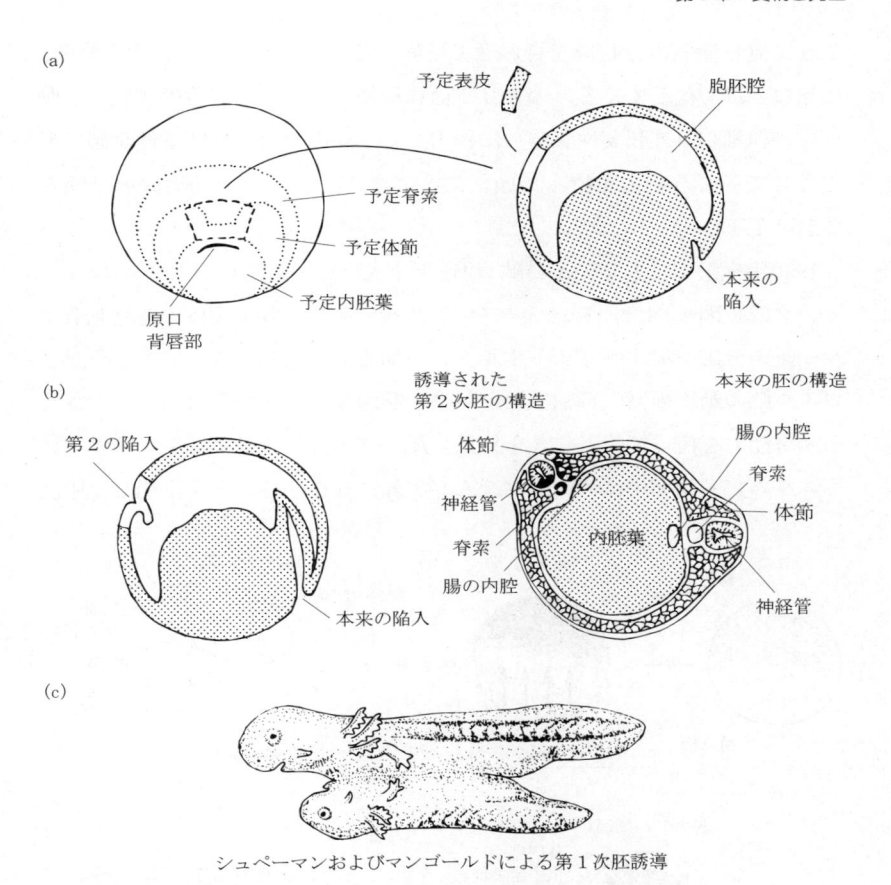

図5-16 原口背唇部の自律分化

初期囊胚 (a) の原口背唇部を，別の初期囊胚の正常なら腹側表皮となる部域に移植した。(b) 組織が陥入して第2次原腸を形成し，次いで第2の胚軸を形成した。新しい神経管，脊索，および体節には移植組織（黒色）と宿主組織（白色）の両方が認められた。(c) 最終的には，宿主にくっついて第2の胚が形成された。（ギルバート，「発生生物学」，塩川光一郎訳，トッパン（1988））

り，その組織片の持つ誘導能力を検定することができることを示し，誘導研究に有力な解析手段を提供した。

　カエル卵は卵割が盛んな半球と比較的，卵割の遅い半球に区別でき，前者を動物極，後者を植物極と呼ぶ。動物極が黒く，上を向いている。カエル胞胚期の動物極側の細胞は単独で培養すると不定形表皮になる。しかし，

これに植物極側の細胞塊を合わせて培養すると中胚葉である脊索や筋肉，血球などが分化してくる。つまり，植物極側の細胞（内胚葉性細胞）が動物極側の細胞（外胚葉性細胞）に作用して，筋肉などの中胚葉性細胞に変化させてしまう能力を持っていたことになる。これを中胚葉誘導と呼ぶ（図5-17）。

1990年横浜市立大学の浅島誠（現在東京大学）らはTGF（トランスフォーミング成長因子）-βスーパーファミリーに属し，脳下垂体の濾胞刺激ホルモンの分泌を促すペプチドホルモンであるアクチビンAがアフリカツメガエル胚の動物極側の細胞に働きかけ，筋肉などの中胚葉細胞に分化させる誘導能力を持っていることを発見した。さらに，浅島らはアフリカツメガエルの未受精卵中にアクチビンAが実際に存在することを証明し，中胚

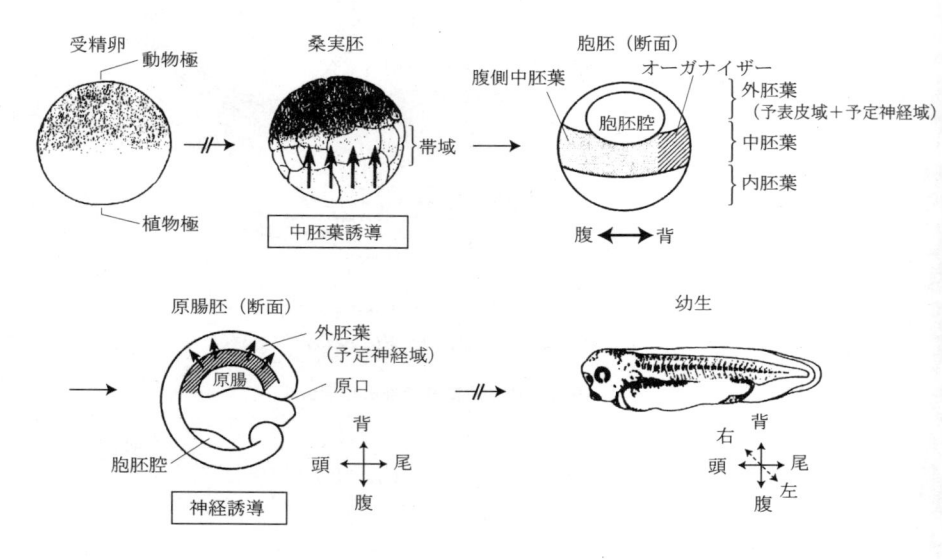

図5-17 アフリカツメガエルの初期発生

ツメガエルの受精卵は，色素の多い動物半球と卵黄に富む植物半球からなる。卵割を繰り返したのち桑実胚期に入ると，植物極側の細胞から放出される中胚葉誘導因子によって赤道面付近（帯域）に中胚葉原基が形成される。この中胚葉誘導によって外・中・内の3胚葉という大枠の区別が生じるとともに，胚の背腹軸がさらに明らかになる。胞胚期を経て原腸胚期に入ると，原口背唇部（オーガナイザー）が胚の内部に陥入し，予定神経域に対して中枢神経系の原基を誘導する。この神経誘導では，前脳から脊髄にかけての中枢神経系が形成されるため，胚の頭尾軸が明らかになる。　　　（有泉高史・浅島誠，「遺伝」，別冊No.6（1994））

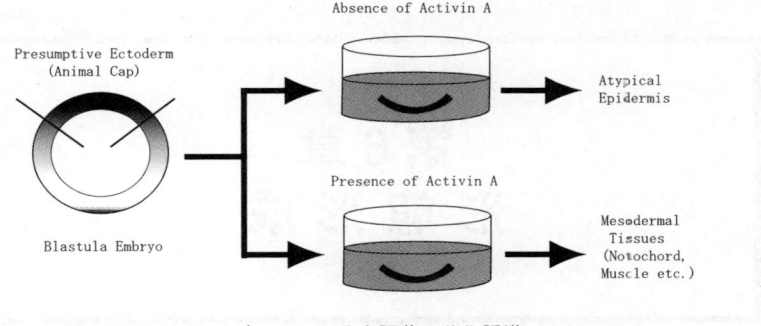

図5-18 アクチビンAによる中胚葉の分化誘導（浅島，原図）

葉誘導の原因物質の1つがアクチビンAであることを明らかにした（図5-18）。現在までに中胚葉誘導をする物質としてアクチビンA以外に塩基性線維芽細胞成長因子（bFGF）やTGF-$\beta 2$などが知られている。これらの因子がどのようにして外胚葉性細胞を中胚葉性細胞にさせるのか？中胚葉性細胞に必要なマスター遺伝子がいかにして活性化されるのか？その細胞内のシグナル伝達のカスケードはどうなっているのか？などの問題についての研究が現在，世界中で活発に行われている。遺伝子を分類すると，生命の維持や分化形質の発現に必要な機能を持っている酵素や構造タンパク質をコードするもの（このような遺伝子を「下位の遺伝子」と呼ぶ）とそのような「下位の遺伝子」の転写活性を調節する働きを持つタンパク質をコードする「上位の遺伝子」（このような遺伝子を「マスター遺伝子」と呼ぶ）がある。最近，「マスター遺伝子」の中でもより上位にある遺伝子の存在が予想されていて，中胚葉など胚葉形成を指令する「マスター遺伝子」は「より上位にある遺伝子」と考えられるている。いずれにしてもこのような誘導の機構が理解されたときには試験官内で任意の組織や臓器を作ることが可能になるものと期待されている。さらに，イモリなどで見られる四肢の大規模な再生も説明でき，ヒトに応用できる日が来るかも知れない。したがって，これら誘導に関する研究は発生生物学のみならず医学的にも重要なものである。

第6章
形態形成

　動物の発生がすすむにつれて，細胞は分裂を繰り返し，細胞同士または細胞外基質との親和性を変化させながら，しだいに個性を帯びていき，いよいよ組織構築の段階に入っていく。近年の発生生物学では，これらの現象の背後にある分子メカニズムの理解に主眼がおかれており，細胞接着因子，分化産物や，それらの発現の上位に位置する分化制御因子が明らかになりつつある。さらに，各種ホメオティック遺伝子とホメオボックスの発見により，多様な発生現象が生物種を越えて共通な原理によって理解できる道が拓かれつつある。これらの知見により，再生，老化といった現象をより深く理解できるようになり，さらに体細胞核移植によるクローン動物の出現により，生殖工学，再生工学といった新しい分野が生み出されつつある。めまぐるしく進展する発生生物学は一生物学の既成枠を越えて，生命の尊厳と人間の倫理に大きく関わる段階に入ってきた。

6−1　細胞同士の接着による形態形成
6−1−1　細胞接着分子

　アメリカの生物学者ウィルソン（Wilson）は1907年，集団で生活する小さな海産無脊椎動物のカイメン（それらがつくった住み家が天然スポンジとして人間生活で使われる。英語でスポンジ，sponge，という）をすり潰し，ガーゼで濾過してバラバラになった細胞集団を海水中で静置すると再集合すること。さらに2種の異なったカイメンのバラバラにした細胞を混

ぜるとそれぞれの種毎に集合体をつくることを示した。1955年，ホルトフレーター（Holtfreter）らはイモリ胚をアルカリ処理して割球をバラバラにした後，混合して再集合させると選別がおこり，同じタイプの細胞同士が集合することを発見した（図6-1）。さらに，1963年トリンカス（Trinkaus）らはニワトリ胚を低濃度のタンパク質分解酵素（トリプシン）で処理して，細胞同士を接着しているタンパク質を分解し，単個細胞にまでバラバラにした後，培養液中で揺すりながら培養を続けると同じタイプの細胞同士（表皮細胞は表皮細胞同士と，筋肉細胞は筋肉細胞同士と）が集合体を形成することを示した。その後，1977年京都大学の竹市雅俊は，(1) カルシウム存在下でトリプシン処理して解離した細胞はカルシウム依存的に再集合すること，(2) カルシウム非存在下にごく低濃度のトリプシン処理して解離した細胞はカルシウム非依存的に集合体を形成することを示した（図6-2）。このことから，竹市は細胞同士の接着にはカルシウム依存性の接着タンパク質（CDS）と非依存的な接着タンパク質（CIDS）の2種類が存在することを予想した。その後，竹市はカルシウム依存的接着タンパク質に対するモノクローン抗体の作成に成功した。そのモノクローン抗体は細胞のカルシウム依存的接着を濃度依存的に阻害した。その抗体に反応する抗原

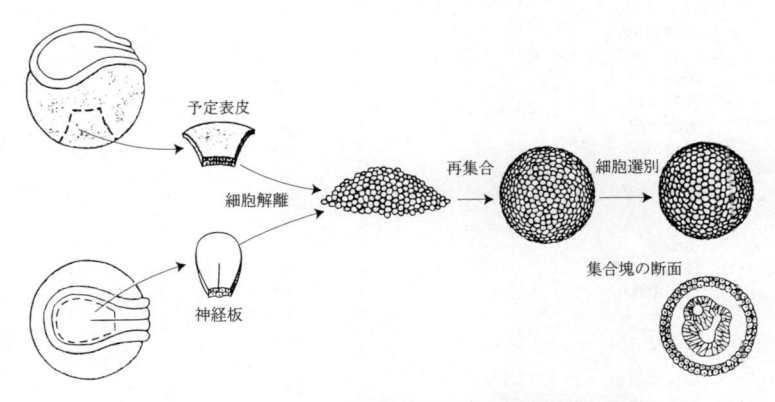

図6-1　Townes と Holtfreter による細胞選別の実験
イモリ胚の異なる組織（この場合，予定表皮と神経板）をアルカリ処理により解離後，混合培養すると，時間がたつにつれて選別が起こり，それぞれ独立の集合塊を形成する。
(Gilbert, S.F. *Developmental Biology*, 4 th ed., p.80, Sinauer （1994））

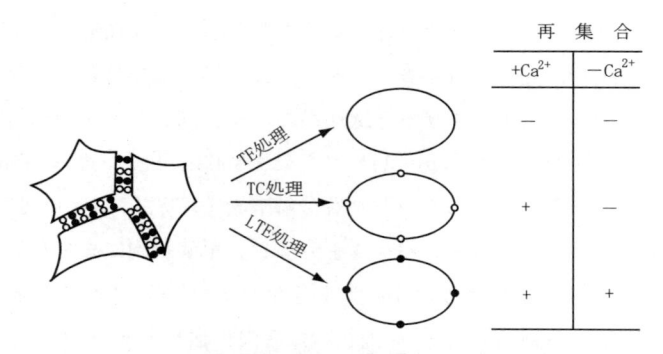

	再集合	
	$+Ca^{2+}$	$-Ca^{2+}$
TE処理	−	−
TC処理	+	−
LTE処理	+	+

図6-2　細胞に2種類の接着機構が存在することを示す実験
　　　　○：CDS　●：CIDS
（器官形成研究会編，「器官形成」，竹市雅俊，培風館（1988））

表6-1　カドヘリンの各サブクラスの組織分布（マウス）

組織	E-カドヘリン (124Kd)	N-カドヘリン (127Kd)	P-カドヘリン (118Kd)
初期胚	+	−	
胚体外胚葉	+		+
胚体外外胚葉	+		+
近位内胚葉	+		+
遠位内胚葉	−		−
外胚葉性胎盤円錐体	+		+
胎盤（胎児性）	+		+
胎盤（母体）	−		+
肺上皮	+	−	+*
胃上皮	+	−	+*
肺実質細胞	+	−	−
小腸上皮	+	−	−
膵臓上皮	+	±	
乳腺上皮	+		
腎臓上皮	+	±*	±
表皮	+	±*	+*
脳	−	+	−
脊髄	−	+	
水晶体	+	+	
神経性網膜	−	+	−
色素上皮	−	+*	+*
心筋	−	+	±*
骨格筋	−	+*	−
線維芽細胞	−	−	−
血管内皮	−	−	−
血球系細胞	−	−	−

注）＊発生のある時期にのみ発現するもの。
　　±一部の細胞のみ発現するもの。
　　空白部は調べていない。
（器官形成研究会編，「器官形成」，竹市雅俊，培風館（1988））

分子を分離，構造決定し，それをカドヘリン（cadherin）と命名した。カドヘリンはE, P, Nの3種に大別される（表6-1）。典型的なカドヘリン分子は膜貫通型の糖タンパク質で通常Ca^{2+}を結合しているが，Ca^{2+}が存在しないと分子形状が変わり，タンパク質分解酵素によって分解されやすくなる。また，カドヘリン分子は同種分子と高い親和性を持ち，同じ分子同士が結合する。細胞が発現しているカドヘリンの種類の違いが，異種細胞間における細胞選別の原因の1つになっており，発生過程で種々のカドヘリンが差次的に発現して形態形成が起きることなどが次第に明らかにされつつある。神経におけるシナプス形成やガン細胞の転移などにもカドヘリンが関与していることなども示されている。

　カドヘリンを発現していないL細胞にPあるいはE-カドヘリン遺伝子を導入し，強制発現させた研究例を紹介する。1988年野瀬と竹市らはL細胞にβ-アクチン遺伝子のプロモーターと結合したP-あるいはE-カドヘリン遺伝子（発現ベクター）を導入しその外来性カドヘリン遺伝子を恒常的に発現させ，それらの集合能について調べた。P-L細胞はE-L細胞と混ぜると細胞選別が起こり，P-L細胞同士とE-L細胞同士の集合体が結合したキメラ集合体ができた。蛍光色素で標識したE-L細胞と未標識のE-L細胞を混ぜると両者は細胞選別をせずに，完全に混ざりあった。このことから，カドヘリンが細胞接着に関する主要分子であることが証明された。一方，カドヘリン分子の細胞質領域にはカテニンとよばれるタンパク質が結合し，そのカテニンの変異遺伝子を導入することにより，カドヘリンの機能が変化することも証明されている。カテニンは細胞骨格構成タンパク質であるアクチンと結合している。カドヘリンの細胞質領域にはリン酸化酵素活性があり，細胞接着と細胞内情報伝達機構を結び付けている（図6-3）。カルシウム非依存的な接着タンパク質はエーデルマン（Edelman）らによって発見され，CAM（cell adhesion molecule）と命名された。CAMはカドヘリンと同じく細胞の選択的接着や形態形成に重要であることが示されている。

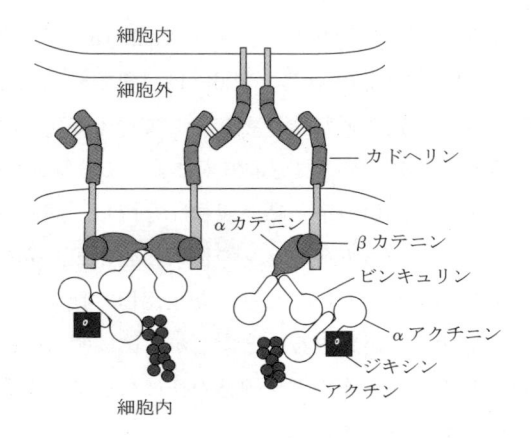

図6-3 カドヘリン・カテニン複合体の分子構築模型
(月田承一郎,「医科分子生物学」, 南江堂 (1997))

6-2 細胞外基質による形態形成

6-2-1 細胞と細胞外基質との接着

　細胞同士の接着以外に，細胞とその周囲の細胞外基質との接着も多細胞生物の組織構築には重要である。主な細胞外基質成分のリストを表6-2に示す。これらの成分はそれぞれ細胞自らが分泌し，その細胞の周囲に蓄積したり，血液に運ばれてきたものである。細胞はインテグリンと呼ばれる受容体を介して細胞外基質と結合する。この細胞外基質との結合は，単に足場への接着というだけでなく，細胞の分裂活性や分化の制御などに重要な情報伝達としても機能している。また，細胞の移動方向や細胞同士の配列を左右するなど，幅広い意味をもっている。

6-2-2 細胞の配列と細胞外基質

　骨格筋細胞をプラスチック製培養皿で培養する際，皿の底部を細胞外基質であるコラーゲンやラミニンでコートしておくと細胞が皿底面につきやすく，多数の筋肉細胞が分化する。コートなしでは筋細胞は細胞同士の接着力の方が皿底面との接着力より強いため，皿底面にうまく定着できず，塊となって筋細胞の形態形成がうまくいかない。したがって，骨格筋細胞

表6-2 脊椎動物細胞でつくられる代表的な細胞外マトリックスの型

コラーゲンの型	付随するアンカータンパク質	付随するプロテオグリカン	細胞表面レセプター	産生細胞
Ⅰ型	フィブロネクチン	コンドロイチン硫酸 デルマタン硫酸	インテグリン	繊維芽細胞
Ⅱ型	フィブロネクチン	コンドロイチン硫酸	インテグリン	軟骨細胞
Ⅲ型	フィブロネクチン	ヘパリン硫酸 ヘパリン	インテグリン	静止期の肝細胞；上皮組織にある繊維芽細胞
Ⅳ型	ラミニン	ヘパリン硫酸 ヘパリン	ラミニンレセプター	すべての上皮細胞，内皮（血管壁）細胞，再生肝細胞
Ⅴ型	フィブロネクチン	ヘパリン硫酸 ヘパリン	インテグリン	静止期の繊維芽細胞
Ⅵ型	フィブロネクチン	ヘパリン硫酸	インテグリン	静止期の繊維芽細胞

(Reid (1989))

の培養には細胞外基質でコートした培養皿が必要である。さらに，生体内の筋細胞は一定の方向性を持つが，コラーゲンなどでコートした培養皿上で分化した筋細胞の方向性はランダムである。しかし，これを人工的に制御することもできる。コラーゲンは長い繊維状分子で斜面に流すと流れ方向に配向する。そのまま乾燥させ紫外線を当てると繊維の方向性を定めたコラーゲン膜ができる。その上で筋細胞を培養すると，図6-4に示すとおり筋肉細胞が繊維の方向に沿って並ぶ。このように細胞外基質の分子方向をたどる形で細胞が移動，定着することを接着誘導（コンタクト　ガイダンス）と呼ぶ。筋細胞は生体の筋肉組織内では筋肉の張力方向に細胞が見事に配向しているが，その配向させるメカニズムの1つがこの細胞外基質の分子の配向にあると考えられる。

　細胞同士が接着したり，細胞外基質に結合すると，その情報はどのようにして細胞内部に伝えられるのだろうか？カドヘリンは，その細胞質側にはカテニンと呼ばれるタンパク質と結合している（図6-3）。カドヘリンが細胞外で他の細胞のカドヘリンと結合すると，その情報がカドヘリンの分子変形として細胞内に伝えられる。カテニンはさらにアクチンフィラメントと結合したり，リン酸化酵素の活性を調節することにより細胞内部の情報伝達機構に細胞外からのシグナルを伝えていると考えられる。インテグリンも細胞膜貫通タンパク質で，細胞内領域にはテーリン，ビンキュリン，

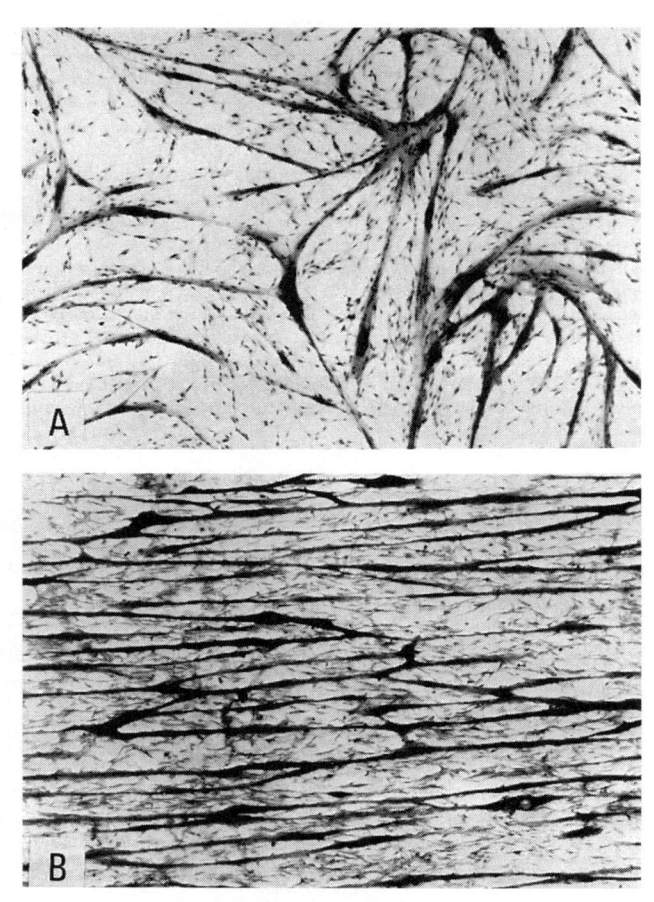

図6-4　コラーゲン膜上で培養したニワトリ胚筋原繊維
(Yoshizato.K, *et al*, Develop.Growth & Differ, 23:175-184 (1981))

α-アクチニンなどと結合し，それがさらにスペクトリンなどの細胞膜裏打ちタンパク質やアクチンフィラメントと結合している。インテグリンからのシグナルもこれら細胞骨格系を介して細胞内部の情報伝達機構に伝わっていくと考えられている。また，筋細胞膜にはジストログリカン（DG複合体）と呼ばれる分子が存在し，その細胞外ドメインは細胞外基質のラミニンと結合し，細胞内ドメインはジストロフィンと呼ばれるスペクトリン様タンパク質と結合している。このジストロフィンはアクチンフィラメ

ントと結合している（図6-5）。興味深いことに，このラミニン-ジストロフィン系は筋細胞の耐久性に関連し，このジストロフィン遺伝子に異常が

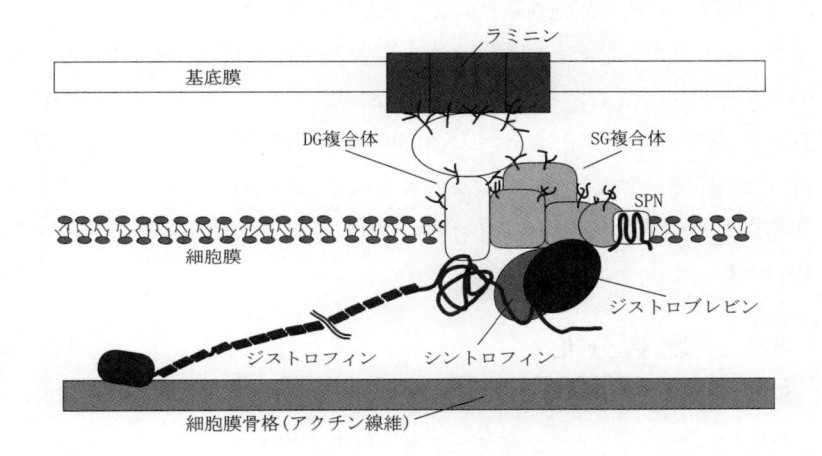

図6-5　ジストロフィン-DAP複合体が筋細胞膜上に存在する様子（2000年）
1994年のモデルとは異なりSG複合体は4成分からなること，それにSPNが結合していること，さらにSG-SPN複合体がDG複合体を間に挟み，またジストロブレビンを間に挟んでジストロフィンと結合している様子に注意。（埜中征哉編，「ミオパチー」，医学書院（2000））

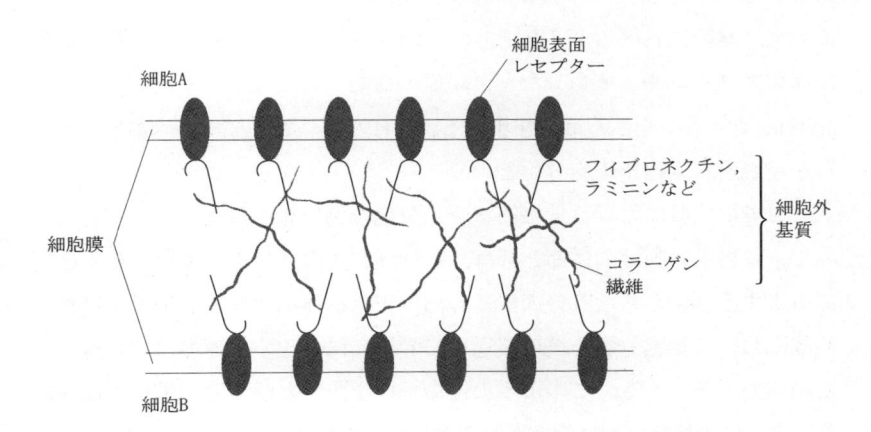

図6-6　細胞脈壁の平滑筋細胞の電子顕微鏡像
比較的広い細胞間はコラーゲン繊維とプロテオグリカンを含む。細胞膜レセプタータンパク質と細胞外マトリックス（ECM）との結合によって細胞同士が接着する。（Fawcett（1981））

起きると男子に見られるデュシェンヌ型筋ジストロフィーになることが知られている（第1章参照）。

　コラーゲンは他の細胞外基質成分であるファイブロネクチンやラミニン，プロテオグリカンなどと結合し，さらに大きな複合体を形成している。このコラーゲンにはインスリン様成長因子，プロテオグリカンにはFGFやTGF-βなどの成長因子が結合し，周囲の細胞の増殖や分化に重要な情報を持った微環境を形成している。このように発生の過程での細胞同士や細胞外基質との接着は多細胞体制の構築に極めて重要な役割を果たしている（図6-6）。

6-3　細胞分化
6-3-1　骨格筋細胞の分化

　細胞が生きていくのに必須である種々解糖系酵素や呼吸系酵素，核酸やタンパク質の合成・分解に関与する酵素，細胞の分裂や移動に関わるタンパク質，モータータンパク質などをハウスキーピングタンパク質（house keeping proteins）と呼ぶが，これらのタンパク質は発生初期には発現している。発生が進むとその細胞に特徴的な機能を持つタンパク質，例えば，眼のレンズ細胞におけるクリスタリン，赤血球のヘモグロビン，骨格筋細胞の筋型アクチンやミオシンなど，組織の機能に必要なタンパク質（luxury proteinsと呼ぶ）をもっぱら発現するようになる。この様に細胞が特有の形質を発現する過程を細胞分化という。

　ここでは四肢における骨格筋細胞の分化を例に細胞分化について考えてみる。骨格筋細胞は，体節と呼ばれる神経管と脊索に沿って現れる中胚葉に由来する細胞からなる分節構造の内部または体節由来の筋節とよばれる領域において細胞分裂を続ける過程で骨格筋に分化する運命づけが行われた細胞の子孫である。このような運命づけを決定と呼ぶ。増殖中の筋芽細胞のように骨格筋細胞に決定された細胞はさらに増殖し，1部の細胞は四肢の筋領域に向かって移動し定着する。それらは筋分化の直前に細胞分裂を止めて2度と細胞分裂をしない筋芽細胞（細胞分裂終期細胞）になる。こ

の増殖を終えた筋芽細胞は細胞接着しながら縦に並び，さらに細胞膜が混ざりあい，ついには細胞融合する。

このようにして形成された融合細胞を多核筋管細胞と呼ぶ。心臓の心筋細胞は縦につながるが融合せず，単核のまま筋管細胞として存在する。筋管細胞では筋収縮に必要な筋型ミオシン，筋型アクチン，トロポミオシン，トロポニンなどの筋タンパク質を盛んに合成し，それらが分子集合してミオシンフィラメントやアクチンフィラメントを作り，さらにそれらが規則正しく集合して横紋構造をもった筋原線維を形成する。これを筋芽細胞の最終分化と呼ぶ（図6-7）。

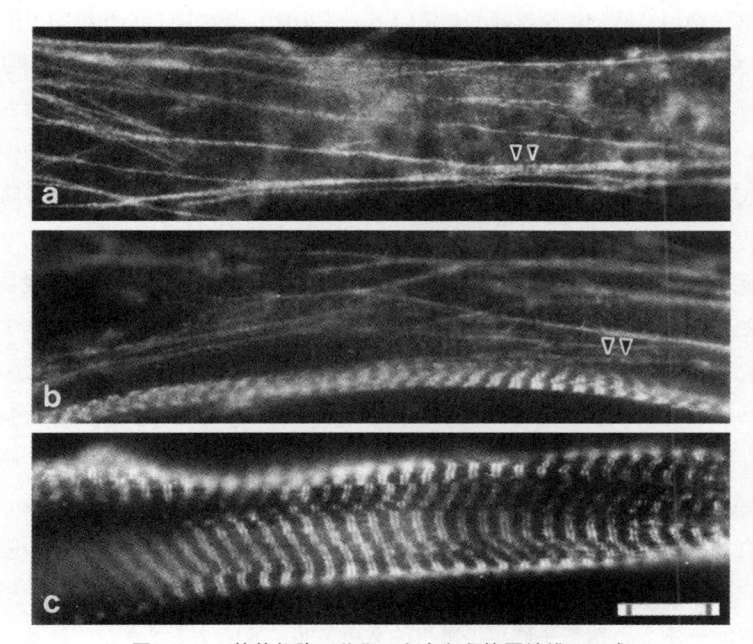

図6-7 筋管細胞の分化にともなう筋原線維の形成

ニワトリの孵卵11日目の胎児胸筋から単離した筋細胞の初代培養。細胞をホルマリンで固定後，トロポニン-Tに対する抗体（a, c）あるいはトロポミオシンに対する抗体（b）による蛍光抗体染色を行なったもの。

a 培養90hr後。矢頭の位置のみ筋原線維構造が認められるが，他の領域は連続した線維構造にトロポニンが局在する。
b 培養6日後。筋管細胞の一部に筋原線維形成が認められる。
c 培養6日後。この筋管細胞は筋原線維で満たされている。

(Matsuda, *et al,* Develop. Growth and Differ., 29 : 341-350, (1987))

面白いことに，筋芽細胞は同時にすべて分裂終期細胞になって最終分化を遂げてしまうわけではない。1部の筋芽細胞は増殖能をもったまま，筋分化の予備集団になる。これを衛星細胞と呼ぶ。衛星細胞は筋管細胞の表面に接着し，細胞分裂や分化をしないで，じっとしている。ところが，ひとたび筋管細胞が過収縮や打撲などにより変性すると，衛星細胞は分裂をはじめ，分化，融合して筋管細胞を作り，収縮機能を営むようになる。その筋管細胞の細胞膜表面には再び衛星細胞が存在し次の筋変性に備えている。この過程が筋再生である。このように骨格筋は筋再生ができるが，同じ横紋筋を持つ心臓の心筋細胞には衛星細胞は存在せず，胎児期中にすべての心筋細胞が最終分化を遂げてしまい，一生の間，その同じ心筋細胞が生き続けることになる。したがって，心筋は筋再生をしない。このため，冠状動脈の硬化によって血流が弱まると，その動脈から酸素や栄養を供給されていた心筋細胞が死に，非心筋細胞である線維芽細胞が増殖する。その領域では収縮活動は行われなくなり，そのような領域が増えてくると心筋梗塞となり，ついには個体を死に至らしめる。

　図6-8は骨格筋細胞の分化過程で作られる各種筋タンパク質の合成量を示している。このように，各種筋タンパク質の発現はあたかも1つのスイッチによって命令されているかのように同調している。事実，1987年にアメリカのワイントラウブ（Weintraub）らによってMyoDと呼ばれる分化制御タンパク質が発見され，これが，共通の転写因子として働き，各種の筋タンパク質をコードした遺伝子群の転写活性を同時に昂めていることが示された(図6-9)。このように，細胞分化は分化制御遺伝子という上位の遺伝子によって制御を受ける下位の遺伝子群（骨格筋の場合は各種筋タンパク質をコードした遺伝子群）の選択的発現として説明することができる。このような遺伝子の階層構造の解明が筋肉，神経，脂肪，血球系などで進みつつある。

第6章　形態形成

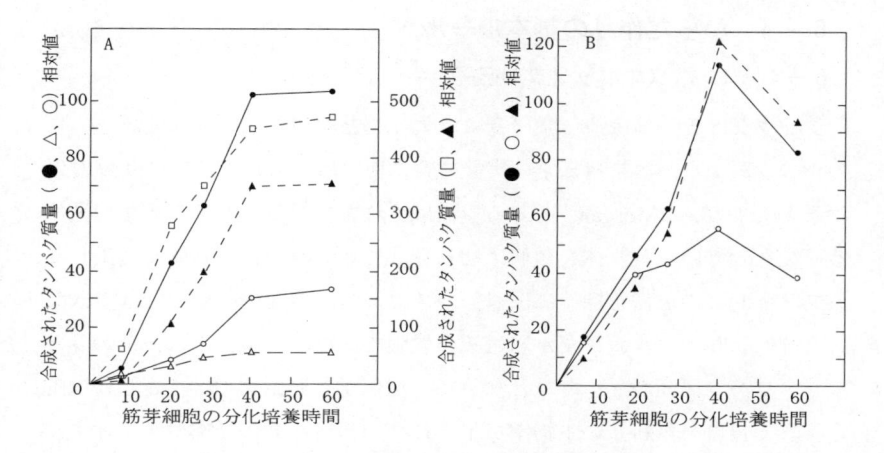

図6-8　筋芽細胞の分化進行中の各筋肉タンパク質のmRNA蓄積量の時間変化
(A) ミオシン軽鎖1(LC_1) ●，ミオシン軽鎖2(LC_2) ▲，ミオシン軽鎖3(LC_3) △，ミオシン重鎖（MHC）○，αアクチン(αA) □
(B) αトロポミオシン(αTM) ●，βトロポミオシン(βTM) ○，トロポニン(TNC) ▲

(Robert B.Devlin, Charles P.Emerson, Jr., *Developmental Biology*, vol. 69, p.210, Academic Press (1979))

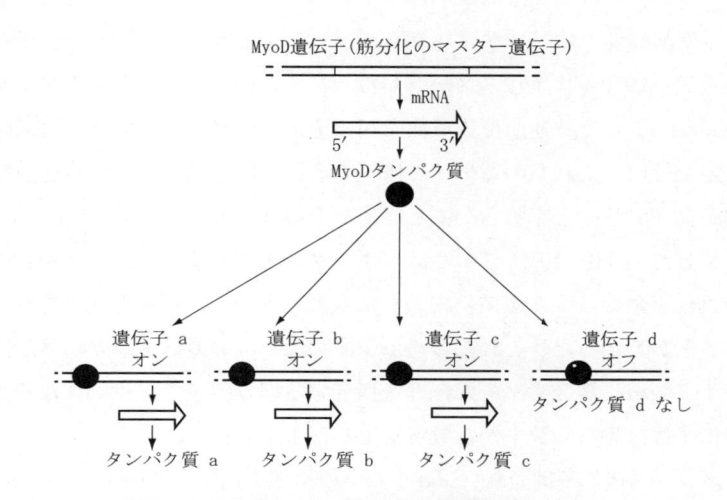

図6-9　筋分化における遺伝子発現のカスケード
(Albert, B., *et. al.*, "Molecular Biology of the cell, 2 nd edition", p.556, Garland (1989))

6－4　からだ作りの基本ルール
6－4－1　ホメオボックス遺伝子

　ショウジョウバエは遺伝学研究には欠くことのできない動物である。このショウジョウバエを遺伝学の実験材料に使いはじめたのはアメリカの生物学者モルガン（Morgan）である。彼はそれまでプラナリアの再生に関する研究をしていたが、体を数個に切り分けてもそれぞれが個体を再生しうるプラナリアの秘密を探るには遺伝のメカニズムの理解なくしてはできないと確信した。モルガンだからこその慧眼であった。現代では、そのショウジョウバエ研究がきっかけとなって、遺伝学と発生生物学、さらには進化学まで包含した新しい生物学が生まれつつある。その発端はホメオボックスの発見である。

　ショウジョウバエは正常では2枚の羽根を持っているが、たまに羽根が4枚ある突然変異個体が出現することがある。また、体節という体の分節構造の数が変化する突然変異や触覚の位置に肢が生えてくるような突然変異も見つかっていた。このように単に酵素や構造タンパク質の遺伝子の変異によるものではなく、巨視的に正常個体と異なり大規模な形態変化をともなう変異個体（ホメオティックミュータントと呼ぶ）に関する分子生物学的研究が1970年代からスタートした。スイスのバーゼル大学のゲーリング（Gehring）らは一連の形態形成を司る遺伝子のクローニングと塩基配列の決定を行い、これらの遺伝子には他の遺伝子には見られない共通の塩基配列が存在することを明らかにした。その領域を彼らは「ホメオボックス」と命名した（図6－10）。このホメオボックスを持つ遺伝子はヒトを含む多くの生物（動物に限らず植物にも）にも多数存在し、形態形成に関与していることがわかった。これらの遺伝子産物は下位の遺伝子群の転写活性を調節する領域に結合し、その転写を指令する転写因子で、標的になる下位の遺伝子群は恐らく数十から数百に上ると予想される。さらに、これらホメオボックス遺伝子はショウジョウバエの第3染色体上に存在し、図6－11のように頭部で発現するlab, pb, Dfdや胸部第2節までで発現するScr, Antpと呼ばれる遺伝子がアンテナペディア複合体を形成し、さらに胸部第3節か

```
         10        20        30        40        50
KKQRVLFSEEQKEALRLAFALDPYPNVGTiEFLANELGLATRTITNWFHNHRNRKKQ  ct
EETSYCFKEKSRSVLRDWYSHNPYPSPREKRDLAEATGLTTTQVSNWFKNRRQRDRA  so
RKNATRESTATLKAWLNEHKKNPYPTKGEKIMLAIITKMTLTQVSTWFANARRRLKK  ara
RKNATRESTATLKAWLSEHKKNPYPTKGEKIMLAIITKMTLTQVSTWFANARRRLKK  caup
RGIFPKVATNILRAWLFQHLTHPYPSEDQKKQLAQDTGLTILQVNNWFINARRRIVQ  hth
RRNFSKQASEILNEYFYSHLSNPYPSEEAKEELARKCGITVSQVSNWFGNKRIRYKK  exd
EKKRTSIAAPEKRSLEAYFAVQPRPSGEKIAAIAEKLDLKKNVVRVWFCNQRQKQKR  scj6(I-POU)
RKKRTSIETTVRTTLEKAFLMNCKPTSEEISQLSERLNMDKEVIRVWFCNRRQKEKR  pdm2
RKKRTSIETTIRGALEKAFLANQKPTSEEITQLADRLSMEKEVVRVWFCNRRQKEKR  nubP
RKKRTSIEVSVKGALEQHFHKQPKPSAQEITSLADSLQLEKEVVRVWFCNRRQKEKR  vvl
KRARTRITDDQLKILRAHFDINNSPSEESIMEMSQKANLPMKVVKHWFRNTLFKERQ  zfh2-I
KRLRTTILPEQLNFLYECYQSESNPSRKMLEEISKVNLKKRVVQVWFQNSRAKDKK  zfj2-3
KRMRTSFKHHQLRTMKSYFAINHNPDAKDLKQLSQKTGLPKRVLQVWFMWNARAKWKR  ap
RANRTRFTDYQIKVLQEFFENNSYPKDSDLEYLSKLLLLSPRVIVVWFQNARQKQRK  afj2-2
RRCRTTFSASQLDELERAFERTQYPDIYTREELAQRTNLTEARIQVWFSNRRARLRK  prd
RRSRTTFTAEQLEALEGAFSRTQYPDVYTREELAQTTALTEARIQVWFSNRRARLRK  gsb-p
RRSRTTFSNDQIDALERIFARTQYPDVYTREELAQSTGLTEARVQVWFSNRRARLRK  gsb-d
QRNRTSFTNDOIDSLEKEFERTHYPDVFARERLAGKIGLPEARIQVWFSNRRAKWRR  ey
RRYRTTFTSFQLEELEKAFSRTHYPDVFTREELAMKIGLTEARIQVWFSNRRAKWRR  prd-type
RRERTTFTRAQLDVLEALFGKTRYPDIFMREEVALKINLPESRVQVWFKNRRAKCRQ  oc(orthodenticle)
RRHRTIFTEEQLEQLEATFDKTHYPDVVLREQLALKVDLKEERVEVWFKNRRAKWRK  Gsc
RRQRTHFTSQQLQELENTLSSRNRYPDMSTREEIAMWTNLTEARVRVWFKNRRAKWRR  Ptx
KKTRTTFTAYQLEELERAFERAPYPDVFAREELAIKLM:SESRVQVWFQMRRALWRK  repo
KRIRTAFSPSQLLKLEHAFESNQYVVGAERKALAQNLNLSETQVKVWFQNRRTKHKR  ems
DKYRVVYTDFQRLELEKEYCTSRYITIRRKSELAQTLSLSERQVKIWFQNRRAKERT  cad
KRQRTAYTRHQILELEKEFHYNRYLTRRRRIEIAHTLVLSERQIKIWFQNRRMKWKK  Dfd
KRGRQTYTRYQTLELEKEFHFNRYLTRRRRIEIAHALCLTERQIKIWFQNRRMKWKK  Antp
KRTRQTYTRYQTLELEKEFHFNRYITRRRRIDIANALSLSERQIKIWFQNRRMKSKK  ftz
RRGRQTYTRYQTLELEKEFHTNHYLTRRRRIEMAYALCLTERQIEIWFQNRRMKLKK  Ubx
RRGRQTYTRFQTLELEKEFHFNHYLTRRRRIEIAHALCLTERQIKIWFQNRRMKLKK  abd-A
KRQRTSYTRYQTLELEKEFHFNRYLTRRRRIEIAHALCLTERQIKIWFQNRRMKWKK  Scr
RKKRKPYSKFQTLELELEKEFLFNAYVSKQKRWELARNLQLTERQVKIWFQNRRMKNKK  Abd-B
NSGRTNFTNKQLTELEKEFHFNRYLTRARRIEIANTLQLNETQVKIWFQNRRMKQKK  lab
KRSRTAFTSVQLVELENEFKSNMYLYRTRRIEIAQRLSLCERQVKIWFQNRRMKFKK  zen
KRSRTAFSSLQLIELEREFHLNKYLARTRRIEISQRLALTERQVKIWFQNRRMKLKK  zen2
RRLRTAYTNTQLLELEKEFHFNKYLCRPRRIEIAASLDLTERQVKVWFQNRRMKHKR  pb
RKERTAFSKTQLKQLEAEFCYSNYLTRLRRYEIAVALELTERQVKVWFQNRRMKCKR  btn
RRYRTAFTRDQLGRLEKEFYKENYVSRPRRCELAAQLNLPESTIKVWFQNRRMKDKR  eve
RRQRTTFSTEQTLRLEVEFHRNEYLSRSRRFELAETLRLTETQILIWFQNRRAKDKR  ro
KRPRTAFSSEQLARLKREFNENRYLTERRQQLSSELGLNEAQIKIWFQNKRAKIKK  en
KRPRTAFSGTQLARLKHEFNENRYLTEKRRQQLSGELGLNEAQIKIWFQNKRAKLKK  inv
RRTRTTFTSSQIAELEQHFLQGRYLTAPRLADLSAKLALGTAQVKIWFKNRRRHKI  bcd
RKARTAFTDHQLQTLEKSFERQKYLSVQERQELAHKLDLSDCQVKTWYQNRRTKWKR  BarH1
RKARTAFTDHQLQTLEKSFERQKYLSVQDRMELANKLELSDCQVKTWYQNRRTKWAR  BarH2
RKSRTAFTNHQIFELEKRFLYQKYLSPADRDEIAASLGLSNAQVITWFQNRRAKQKR  lbe
RKSRTAFTNQQIFELELRFLYQKYLSPADRDEIAGGLGLSNAQVITWFQNRRAKLKR  lbl(nkch4)
SWSRAVFSMLQRLGLEOQFQQQKYITKPDRRKLAARLNLTDAQVKVWFQNRRMKWKH  H2.0
KKPRTSFTRIQVAELEKRFHKQKYLASAERAALGKLMTDAQVKTWFQNRRTKWRR  C15(hox11 homolog)
RKARTVFSDPQLSGLEKRFEGQRYLSPPERVELATALGLSETQVKTWFQNRRAMKHKK  bsh
RKPRTIYSSLQLQQLNRRFQRTQYLALPERAELAASLGLTQTQVKIWFQNRRSKYKK  Dll
RRARTAFTYEQLVSLENKFKTTRYLSVCRRLNLALSLSLTETQVKIWFQNRRTKWKK  nk1
RRRRTAFTSEQLLELEREFHAKKYLSLTERSQIATSLQLSERQVKVWFQNRRAKDKR  unpg
RKPRTPFTTQQLLSLEKKFREKQYLSIAERAEFSSSLRLTETQVKIWFQNRRAKAKR  msh
RKRRVLFTKAQTYELERRFRQQRYLSAPEREHLASLIRLTPTQVKIWFQNHRYKTKR  vmd(nk-2)
KRSAAAFSHAQVFELERRFAQQRYLSGPERSEMAKSLRLTETQVKIWFQNRRYKTKR  bap
RKPRVLFSQAQVELECRFLKKYLTGAEREIIAQKLNLSATQVKIWFQNRRYKSKR  tin
```

図6-10 キイロショウジョウバエのホメオボックス領域のアミノ酸配列
　　　　最も多くみられるアミノ酸残基は■で示してある。

（松尾義則，「生体の科学」，ホメオボックス，vol.49, No6, p.537, 医学書院（1998））

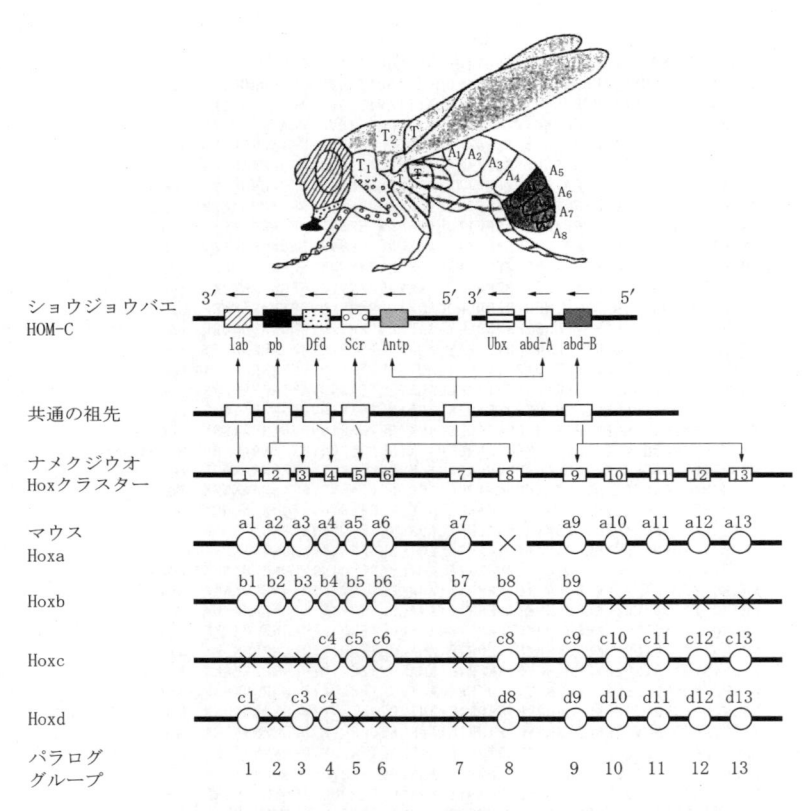

図6-11 ショウジョウバエ，ナメクジウオ，マウスのHox遺伝子群
ショウジョウバエでの各遺伝子とその発現部位を同じ模様で表している。
(岡本仁,「生体の科学」, vol.49, No.6, p.547, 医学書院(1998))

ら腹部にかけて発現するUbx, abd-A, Abd-Bと呼ばれる遺伝子がバイソラクス複合体を作っている。これらの遺伝子の転写方向は図6-11の右から左に向かい一致している。しかも，複合体の3′側にある遺伝子がより頭部に近い領域を支配している。同様に脊椎動物の先祖に近いナメクジウオにおいてもこれらの遺伝子の存在はもとより，遺伝子群の全体的配置まで保存されており，さらにマウスにおいてもHox a～dという4つに重複して存在し，それぞれの構築はショウジョウバエと極めて高い類似性を持って保存されていることがわかった。

これまで多様な生物の形態や構造を枚挙的に記載し，それらをあるがままに受け入れてきた受け身の生物学が，ホメオボックス遺伝子という共通項を用いて統一的に説明できる道が開けてきたことは特筆に値する。

6－5　かたち作りから再生へ
6－5－1　再　　生

　成体のイモリ（有尾両生類）の尾や四肢を切断しても2～3か月後には，それらが再び形成されてくることが知られている。同じ両生類であっても無尾両生類のカエルの成体もいったん失われた四肢が完全な形で再生してくることはない。もちろん，ヒトにおいても限定した再生能力はある。例えば，創傷治癒もその例であるし，肝臓も1部を切除しても残った肝組織が成長して元通りに肝臓を再生できる。生体肝移植が可能なのも提供者の肝臓が再生できるからである。しかし，ヒトにおいては交通事故で四肢が失われても再生することはない。もし，任意の組織を再生できれば医学に革命が起きるだろう。ここでは，そのためのヒントになる実験系としてイモリの尾や四肢の再生をとりあげる。

　イモリの肢を切断すると，まず傷口が傷表皮という薄い表皮でおおわれる。その傷表皮は次第に厚さを増し，数日後には先端キャップと呼ばれる構造を作る。興味深いことに，傷表皮ができる前に周りの表皮で傷口を覆ってしまうと，再生が起こらない。この薄い傷表皮に包まれた環境が重要らしい。その先端キャップの内部では筋肉や骨組織が崩壊し，多数の細胞が増殖をはじめる。やがて，2週間以内に切断部には再生芽と呼ばれる膨らんだ柔らかい組織ができる（図6－12）。切断後4週間以内にその再生芽の内部で細胞が増殖し，分化を始め，ついには指の形成を含めた再生肢が完成する。

　再生芽の中では一体，何が起きているのであろうか？肢を形成する細胞のどれが再生芽内部で再び肢形成をすることができるのだろうか？1974年ネーメンワース（Namenwirth）は若いアホロートル（メキシコサンショウウオ）を用いて，次のような実験を行った。まず，アホロートルをX線照

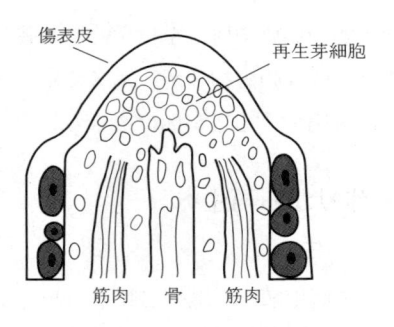

図6-12 中期再生芽の断面図
再生芽細胞から表皮を除くすべての組織が再び作り出される。
(吉里勝利編,「再生-甦るしくみ」, 羊土社 (1996))

射し, その個体の細胞増殖力をなくす。この個体は肢切断を受けてもこのままでは再生はできなくなる。その前肢にDNA量の違いで宿主の細胞と区別ができる3倍体のアホロートルの他の個体由来の軟骨や筋肉を移植してから, 前肢の切断を行なった。その結果, この前肢は再生した。しかも, 再生肢の中で, 移植した3倍体個体の軟骨由来の細胞は軟骨や結合組織に分化し, 移植した筋肉細胞は前肢の全組織に分化していた。これは軟骨や筋肉がそれまでの分化状態を一度キャンセルし, 異なったタイプの細胞に分化転換したと考えることができる (図6-13)。

さらに, この再生には神経が重要らしい。イモリの肢切断の直前にその肢を支配している神経を外科的に除去すると肢再生は起こらない。その逆

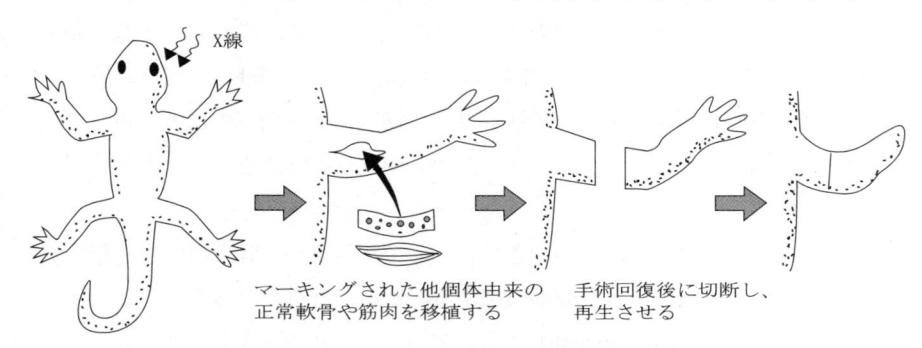

図6-13 アホロートル前肢の再生
(吉里勝利編,「再生-甦るしくみ」, 羊土社 (1996))

に，再生能力がない成体のカエルでも，前肢を切断する前に後肢の座骨神経を外科的に前肢側に移動させておくと，これまで見られなかった肢再生が不完全ながら起きることも知られている。さらに成体では肢の再生ができない動物であるカエルやニワトリでも発生過程における肢芽形成時には再生能力を持っていることが示されてきた。幼弱なオタマジャクシには再生能力がまだ備わっている。

最近，発生の過程で発現する遺伝子が再生芽内部で発現することが知られてきた。肢再生ができる前提として肢芽形成に必要な上位の遺伝子が成体時に再び発現できるか否かが肢再生の大きな律速段階になっている可能性が高い。

6-5-2 成長因子が関与している可能性

発生中のニワトリ胚の肢形成には成長因子が関与していることが知られている。胚の肢芽先端部は肥厚した外胚葉性頂堤（apical ectodermal ridge ＝ AER）と呼ばれる領域がある。このAERには線維芽細胞成長因子-4（FGF-4）や骨形成因子-2（bone morphogenic factor-2 ＝ BMP-2）やBMP-4の発現が認められる。このAERを除去すると肢芽形成が起こらない。AER

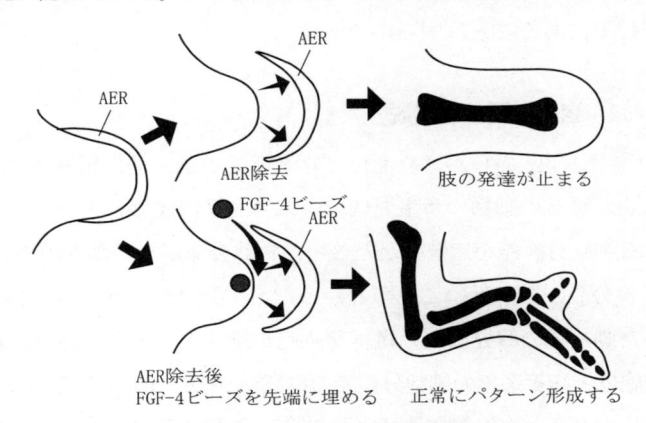

図6-14 AERとFGF-4の関係

肢芽からAERを外科的手法により除去すると肢の発達が止まる。しかし，AERを除去された肢芽にFGF-4を染み込ませたビーズを肢芽先端部に移植すると，正常な肢（翼）が形成される。

（吉里勝利編，「再生-甦るしくみ」，羊土社（1996））

を除去した後，先端にAFGF-4を沁み込ませたビーズを移植すると肢芽形成が正常に進行する．イモリの再生肢における再生芽内ではFGF-4の受容体であるFGFレセプター-2が発現していることが明らかになるなど，発生中の胚における肢芽形成と成体における肢再生との間の類似性が注目されている（図6-14）．

6-6　老化はなぜ起こるか

6-6-1　老化のメカニズム

「ついに行く　道とはかねて聞きしかど　きのふ　けふとは思わざりしか」
（伊勢物語）

　すべての多細胞動物はその種に固有のタイムスケジュールを持っている．性成熟を生後2か月以内に迎え，妊娠期間が約20.5日のマウスの寿命は3年以下である．性成熟を生後10〜14年で迎え，妊娠期間が約280日のヒトは80年前後生きる．また，ヒトにおいてはハッチンソン-ギルフォード（Hutchinson-Gilford）症候群やウェルナー（Werner）症候群など老化過程が臨床的に促進し，若くして老齢の容貌や体内変化をし，寿命が短縮された遺伝的早老病が知られている．したがって，老化や寿命も広義には遺伝子制御の支配下にあることは明らかである．

6-6-2　老化に関する諸説

　1) プログラム説：あらかじめ老化プログラムが遺伝子に組み込まれているとする説．種々の動物の新生児個体由来の血管内皮細胞を分離し，培養系における細胞分裂能を比較したところ，自然寿命が短い動物種のもの程，*in vitro*での分裂回数が低いことがわかった（図6-15）．さらに，自然寿命の異なった動物種の胎児由来の繊維芽細胞を培養すると自然寿命が長い動物種の細胞ほど培養系での細胞分裂能力は高い（図6-16）．したがって，寿命は細胞に内在された分裂能力またはそれを支配する遺伝子によって規定されていると考えられる．

　2) 過酸化物蓄積説：主にミトコンドリアで代謝の過程で生じる活性酸素

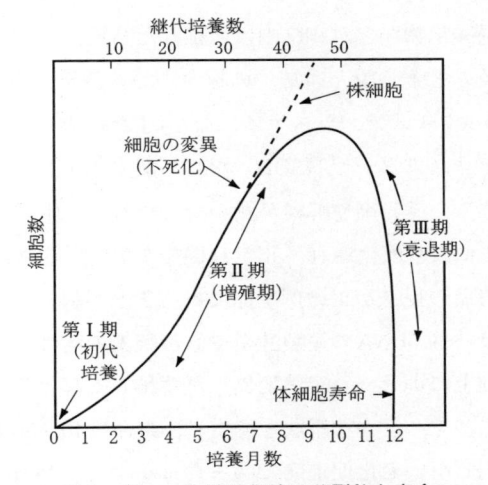

図6-15　ヒト胎児細胞の分裂能と寿命
ヒトの肺繊維芽細胞を3～4日ごとに継代培養した例。正常な体細胞は寿命がある。ところが，老化に関するDNAに変異が起こると不死化（immortalize）して株細胞となる。癌細胞は不死化しているだけでなく，さらにいくつかのがん遺伝子の異常な活性化がある。あるがんウイルスで細胞を不死化できる。（Hayflick, *Exp. Cell Res.*, 37, 614-636（1965））

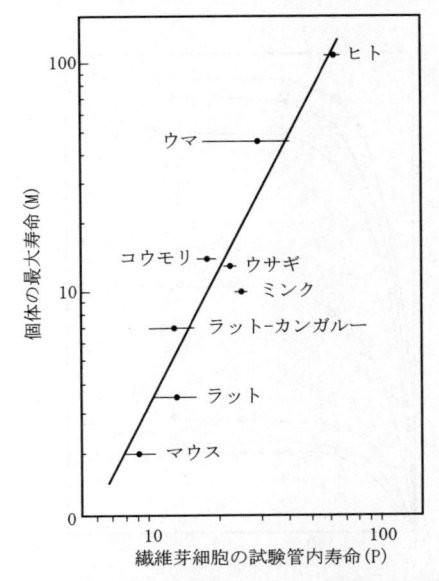

図6-16　8種の哺乳類動物の最大寿命とそれぞれの動物種に由来する皮膚繊維芽細胞の試験管内寿命（P）との相関
（Roeme, *Proc. Natl. Acad. Sci.*, USA. 78, 5009-5013（1986））

(ラジカル)や過酸化物などが細胞内に蓄積した結果，細胞の生存能や分裂能に悪影響が及ぶとする説。通常，細胞内にある還元性物質（ビタミンC，ビタミンE，グルタチオン，システインなど）またはカタラーゼやスーパーオキサイド・ディスムターゼ（SOD）などの酵素により，ラジカルは消去されるが，これらの還元剤や酵素が働かなくなると，脂質，DNAやタンパク質がラジカルにより酸化され，正常な機能を失う。生物種毎のSOD活性の高さと自然寿命の長さが正比例関係にあることが報告されている。

3）遺伝子エラー説：DNAの複製酵素や修復酵素の活性や忠実度の低下により，塩基配列上にエラー（突然変異）が蓄積して起きるとする説。日本やノルウェーに多く，近親結婚などで生じ，寿命は40〜50年ほどであるが精神的には老化しない老化促進病であるウェルナー（Werner）症候群の疾患原因遺伝子が同定された。この遺伝子の塩基配列から推定されるアミノ酸配列は大腸菌のDNA修復に関与しているヘリカーゼと最も相同性が高かった。事実，ヒトのウェルナー症候群患者由来の細胞やマウスなどの短

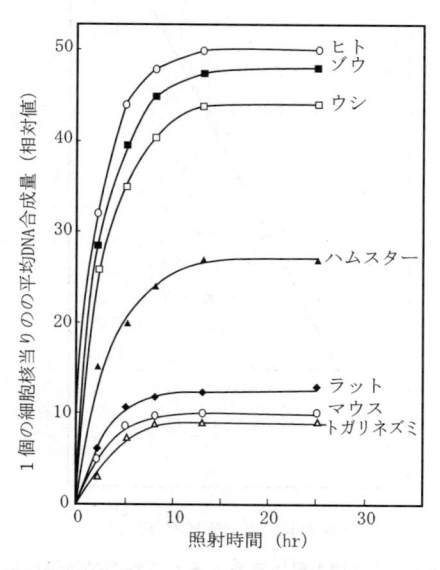

図6-17　各種哺乳類細胞における紫外線（強度10ジュール／m²）照射後の不定期DNA合成　（太田邦夫監修，「老化指標データブック」，朝倉書店（1988））

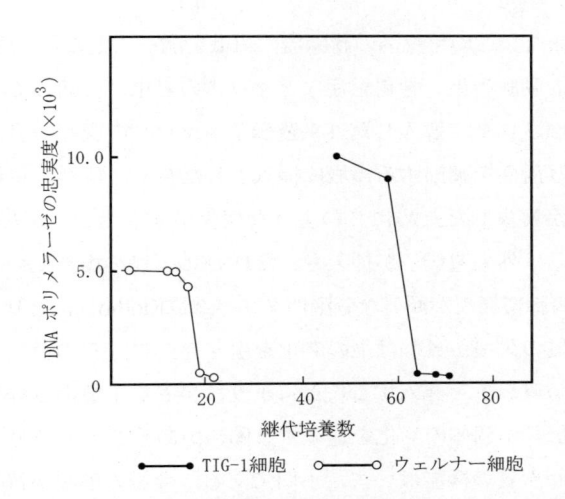

図 6-18 培養ヒト二倍体細胞におけるDNAポリメラーゼの忠実度
(太田邦夫監修,「老化指標データブック」, 朝倉書店(1988))

命の動物の細胞は健常なヒト由来の細胞に比べ, DNA修復能が低いことが知られているので, 老化はDNAのエラーによって起こると考えられる (図6-17, 図6-18)。

4) テロメアー説：染色体両端にあるテロメアーとよばれるDNA配列があり, そのDNA鎖は細胞分裂とともに短くなる。テロメアーの長さはヒトの新生児では15 kbp程度あるが, 老人においては5 kbp程度に短縮している。テロメアーが短縮すると染色体両端が融合しやすくなり, 細胞分裂に支障を来すようになる。テロメアーはテロメラーゼという酵素によって, DNAの鋳型非依存的に合成される。テロメラーゼ活性は生殖細胞において最も高く, 体細胞では老化とともに活性は著しく低下する。ウェルナー症候群の患者では同年令の健常者に比べ, テロメアーの長さが短いことも知られている。この変化と細胞レベルでの老化が対応しているとする説。

6-6-3 Klotho マウス

1996年, 黒尾と鍋島らは外来遺伝子を導入したトランスジェニックマウスの中から, 外見上老化が促進し, 生後2〜3か月で死んでしまうマウスの

系統を発見した。このマウスの諸臓器の組織を調べたところ，胸腺の萎縮，体毛の脱落，動脈硬化，骨粗鬆症などマウスの老化に付随して現れる様々な病変が見出された。導入した外来遺伝子がマウスの既存の遺伝子そのものかその転写活性を調節する領域に挿入されたため，既存の遺伝子の破壊または機能が喪失したためにこのような変化が起きたことが想定された。そこで，彼らは外来遺伝子が挿入されたDNAの近傍の塩基配列を調べたところ，脳と腎臓で発現が顕著な分泌性タンパク質Klothoにたどり着いた。このタンパク質の欠損が見かけ上の老化を引き起こし，そのマウスにさらに外来のKlotho遺伝子を導入することにより，早老病が解消されることを示し，この遺伝子が個体の老化を遅くする働きがあることを証明した。このKlothoタンパク質の機能はいまだ不明である。今後の解明が待たれる。

6−7　生殖工学と倫理

6−7−1　クローン動物

　1997年イギリスのウィルムット（Wilmut）（図6−19）らは哺乳類としては初めての核移植によるクローンヒツジ，ドリーを誕生させた（図6−20）。このニュースはクローン人間作製の可能性を示すものとして世界中で注目された。クローンとは同一の遺伝的背景をもった細胞集団を意味し，クローン動物とは，1つの体細胞に由来するクローンによって成り立つ生物体のことである。

　もともと，受精卵の核は将来の個体のすべての組織の起源であるから，分化の全能性を持っているといえる。できあがった多細胞生物を構成する細胞の核は受精卵の核と同様に全能性を持っているか，限定された分化能しか持っていないかという問いに対し，1950〜60年代に多くの研究が行われた。アメリカのキングス（Kings）らはヒョウガエルを用いて除核した受精卵にオタマジャクシの体細胞核を移植し，その1部が発生を開始することを認めた。しかし，オタマジャクシまで発生するものは見られなかった。一方，イギリスのガードン（J. Gurdon）はアフリカツメガエルを用い，紫外線照射によってDNAを破壊された受精卵にオタマジャクシの小腸由来の

第6章 形態形成

図6-19 世界で初めてクローン羊作りに成功したイアン・ウィルムット博士
(読売新聞社)

図6-20 英ロスリン研究所にてドリーを見に詰めかけた大勢の見学者たち
(読売新聞社)

細胞核を移植し、発生を始めた胚の細胞核を再び紫外線照射を受けた受精卵の移植することによって、ついにカエルの成体まで作れることを証明した。この時、用いた小腸由来の細胞が生殖細胞であることを否定するため、ガードンはさらにカエルの水かき表皮にある色素細胞を分離培養し、その核を紫外線処理した受精卵に移植した。この時も率は低いが、成体カエルにまで発生成長する個体を見出し、分化した色素細胞の核も受精卵の細胞質環境に戻すと全能性を再び獲得する能力があることを示した。その後、哺乳類を含め、多くの動物を用いて同様な実験が試みられたが、無尾両生類を除いてすべて失敗ないしは再現性が認められなかった。したがって、体細胞核が全能性をもっているのは両生類までで、哺乳類では体細胞に全能性はないと考えられていた。その結論を覆したのが、クローン羊、ドリーの誕生であった。

　ウィルムットらは羊の乳腺由来の細胞を培養し、その細胞核を除核した羊の未受精卵に移植し、卵割が始まった胚を借り腹の雌羊の子宮に戻し、着床させた。その後、その借り腹の雌羊は妊娠を続け、ドリーが帝王切開によって誕生したわけである（図6-21）。ドリーを作った会社は移植する細胞核にあらかじめ外来遺伝子を導入しておき、血友病患者の治療薬としてのヒト血液凝固因子などの特定のタンパク質をミルク中に含むクローン羊の作出にも成功している。このクローン羊作製成功の後、同様なクロー

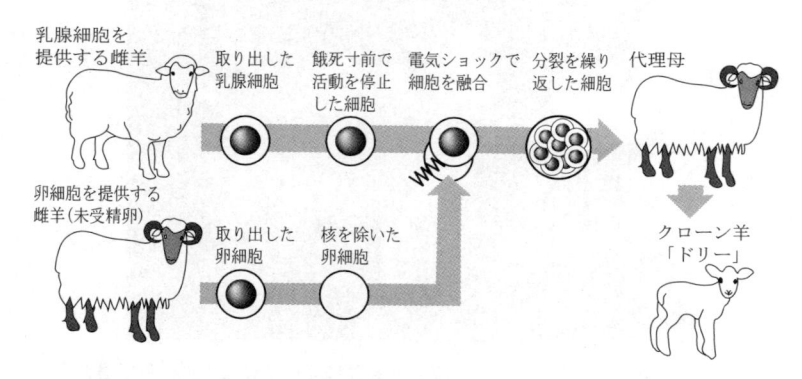

図6-21　ドリーが生まれるまで（「This is 読売」、7月号（1997））

ン動物作出の試みはマウスや牛などでも行われ，羊以外の哺乳類でもクローン動物が可能であることが証明された。今後，ヒトにおいても臓器移植のドナーとして，あるいは妊娠が困難なケースにおける受精の代替手段として，その応用とその倫理的是非について関心が集まっている。アメリカを含む先進国の多くは，このクローン技術をヒトに応用する研究を禁止する声明を発表した。

6-7-2 生殖工学の光と影

　雄と雌の配偶子が合体して次世代個体を作る有性生殖をする生物では生殖の際に厳しい競争がある。生殖相手の選択，精子間の激しい受精競争，先体反応，精子の運動能や呼吸能といった細胞の基本的な生命機能が試される。一方，ヒトにおいては精子の濃度や運動性が低いために，人為的に精子を卵細胞質に注入し発生を開始させる顕微受精法がすでに一部の産婦人科によって実施されている。クローン動物の作出や顕微受精法は，先に述べた有性生殖による自然淘汰を人為的に省略しているため，劣性変異が保存，蓄積される危険性がある。また，ドリーの体細胞のテロメアーは成体の乳腺細胞の核由来のため，ドリーの出生時点ですでに通常の生殖によって生まれた個体にくらべテロメアーの長さが短いことが報告されている。したがって，老化のテロメアー説が正しいならば，クローン動物においても若返りはできないことになる。今後，ドリーが早く老化するかどうかが注目される。同様にクローン牛が妊娠すると死産流産率が異常に高いことなど，クローン動物には未知な点が多い。このように，生殖工学によってももたらされたプラス効果とマイナス効果については，生物学的，倫理学的検討を重ねていく必要がある。

第7章
情報の伝達

35億年以上前に地球上に現れた単細胞の生命体が多くの細胞からなる多細胞生命体に進化するのにはさらに数億年が必要であった。これは，原始的単細胞生物が，現存する多細胞生物に見られるような"細胞間および細胞内情報伝達系（intercellular and intracellular signaling transduction system）"を獲得するのにそれだけの時間が必要であったことを意味している。言い換えれば，高等生物が持っている"細胞間および細胞内情報伝達系"はそれだけの時間を掛けてつくられた精巧なもので，しかも高等生物であるために必要なものであることになる。1個の受精卵が細胞分裂を繰り返して作り上げられていく高等生物は，細胞分裂の過程で個々の細胞が相互に影響を及ぼしあいその運命が決められていく。また，成体を構成している個々の細胞も絶えず他の細胞からの影響を受けたり，他の細胞に影響を及ぼしたりしている。

7-1 情報伝達とは何か

エネルギーの面から見ると生物は常温で動く精巧な化学機械のようなものであって，環境に適切に対応して生きていくためには多くの化学反応を行わなければならず，絶えずエネルギーが補給されなければならない。生物が必要とするエネルギーは"アデノシン三リン酸（ATP）"というエネルギー物質に変換できるものでなければならない。進化の頂点に立つ人間はエネルギーを食物から摂取する。細胞は食物中の糖（例えばグルコースあ

るいは脂肪酸）が炭酸ガスと水に分解される過程で放出されるエネルギーを"ATP"に変換して利用する。グルコースが細胞内で次々と別の物質（グルコース6リン酸，フルクトース1,6ビスリン酸など）に変換され，最後には炭酸ガスと水になっていくような一連の化学反応を"代謝（metabolism）"という。情報伝達とは"代謝"のように1つの分子が次々と別の分子に変換されていく連鎖反応とは異なり，1つの分子の変化が次の分子の変化を呼び起こし，その変化がまた次の分子の変化を誘導するというように連続的に起こる一連の連鎖反応のことをいう。多くの場合，1つの分子によって引き起こされる反応が次の分子の変化を起こすとき，起こされる反応の度合いが増幅される。情報伝達は人間の社会における命令あるいは指示の伝達と似ている。重要な命令や指示を伝える時には複数の伝達ルートが使われるのと似ていて，同じ情報を伝える細胞内情報伝達系には複数の経路があるのが普通である。

　細胞内情報伝達系は，伝達系を作動させるリガンド（ligand）と呼ばれる1次情報分子，それを受け取る受容体（リセプター，receptor），リガンドが受容体に結合したことを伝える2次情報伝達分子（セカンドメッセンジャー，second messengerという），セカンドメッセンジャーの結合によって働き出す様々なタンパク質リン酸化酵素あるいはイオンチャンネルなどによって構成されている。リガンドには各種のホルモンや様々な生理活性物質など多くの種類があり，このリガンドの種類に応じた数の受容体があ

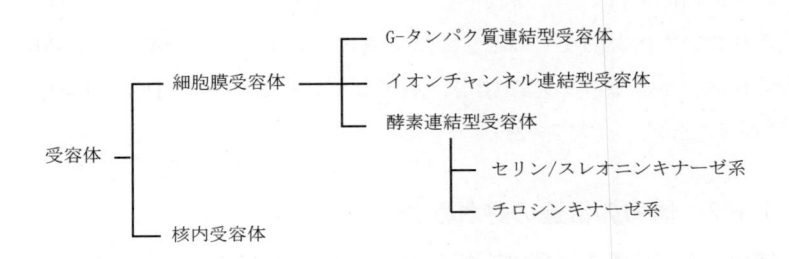

図7-1　受容体の種類
　細胞膜を通過できる脂溶性のリガンドに対する受容体は核内に存在するが，細胞膜を通過できないリガンドに対する受容体は細胞膜に存在する。

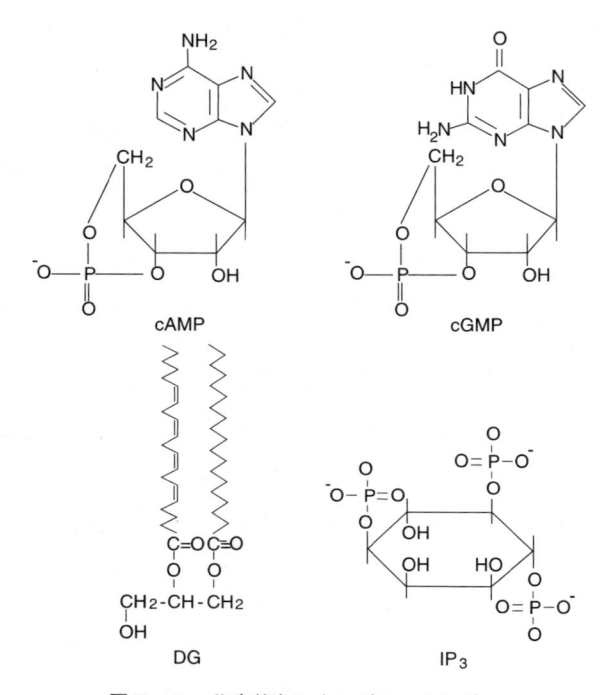

図7-2 代表的なセカンドメッセンジャー
アデニル酸シクラーゼの作用によってATPからcAMPができる。cGMPはグアニル酸シクラーゼの作用によってGTPから作られる。DGとIP$_3$は細胞膜を構成するイノシトールリン脂質から作られる。

ると考えてよい。受容体は細胞膜上にあるものと細胞内（核内）にあるものの2種類に大別できる(図7-1)。セカンドメッセンジャーの数と種類は限られていて代表的なものとしては，環状ヌクレオチド(cAMPやcGMP)，イノシトールトリスリン酸(IP$_3$)，ジアセルグリセロール(DG)，Ca^{2+}などが知られている。（図7-2）

7-2 情報の伝達のされかた

細胞同士が情報を交換するためにはリガンドと呼ばれる物質を合成し，それを細胞の外に分泌し，他の細胞に作用させなければならない。リガンドの作用を受ける細胞を標的細胞（target cell），そのような細胞からでき

ている器官を標的器官（target organ）という（図7-3）。リガンドの作用がリガンドを合成する細胞の周辺にある異なる種類の細胞に働くような場合，"傍分泌（paracrine）"といい，同じ種類の細胞に働く場合は"自己分泌（autocrine）"という。リガンドが血流にのって，合成された細胞から離れた細胞に働く場合は"内分泌（endocrine）"という。このような場合，リガンド（多くはホルモン）は血液で希釈されてしまうので，それを受け取る受容体は低い濃度のリガンドと結合できなければならない。しかし，アセチルコリンのような神経伝達物質はシナプスから分泌され，すぐ近くにある次の神経細胞にある受容体と結合して情報を伝達するので，希釈されることがなく，比較的高い濃度で効果を示すことになる。このような伝達の仕方をシナプテック（synaptic）という。また，隣り合う細胞同士がギャップジャンクション（gap junction）と呼ばれる特別な通路のような連結で情報分子を交換することもある。

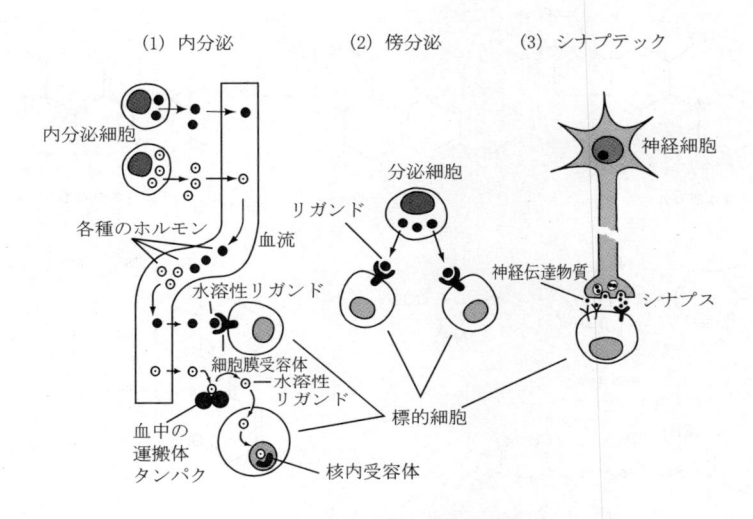

図7-3　情報伝達の様式
（田中千賀子編,「生体における情報伝達」, 南江堂（1993）を改変）

7-3 受容体とセカンドメッセンジャー

　リガンドは受容体に結合することによって情報を伝えるのであるが，性ホルモンやチロキシンのような甲状腺ホルモン，脂溶性ビタミンの誘導体であるレチノイン酸，ビタミンD_3のような水に溶けにくいリガンド（図7-4）は移動するときには水に溶けやすい物質に結合していなければならないが，脂質二重膜でできている細胞膜は容易に通過できる。このようなリガンドは細胞膜を通過した後，細胞内（核内）に存在する受容体と結合する。リガンドと結合した細胞内（核内）受容体は核内の遺伝子の特別な領域に結合し，その発現を調節する。しかし，水に溶けやすいリガンドは細胞膜を通過できないので細胞表面にある受容体に結合し，セカンドメッセンジャーの合成を促進し，このセカンドメッセンジャーが次の情報伝達系を作動させ，情報を伝える。

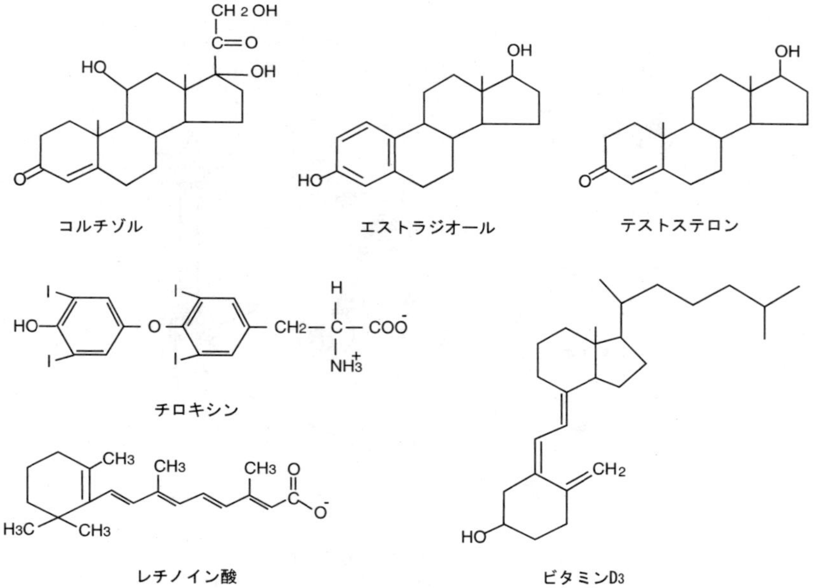

コルチゾル　　　　エストラジオール　　　　テストステロン

チロキシン

レチノイン酸　　　　ビタミンD_3

図7-4　代表的な脂溶性リガンドの構造
脂溶性リガンドは細胞膜を通過して核内受容体に結合する。

細胞表面受容体には，(1) G-タンパク質連結型，(2) イオンチャンネル連結型，(3) 酵素連結型，の3種類が知られている（図7-5）。G-タンパク質連結型の受容体は細胞膜を7回貫通するリガンド結合タンパク質を持ち，このタンパク質にリガンドが結合するとグアノシン三リン酸（GTP）結合タンパク質（G-タンパク質）が活性化され，アデニル酸シクラーゼと結合し，この酵素を活性化する。この場合にはATPから環状アデノシン3',5'リン酸（cAMP）が作られる。一方，細胞膜の構成脂質の1種であるホスファチジルイノシトール（PI）キナーゼが活性化された場合はIP_3とDGなどのセカンドメッセンジャーが作られる。DGはそれ自身で作用するだけでなく，さらに分解されアラキドン酸を生じた後，エイコサノイド（eicosanoid）と呼ばれる1群のセカンドメッセンジャーに変換される。

(A) G-タンパク質連結型受容体

リガンド
G-タンパク質
酵素またはイオンチャンネル
活性化されたG-タンパク質
活性化された酵素またはイオンチャンネル

(B) イオンチャンネル連結型受容体

イオン
リガンド

(C) 酵素連結型受容体

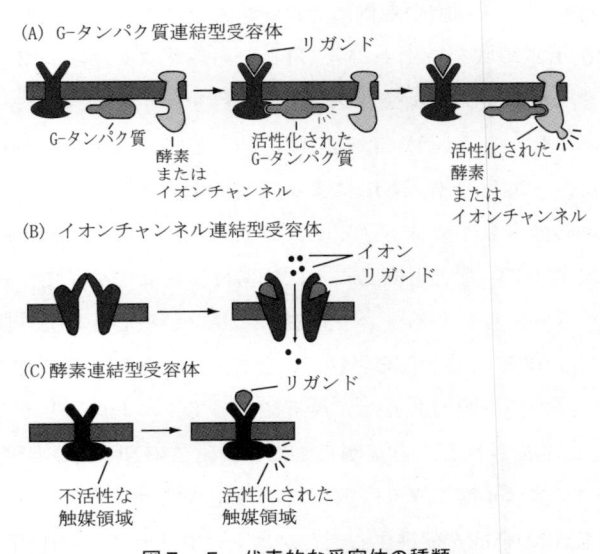

リガンド
不活性な触媒領域
活性化された触媒領域

図7-5 代表的な受容体の種類

(A) G-タンパク質連結型受容体ではリガンドが受容体に結合するとG-タンパク質が結合し，活性化される。活性化されたG-タンパク質はATPからcAMPを作るアデニル酸シクラーゼあるいはホスホリパーゼ（C-β）を活性化し，細胞膜のイノシトールリン脂質からDGとIP_3を作る。(B) イオンチャンネル連結型受容体ではリガンドが受容体に結合するとチャンネルが開き，イオンが細胞内に入れるようになる。(C) 酵素連結型受容体では受容体タンパク質自身が触媒領域（グアニル酸シクラーゼ活性領域あるいはチロシンキナーゼ活性領域）をもっていて，リガンドが受容体に結合すると，この触媒領域が活性化され，cGMPを作るかあるいはタンパク質のチロシン残基のリン酸化を起こす。(Alberts, B., *et al.*, "Molecular Biology of The Cell", p.732 (1995))

細胞内のCa^{2+}濃度は通常10^{-7}M程度で$6×10^{-6}$Mを超えることはない。これはCa^{2+}がMg^{2+}などの2価イオン（10^{-3}M程度存在する）とは異なり細胞毒性の強いイオンなので細胞内のオルガネラである小胞体などに貯蔵しておき，遊離状態のCa^{2+}濃度を低く抑えておく必要があるからである。IP$_3$はCa^{2+}を貯蔵している小胞体からCa^{2+}を遊離させ，遊離されたCa^{2+}はセカンドメッセンジャーとして働く。Ca^{2+}イオンに限らず，一般にイオンは通常細胞膜を自由に通過できないので，イオンチャンネル（ion channel）と呼ばれる特別な通路を使って出入りする。

　2番目の種類の受容体は受容体にリガンドが結合するとイオンチャンネルが開き，限られた種類のイオンが細胞内に入るように働くものである。一方，酵素連結型受容体は酵素タンパク質が細胞膜を挟んで内と外に分けられているもので，細胞の内側にチロシンというアミノ酸をリン酸化する酵素活性を示す領域を持つものとGTPから環状グアノシン3',5'リン酸（cGMP）をつくるグアニル酸シクラーゼ活性を示す領域を持つものとがある。グアニル酸シクラーゼには細胞膜に結合しているタイプのものと細胞内にあって，一酸化窒素（NO）によって活性化されるタイプのものがあるが，いずれの酵素もセカンドメッセンジャーとして働くcGMPを作る。NOは一酸化炭素（CO）などと同じように通常は気体状の分子で，その寿命は非常に短く5〜10秒である。ニトログリセリンが狭心症の発作防止に効果があることは100年も前から知られていたことであるが，その作用の仕組みについては長い間不明であった。最近になって，ニトログリセリンは生体の中でNOに変換されることが明らかにされ，このNO（COも同じように）が細胞内のグアニル酸シクラーゼ（可溶性型グアニル酸シクラーゼ）を活性化し，cGMPの合成を促進することがニトログリセリンの作用にとって重要であることがわかってきた。

　一方，眼の網膜では膜結合型グアニル酸シクラーゼによって常にcGMPが作られていて，cGMP濃度が高い濃度に維持されている。網膜に光があたるとcGMPを分解する酵素（ホスフォジエステラーゼ，phosphodiesterase）が活性化されcGMPが瞬時に分解される。このcGMPの濃度変化が脳に伝

第7章　情報の伝達

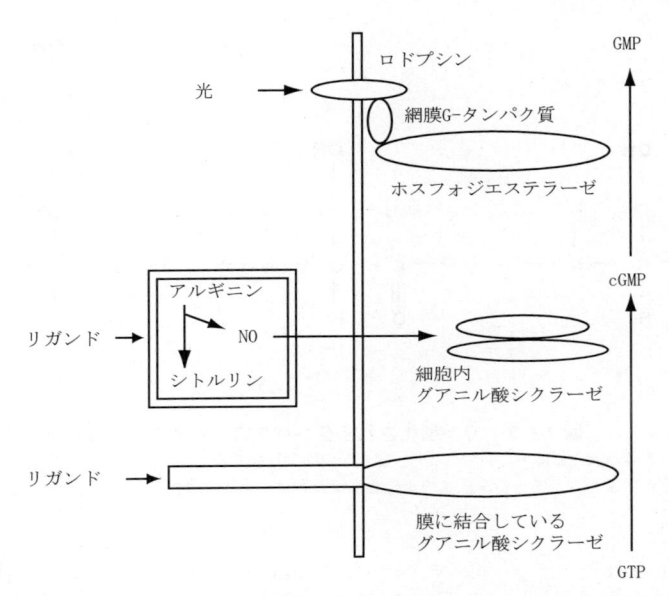

図7-6　グアニル酸シクラーゼ情報伝達系（この図はいろいろな細胞・器官で起こるcGMP関係の現象を一元化して作った模式図である。）
　眼では網膜に存在するグアニル酸シクラーゼによって作られるcGMPは光によって活性化された眼の色素タンパク質（ロドプシン）が網膜のG－タンパク質を活性化し，次いでホスフォジエステラーゼが活性化され，GMPに変換される。一方，血管内皮細胞ではリガンドの作用によってアルギニンをシトルリンに変換する過程で一酸化窒素（NO）が合成される。NOはニトログリセリンからも合成される。NOは細胞膜を容易に通過でき，細胞内のグアニル酸シクラーゼを活性化し，GTPからcGMPを作り，血管の弛緩を起こす。また，他のリガンドは細胞膜に結合しているグアニル酸シクラーゼに結合し，これを活性化し，GTPからcGMPを作り，細胞内の電解質の濃度調節を行う。

えられることが"明暗"の信号となる（図7-6）。

7-4　タンパク質のリン酸化

　リガンドが受容体に結合することによって作られるセカンドメッセンジャーはタンパク質リン酸化酵素（プロテインキナーゼ，protein kinase）を活性化し，様々なタンパク質中のセリン，スレオニンあるいはチロシン残基の水酸基（図7-7）をリン酸化することによって細胞内の代謝や遺伝子の発現を調節する。プロテインキナーゼには，(1) cAMPによって特異的に活性化されるタイプ（A-キナーゼ，A-kinase），(2) cGMPによって特異的

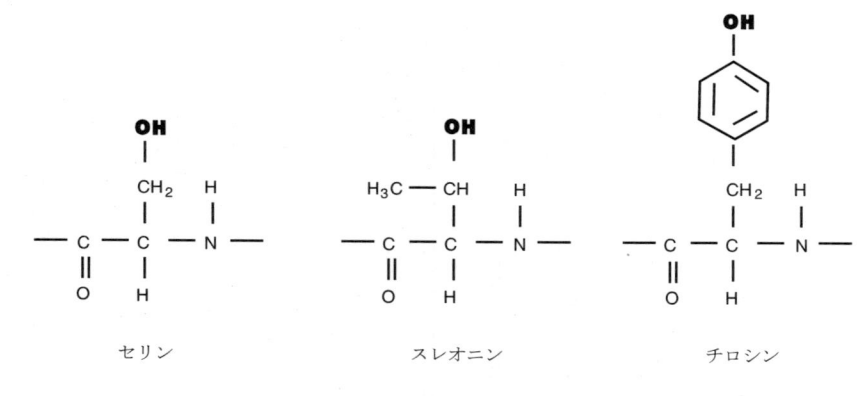

図7-7 リン酸化されるタンパク質中のアミノ酸
タンパク質を構成するアミノ酸のうち，アルコール型水酸基をもつセリンとスレオニン，フェノール型水酸基をもつチロシン残基の水酸基がプロテインキナーゼによってリン酸化される。

に活性化されるタイプ（G-キナーゼ，G-kinase），(3) DGによって特異的に活性化されるタイプ（C-キナーゼ，C-kinase），(4) Ca^{2+}によって特異的に活性化されるタイプがある。Ca^{2+}は単独のイオンとして作用を示すこともあるが，特異的結合タンパク質（カルモジュリン）と結合した状態でキナーゼを活性化する（CaM-キナーゼ，CaM-kinase）。

　A-キナーゼはすべての動物細胞に存在する酵素で，2種類のサブユニット（触媒サブユニット，調節サブユニット）が2つづつ計4つの会合体である（図7-8）。cAMPが調節サブユニットに結合すると触媒サブユニットが会合体から解離して触媒活性を示すようになる。A-キナーゼはタンパク質中のセリンとスレオニンの水酸基をリン酸化し，細胞内のいろいろな代謝活性を促進する。例えば，ヒトの血液中のグルコース（血糖）量は食事直後は少し高いが，常に一定値に保たれている。これはグルコースの貯蔵体であるグリコーゲンの合成と分解がうまく調節されているからである。グリコーゲンの分解にはグリコーゲンホスフォリラーゼという酵素が活性化されなければならない（図7-9）。この酵素はcAMPによって活性化されたA-キナーゼによってリン酸化され，活性化型になったホスフォリラーゼキナーゼによってリン酸化され，活性型になる。活性型ホスフォリラーゼ

第7章　情報の伝達

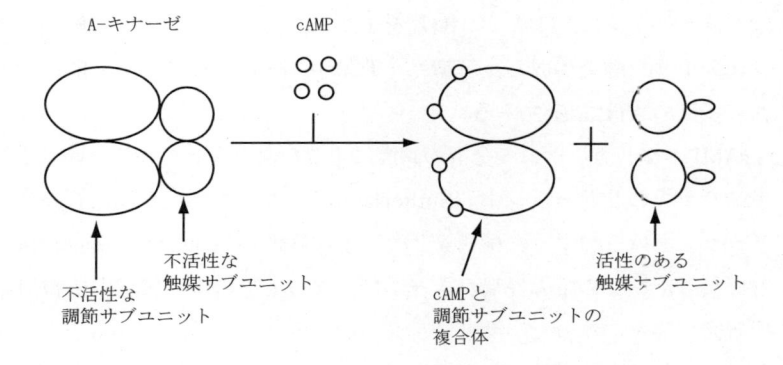

図7-8　A-キナーゼの活性化
A-キナーゼは調節サブユニットと触媒サブユニットが会合している状態では活性がない。不活性なA-キナーゼの調節サブユニットにcAMPが結合すると，触媒サブユニットが活性化され，調節サブユニットから解離する。

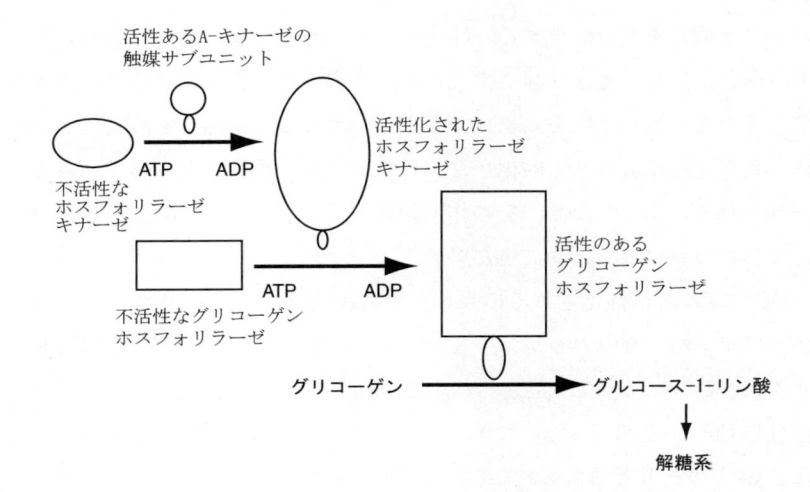

図7-9　cAMPによるグリコーゲン分解の促進
cAMPによって活性化されたA-キナーゼの触媒サブユニットはホスフォリラーゼキナーゼをリン酸化して活性化する。活性化されたホスフォリラーゼキナーゼはグリコーゲンホスフォリラーゼを活性化し，グリコーゲンをグルコース1リン酸に変換する。

133

はグリコーゲンにATPのリン酸基を1つ加えることによって分解し，グルコース1リン酸を生成し，解糖系，TCA回路・電子伝達系と，順次代謝され，多量のATPを産生する。

　cAMPがグリコーゲンの分解の調節に重要な働きをしているということはアメリカ人のサザーランド（Sutherland）によって発見されたもので，サザーランドはこのような機構を2次伝達物質説（second messenger theory）と提唱した。この説の提唱がきっかけとなってその後の細胞内情報伝達系の研究が盛んになった。サザーランドをはじめクレブス（Krebs）とフィッシャー（Fischer），ギルマン（Gilman）とロドベル（Rodbell）などのアメリカの細胞内情報伝達系の研究者はノーベル賞を受賞している。

　G-キナーゼは細胞膜に結合しているグアニル酸シクラーゼあるいは細胞内に存在するグアニル酸シクラーゼによって作られるcGMPによって活性化されるキナーゼで，A-キナーゼと同様にタンパク質中のセリンとスレオニンの水酸基をリン酸化する。G-キナーゼによる血管平滑筋タンパク質のリン酸化が血管の弛緩を起こすことが，狭心症の発作を抑えるメカニズムであると考えられている。また，G-キナーゼは血圧調節や電解質代謝に関係したタンパク質のリン酸化をとおして，血圧の調節に関与していることが知られている。しかし，その作用の詳しいメカニズムにはこれから明らかにしなければならないことが多い。

　DGによって活性化されるC-キナーゼはA-キナーゼやG-キナーゼと同じようにタンパク質中のセリン，スレオニンの水酸基をリン酸化する酵素で，日本人の西塚によって発見された。この酵素は脳に多く存在し，発見当初，活性にCa^{2+}が必須であったためカルシウム（calcium）の頭文字のCにちなんでC-キナーゼと命名されたが，活性化にDGは必要であるがCa^{2+}を必要としない酵素も発見されているので，命名がA-キナーゼ（cAMPのA）やG-キナーゼ（cGMPのG）とは異なるが，慣例的に最初につけられた名前が広く使われている。C-キナーゼは神経細胞のイオンチャンネルタンパク質をリン酸化することによって神経細胞の興奮性を変化させる作用を示すほか，各種の遺伝子DNAからmRNAへの遺伝情報の転写を制御するタンパ

ク質(転写因子)を直接リン酸化したり,あるいは転写因子のリン酸化を起こす情報伝達系タンパク質をリン酸化することによって活性化し,遺伝子発現の制御に重要な働きをしている。

　CaMキナーゼもやはりタンパク質中のセリン,スレオニンの水酸基をリン酸化するキナーゼで,特にCaMキナーゼの1種であるCaMキナーゼIIは脳のシナプスに非常に多く存在する酵素である。CaMキナーゼIIはカルモジュリンと結合したCa^{2+}によって活性化された後,酵素自らをリン酸化(自己リン酸化,autophosphorylation)する。自己リン酸化された酵素はCa^{2+}がなくてもキナーゼとしての活性を保持している。このように,リガンド(あるいは神経刺激)によって活性化されたCaMキナーゼはリガンド(あるいは神経刺激)がなくなっても,最初のリガンドの存在を記憶しているように働くことから,CaMキナーゼは記憶のメカニズムと関係しているのではないかと考えられ,研究が進められている。事実,CaMキナーゼをコードする遺伝子を壊してしまったネズミは学習能力が悪いという実験結果が報告されている。

7−5　アダプタータンパク質

　セカンドメッセンジャーも作らず,キナーゼ活性を示すわけではないが,タンパク質とタンパク質を結び付けることによって情報伝達に関与しているタンパク質がある。このようなタンパク質にはガン遺伝子*src*のコードするタンパク質と共通したアミノ酸配列(SH2ドメイン,Src homology 2 domain)があり,この部分がタンパク質とタンパク質の結合部になっている。このようなドメインを持つタンパク質をアダプタータンパク質という。SH2ドメインとよく似たSH3ドメインも発見されている。SH2ドメインはタンパク質中のリン酸化チロシンを含む配列と結合し,SH3ドメインはタンパク質中のプロリンを含む配列と好んで結合することが知られている。

7−6　情報の遮断とクロストーク

　リガンドが受容体に結合するとそれに伴った細胞内情報伝達系が動き出

すことになるが，これが永遠に続くと細胞はおかしなことになってしまう。リガンドによる情報は一過的であるのがよい。このためには情報が伝達されるいろいろな段階でその流れを遮断する仕組みが働いている。ある種のリガンドが細胞表面の受容体に結合して，それを伝える細胞内情報伝達系が動き出すと，リガンドと受容体の会合体は細胞の中に取り込まれ，通常リガンドだけが分解され，受容体はまた細胞表面に返され新たなリガンドが来るのを待つことになる。

リガンドが受容体に結合したことを伝えるセカンドメッセンジャーはその役目が終わると分解されてしまう。cAMPやcGMPのような環状ヌクレオチドはそれぞれ特異的なホスフォジエステラーゼ（phosphodiesterase）によってリン酸ジエステル結合が切断されセカンドメッセンジャーとしての機能のないAMPやGMPに変換される。小胞体から遊離されたCa^{2+}はまた小胞体の中に閉じ込められることになる。IP_3やDGもそれぞれ特異的な酵素によって分解される。

環状ヌクレオチドやDG，Ca^{2+}・カルモジュリンのようなセカンドメッセンジャーによって活性化されたタンパク質キナーゼからはセカンドメッセンジャーが解離し，もとの活性のない状態になる。また，タンパク質キナーゼによってリン酸化され，活性化状態になったタンパク質はタンパク質脱リン酸化酵素（protein phosphatase）によってリン酸基がはずされ，もとの活性のない状態になる。タンパク質キナーゼによってリン酸化されるタンパク質には様々なものがあるが，タンパク質脱リン酸化酵素にも多くの種類があり，その働き方の特長から通常4種類（1型，2A型，2B型，2C型）に分けられている。

このように1つのリガンドによる情報の流れは伝え終わると様々な段階ですぐに遮断され，次の情報の来るのに備えるようになっている。一方，リガンドの数は非常に多く，その情報はお互いに打ち消しあうこともあるし，増幅することもある。あるいはある種のリガンドによって働き出した情報伝達系が別の情報伝達系の開始を促進したり，停止させたりすることがある。これを情報伝達系のクロストーク（cross talk）という。いわば，情報

伝達系同士にがお互いに会話することによって，たくさんあるリガンドの影響を生物の生存に都合のいいようにしていく仕組みがあるということになる。

7－7　情報に対する慣れ－脱感作－

日常生活でも経験することであるが，同じ刺激を繰り返し受けるとその効果が小さくなることがある。例えば，いわゆる"教育ママ"や"教育パパ"が口を酸っぱくして「勉強しなさい」と子供に言っても，子供によってはだんだん言うことを聞かなくなってくることがある。情報伝達でも同じことが起こる。同じ濃度のリガンドを繰り返し細胞に与えるとリガンドの受容体への結合によって起こる情報伝達系の反応がだんだん小さくなっていく。このような現象を脱感作(desensitization)あるいは適応(adaptation)という。これは同じリガンドを与えられつづけたために細胞上のそのリガンドに対する受容体の数が減少したか，受容体あるいはそれに続く情報伝達系の分子に変化が起き，情報伝達の流れの効率が悪くなったために起こる現象であると考えられている。受容体は役目が終わるとリガンドとともに細胞内に取り込まれるが，通常はリガンドだけが分解され，受容体はまた使われる。しかし，細胞内に取り込まれたリガンド・受容体がリソゾームによって分解されると再使用ができなくなる。一方，特定のリガンドに対する受容体の数には変化がなくても，受容体タンパク質がリン酸化され，それに別のタンパク質などが結合して受容体としての機能（セカンドメッセンジャーの合成）を失った受容体の数が多くなっても，リガンドに対する反応が小さくなる。

"麻薬"は人間の人格を変えてしまい，"麻薬"の使用が蔓延すると人間社会が崩壊するのでどこの国でもその使用を法律で厳しく規制している。モルヒネという芥子の実から取れる化学物質も"麻薬"の1種であるが，この物質を投与するとガンの末期などに多く見られる"激しい痛み"を和らげることができるので医薬として使われる。しかし，1度使用すると次に使用するときにはより多く投与しなければならない。これも，モルヒネに

対する脱感作ということになる。すなわち，人間にはモルヒネに対する受容体があるということになる。情報伝達の面からモルヒネに興味を持った薬理学者は人間にはモルヒネと働き方が同じ物質があるのではないかと考え，その物質を探す努力を続け，それがアミノ酸5残基できているオピオイドペプチド（opiate peptide）であることを明らかにした。この物質はモルヒネと違って，働きが終わると分解されてしまうので人格を変えてしまうようなことはない。

　このように，環境に適応して生物は生存していく様々な仕組みを進化の過程で獲得している。獲得してきた仕組みが多いほど高等な生物ということになるが，それぞれの生物には情報伝達という面から考えてもまだ未知の仕組みがたくさんあるように思われる。

第8章
脳と神経

　ヒトの脳には10^{10}個以上の数の神経細胞が存在し，さらにその1,000倍以上の数のシナプス（神経細胞間の結合構造）が存在するといわれている。脳とは，神経細胞とシナプスを機能単位とする複雑な情報処理装置であると考えてよい。いわゆる神経科学の領域で扱われる生物学的現象は，下は1個の神経細胞の発生，その生と死から，上は個体の行動に至るまであらゆるレベルにわたっている。考え方としての分子生物学（生命現象を分子レベルで説明する分野）は，いまや生物学のあらゆる分野に広がっていて，神経科学においても当然，神経細胞の生死から個体の行動に至るまでを分子レベル（多くの場合は遺伝子のレベル）で説明することが課題となっている。それらの課題の1つ1つを列挙することがこの章の目的ではないし，もともと著者の手に負えることでもない。そこで，ここでは，手法としての分子生物学の最もわかりやすい部分である遺伝子のクローニングに注目して，その成功が神経科学領域での生命現象の理解に貢献した典型的な例として，電位依存性Na^+チャンネル（voltage-operated sodium channel ＝ VOSC）を取り上げる。

　VOSCのcDNAクローニングに世界で初めて成功したのは，京都大学の故沼教授のグループであり，1986年のことである。目をみはるスピードで進んで行く神経科学の分野において，十数年も前の出来事は大昔のことのように思えるかもしれないが，あえてこれを取り上げるのは，活動電位の発生と伝導という神経細胞の最も基本的な機能において中心的な役割を果た

すのがVOSCだからである。

8-1 静止膜電位と活動電位

　VOSCはイオンチャンネルの1種であり，イオンチャンネルとは，生体膜に存在し，生体液中の無機イオンを，選択的に，その電気化学勾配に従って通過させるタンパク質の総称である。各々のチャンネルは，イオンに対する選択性とは別に，その制御のされ方から，膜電位により開閉されるもの（電位依存性 ＝ voltage-operated または -gated）と，そのチャンネルに直接結合する物質により開閉されるもの（リガンド依存性 ＝ ligand-gated）の2種類に大別される。このうちVOSCを始めとする電位依存性チャンネルのcDNAは，1980年代に次々にクローニングされ，リガンド依存性チャンネルのcDNAは少し遅れて80年代後半から90年代にかけてクローニングされた。VOSCのcDNAから得られた情報をみる前に，その意味を理解するために，解剖と生理の復習をしよう。

　神経細胞は，神経系の構成・機能の基本単位である。もちろん脳の部位により種々の形態をとるのだが，典型的な神経細胞（例えば脊髄前核の運動神経細胞）には，1個の細胞体が存在し，2種類の突起がついている（図8-1）。1本の長い軸索（axon）と複数の短い樹状突起（dendrite）である。軸索は軸索丘に始まり，シナプス（synapse）でいわゆる終末ボタンを形成して終わる。シナプスとは，ある神経細胞と別の神経細胞，または筋・分

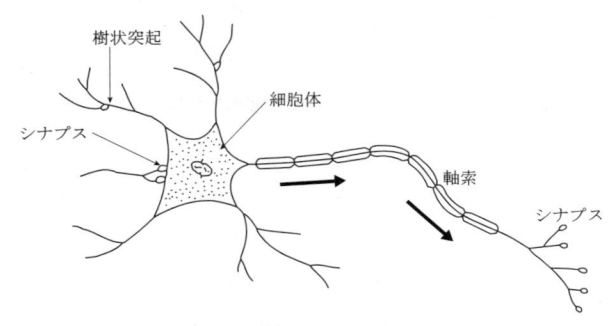

図8-1　典型的な神経細胞の形態
矢印は活動電位の伝導方向を示す。

泌細胞などの効果器との結合部位であり，神経細胞では樹状突起と細胞体に存在する。

　神経細胞の基本的な機能は，樹状突起と細胞体で発生した信号を，長い軸索を通して伝導し，シナプスを介して次の細胞に伝えることである。ここで，信号とは，活動電位（action potential）と呼ばれる細胞膜の局所的脱分極である。活動電位とはなんであるかを理解するためには，活動していない時の電位，すなわち，静止膜電位（resting potential）を理解しなければならない。興奮性細胞（excitable cells，神経，筋，分泌細胞のように活動電位を生じる細胞），非興奮性細胞（nonexcitable cells，活動電位を生じない細胞）のいずれであれ，生きているすべての細胞において，細胞膜を挟む内と外とで電位差が測定される。これを静止膜電位と呼び，おおよそ60〜100 mVの大きさで，細胞の内側が負の電位である。静止膜電位は，細胞内液と外液におけるイオン分布の不均等によって生じる。生体内における主要なイオンは，Na^+，K^+，Cl^-および負の電荷を帯びたタンパク質だが，このうち静止膜電位を生じるのに最も重要なイオンはK^+である。少し詳しくこの形成過程を見てみよう。主要なイオンの1つであるNa^+は，Na^+-K^+ATPase（ATP分解のエネルギーを使って，膜内外のイオンを，その電気化学勾配に逆らって移動させる酵素。これはポンプであって，チャンネルではない）により常に細胞外へ排出されている。このためNa^+は細胞内に少ないので，細胞内に存在するタンパク質などの陰イオン（これは細胞膜を通過できない）と電気的中性を保つためには，他の陽イオンが陽電荷の不足を代償しなければならない。K^+は，Na^+-K^+ATPaseによって細胞内に取り込まれ，また，K^+leak channelを通って自由に出入りできるので，陰イオンの中和はK^+により行われる。このとき，K^+に対して，負電荷の存在する細胞内へ引き込む力（電気勾配）と，その濃度差に従って細胞外へ排出する力（濃度勾配）の2つの力が働くが，この2つがつりあって，チャンネルを通るK^+の数がゼロになる状態の膜電位が静止膜電位である。この理論的な値は有名なネルンストの式で計算することができる。

　静止膜電位は上記のように細胞内が負の値をとるが，細胞内外のイオン

濃度が変化することによって，下がったり（過分極 = hyperpolarization）上がったり（脱分極 = depolarization）する。静止膜電位が存在し，細胞内外の状況に応じてこれが上下することはすべての細胞に共通の性質である。神経細胞を含む興奮性細胞を特徴づけるのは，ある一定の大きさの脱分極が生じると，それが一過性に増幅されるという性質であり，この増幅された脱分極を活動電位と呼ぶ。静止膜電位の形成には，Na^+-K^+ATPase と K^+ leak channel が重要であるように，活動電位の形成には VOSC が決定的な役割をはたす。したがって，興奮性細胞とは VOSC を発現している細胞である，と考えてよい。

VOSC—電位依存性Na^+チャンネルとは，その名のとおり，膜の小さな脱分極（－50 mV程度）によって開くチャンネルであり，これが開くと，Na^+がその電気化学勾配に従って細胞内に流入する。正電荷の流入のため，脱分極が進み，さらに多くの VOSC が開いていく。この雪崩のようなNa^+の流入が活動電位の発生機序であり，Na^+の流入は，膜電位がNa^+の平衡電位である＋50 mVに達し電気化学勾配がゼロになるまで続く。活動電位が一過性であるためには，Na^+の流入を止めることが必要だが，これは2つの仕組みによる。1つは，VOSC自身の自動的な不活性化によるNa^+流入の停止であり，もう1つは，電位依存性K^+チャンネルの開口によるK^+の流出（これにより膜電位は過分極側に傾く）である（図8−2）。

神経細胞では，樹状突起と細胞体に存在するシナプスで生じた膜電位の変化が空間的・時間的に加算され，細胞膜のある部位で一定の大きさの脱分極が生じると，そこに局所的な活動電位が生じる。いったん活動電位が生じると，これはその隣接部分に脱分極を生じ，細胞体全体を，そして軸索の上を波のように伝わっていく（図8−3）。この活動電位の発生と伝導こそが神経細胞の信号伝達の基本的な仕組みであり，電位依存性Na^+チャンネルと電位依存性K^+チャンネルとが各々そのon−offを担う。

Na^+とK^+による活動電位の発生のメカニズムは，古く1952年にホジキン（Hodgkin）とハックスレー（Huxley）により提唱され，その後長い年月をかけて検証されてきたものであり，神経生理学の基本中の基本といってよ

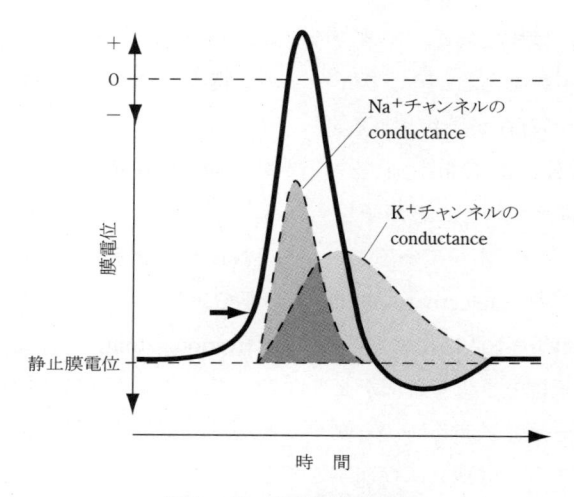

図8-2 活動電位の発生
膜電位が脱分極側に傾き，ある閾値（➡）を超えると，急激にNa⁺チャンネルが開き，それにひき続いてK⁺チャンネルが開く。どちらのチャンネルも自動的な不活性化機構を備えている。

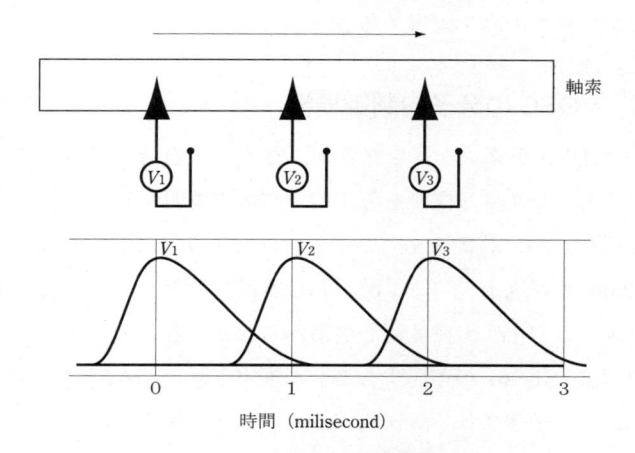

図8-3 活動電位の伝導
活動電位は隣接部位の脱分極をひき起こし，波のように軸索の上を伝わっていく。
(Alberts, B. 他編，「細胞の分子生物学 第3版」，中村桂子他訳，教育社（1995））

い。以上のような生理現象から考えて，VOSCタンパク質はどのような性質，機能を持っていなければならないか，少し細かく考えてみよう。

（1） 細胞内外のイオンを通過させることから，当然のことながら，細胞

膜に存在するはずである。イオンの流れの方向は，その電気化学勾配に従う受動的なものであるから，チャンネルの実体として細胞膜を貫通する穴（pore）構造の存在が予想される。

　(2)　膜電位により開閉されることから，膜電位を感受する機構（voltage-sensor）を備えていることが予想される。

　(3)　Na^+チャンネルであることから，Na^+のみを選別し，他のイオンを通さないしくみ（selectivity-filter）が必要である。

　(4)　自動的に不活性化する機構（inactivation gating）を備えている。この点についてはもう少し説明が必要なのだが，この不活性化機構は，膜電位がまだ脱分極側にある時から働くことから，電位依存性の開閉の閉のほうのメカニズムとは独立に存在することが示唆されていた。さらにこの独立性を直接に示したのが以下のような実験結果である。すなわち，細胞内に適当なプロテアーゼを投与しておくと，電位依存性の開閉は妨げずに不活性化のプロセスのみを阻害することが可能だった。

8－2　VOSCの分子内制御機構

　VOSCのcDNAがクローニングされ，その1次構造が明らかになったとき，上記のような性質，機能を分子のレベルで説明することができるようになっただろうか，順番に見ていくことにしよう。cDNAから予想されるVOSCは2,000残基以上のアミノ酸からなる巨大なタンパク質で，4つのよく似たドメイン（I-IV）の繰り返し構造からなり，各々のドメインには6つの膜貫通部位（S1-S6）が存在することが推定された（図8－4）。この1次，2次構造から，予想される3次構造を描いたのが図8－5である。

　まず最も簡単なところから，膜貫通部位が24個も存在することから，当然膜に局在すると考えられる。pore構造をつくるか否かについて，これは1次構造を見ただけではわからないのだが，理論上の3次構造モデルでは，膜を貫通する穴が1つ形成されることが予想された。

　次に，電位依存性であることについて，voltage-sensorはどこにあるのだろうか。膜電位という微少な空間でのでき事を感知するためには，その空

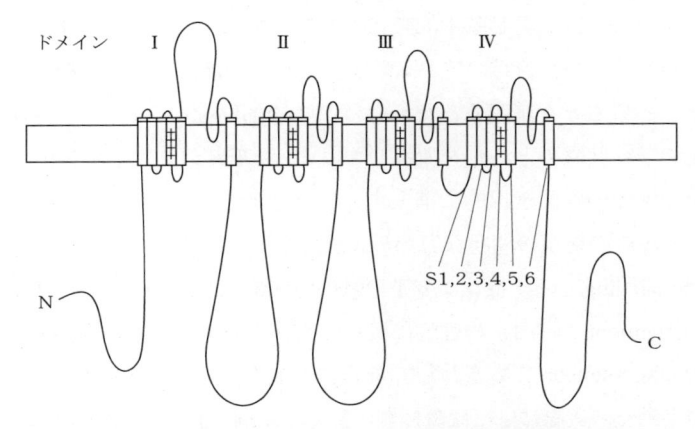

図8-4　電位依存性 Na⁺ チャンネルの2次構造の模式図
N, C 末端はともに細胞内にある。

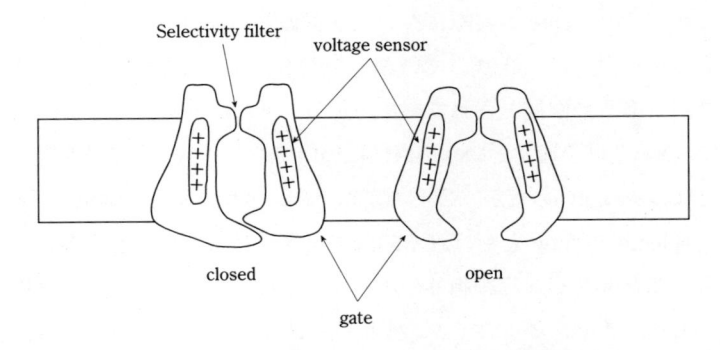

図8-5　電位依存性 Na⁺ チャンネルの3次構造の模式図

間の中,すなわち膜の中にあると考えるのが自然である。各々のドメインの6つの膜貫通部位のうち,S4を除く5つの膜貫通部位は,一般的な膜貫通構造と同様にほとんど疎水性アミノ酸で構成されていたが,S4だけは,5残基から8残基の陽性荷電のアミノ酸(アルギニンまたはリジン)を含み,膜貫通部位らしくない構造になっており,この部位がvoltage-sensorではないかと考えられた。これは後になって分かることなのだが,他の電位依存性チャンネル(K^+, Ca^+ チャンネル)の1次構造が判明してみると,こ

れらのタンパク質も同じ基本的骨組みを持っており，6つの膜貫通部位のうち，S4にのみ陽性荷電のアミノ酸が含まれていた。ここで，S4がvoltage-sensorであることを証明するためには，この部位をなくした（もちろん陽性荷電のアミノ酸のどれかを置換してもよい）変異チャンネルを作製して，sensorの機能のみが選択的に消失することを示せばよい。この方法は，変異チャンネルの発現の問題などから，残念ながら成功していない。しかし，cycteine-labelingという特殊な分子標識の方法により，膜電位の変化に対応してS4 segmentが膜内を物理的に動くことが示されており，現在のところS4がvoltage-sensorであるとして矛盾する事実はない。膜電位が変化すると，S4が動く。実際には，脱分極側に動くと，S4が膜の外側に移動し，poreの蓋を開けることになる。この蓋がgateであり，3次構造モデルでは細胞内側の開閉する部分として描かれている。S4がvoltage-sensorであるということに比べると，gateが実際にタンパク質のどの部分であるかということは，実は現在でもはっきりしていないのだが，S4とS5をつなぐ細胞内のループが一応その候補とされている。

次に，Na^+だけを通すという選択性について，これも1次構造を見ているだけではわからないのだが，種々の変異チャンネルの発現実験から，gateとは別のselectivity-filterと呼ばれる部分で決定されるということが推定されている。S5とS6をつなぐ細胞外のループの陰性荷電のアミノ酸を置換することにより，チャンネルのイオン選択性を変化させることができることから，この部位がfilterを形成すると考えられている。このfilterが，Na^+だけを通し，他の陽イオン，例えばK^+イオンを通さないメカニズムとはどのようなものだろうか。ヒル（Hille）らの説によれば，この部位の陰性荷電のアミノ酸とNa^+が直接結合し，その結合は，Na^+よりもサイズの大きなK^+との結合よりも安定化されやすいために，Na^+がより選択的にこのfilterを通過しうるとされている。

最後に，VOSCが自動的に不活性化されるメカニズムについて考えてみよう。細胞内にプロテアーゼを投与すると阻害されることから，この機能を担う部位は，膜に埋まっている膜貫通部位ではなくて，プロテアーゼの

第8章 脳と神経

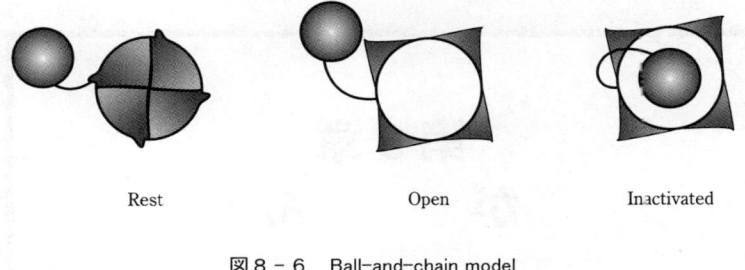

Rest　　　　　　Open　　　　　Inactivated

図 8-6　Ball-and-chain model

ターゲットとなりうる細胞内のループまたは，NまたはC末端の細胞内領域にあることが予想される．現在では，けん玉の玉が内側からチャンネルの穴を塞ぐようなモデル（ball-and-chain model）が想定され，VOSCの場合，ballはひとつであり，ドメインIIIとドメインIVをつなぐ細胞内ループがその役割を果たすと考えられている（図8-6）．

8-3　イオンチャンネルの分子機能解剖学

この章では，VOSCについて，古い解剖学と生理学の教科書に記載されている情報から何が予想され，そしてcDNAの情報がもたらされたことで何が明らかになったかを簡単に振り返ってみた．細かい点ではまだまだ不明なところはあるが，VOSCのcDNA情報により，活動電位の発生とその伝導のメカニズムという神経細胞の基本機能について，まさしく分子レベルで説明することが可能になってきた経過を理解してもらえただろうか．ここではVOSCを取り上げたが，現在では主要なイオンチャンネルのcDNA構造はほとんどすべて判明しており，情報量の多寡はあるものの，その各々について，ここに述べたような分子レベルの機能解剖の検討が可能である．さらに，これもここでは述べなかったが，イオンチャンネルの機能解剖の研究には，タンパク質の修飾による機能調節，細胞内で相互作用する別のタンパク質とその役割，遺伝子改変動物の作製による*in vivo*での機能の検討など，様々な方向があり，そのいずれにおいてもcDNA（およびgenomic DNA）の情報は不可欠のものとなっている．

第9章
がん

　分子生物学の進歩と1970代後半からの組み換えDNA技術を始めとする遺伝子関連技術の目覚ましい進歩によって，がんは遺伝子の病気であることが明らかにされた。がんの発生が遺伝子の働きによることを最初に明らかにしたのは，マウスやトリなどの動物にがんを作るがんウイルスの研究である。がんウイルスはRNAのゲノムをもつRNAがんウイルスとDNAのゲノムをもつDNAがんウイルスとに大別される。RNAがんウイルスの研究はヒトのがん遺伝子の発見とシグナル伝達系の解明に貢献し，DNAがんウイルスの研究はがん抑制遺伝子の機能解明につながった。一方，化学発がんの研究もがん遺伝子の研究と結びついて，発がん物質が細胞の正常遺伝子のDNAに作用してがん遺伝子に変えることが明らかにされてきている。

9-1　RNAがんウイルスのがん遺伝子

　RNAがんウイルスの多くはレトロウイルスのなかまである。代表的なレトロウイルスであるマウス白血病ウイルスのゲノムには *gag*，*pol*，*env* の3つの遺伝子がある（図9-1）。*gag* はウイルス粒子のからをつくるタンパク質の遺伝子，*env* はウイルス感染細胞膜に発現されウイルス粒子を取り巻く膜の成分となる。*pol* はRNAのゲノムを鋳型にして相補的なDNAを合成する逆転写酵素（RNA依存DNA合成酵素）の遺伝子である。これらの3つのウイルス遺伝子とゲノムの両端の調節領域とがレトロウイルスの基本型であり，増殖に必須である。

第9章　が　ん

　基本型のレトロウイルスとがんを作るレトロウイルスのゲノムの比較解析によって，がんを作るレトロウイルスのゲノムには，ウイルスの増殖には必要のない遺伝子が1～2個存在することが明らかとなった。これががん遺伝子である。レトロウイルスゲノムの基本型にがん遺伝子が挿入されたラウスサルコーマウイルス（SR株）のように増殖可能ながんウイルスもあるが，多くはウイルス遺伝子の一部または大部分が欠失してがん遺伝子と置換した増殖欠損ウイルスである（図9-1）。このような増殖欠損ウイルスは増殖可能な基本型ウイルスの共存下でのみ増殖することができる。基本型ウイルスは複製やウイルス粒子の構成に必要なタンパク質を供給してヘルパーウイルスとして働く。

　それではがん遺伝子とはどんな遺伝子で，どこから来たのか。その答え

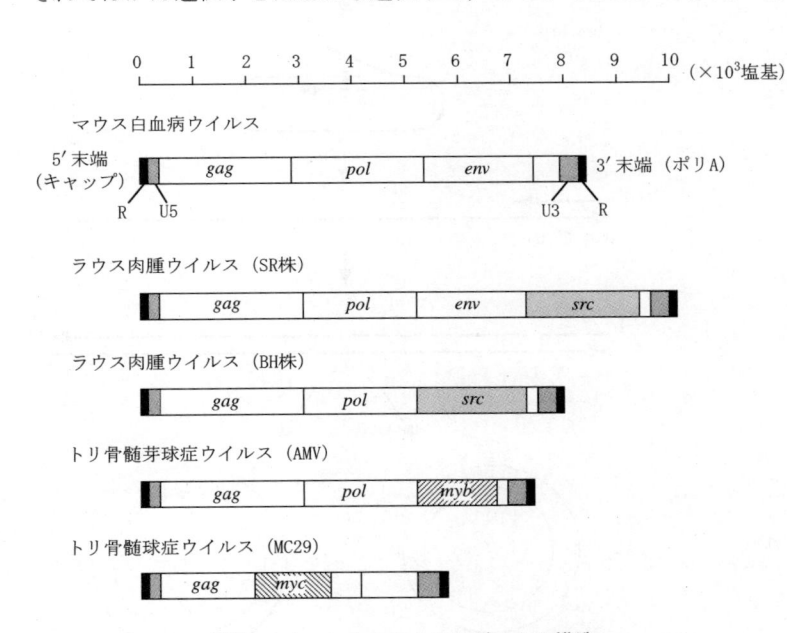

図9-1　レトロウイルスゲノムの構造

レトロウイルスゲノムの両端には同方向反復配列（R）が，その内側には2種のユニークな塩基配列（U5，U3）が存在する。さらに5′末端側からU5に続いてウイルスタンパクをコードする*gag*，逆転写酵素をコードする*pol*，エンベロープのタンパクをコードする*env*が位置付けられる。がん遺伝子の位置はウイルス株によって異なる。

（藤永　蕙，「がん遺伝子」，講談社（1997）より一部改変）

149

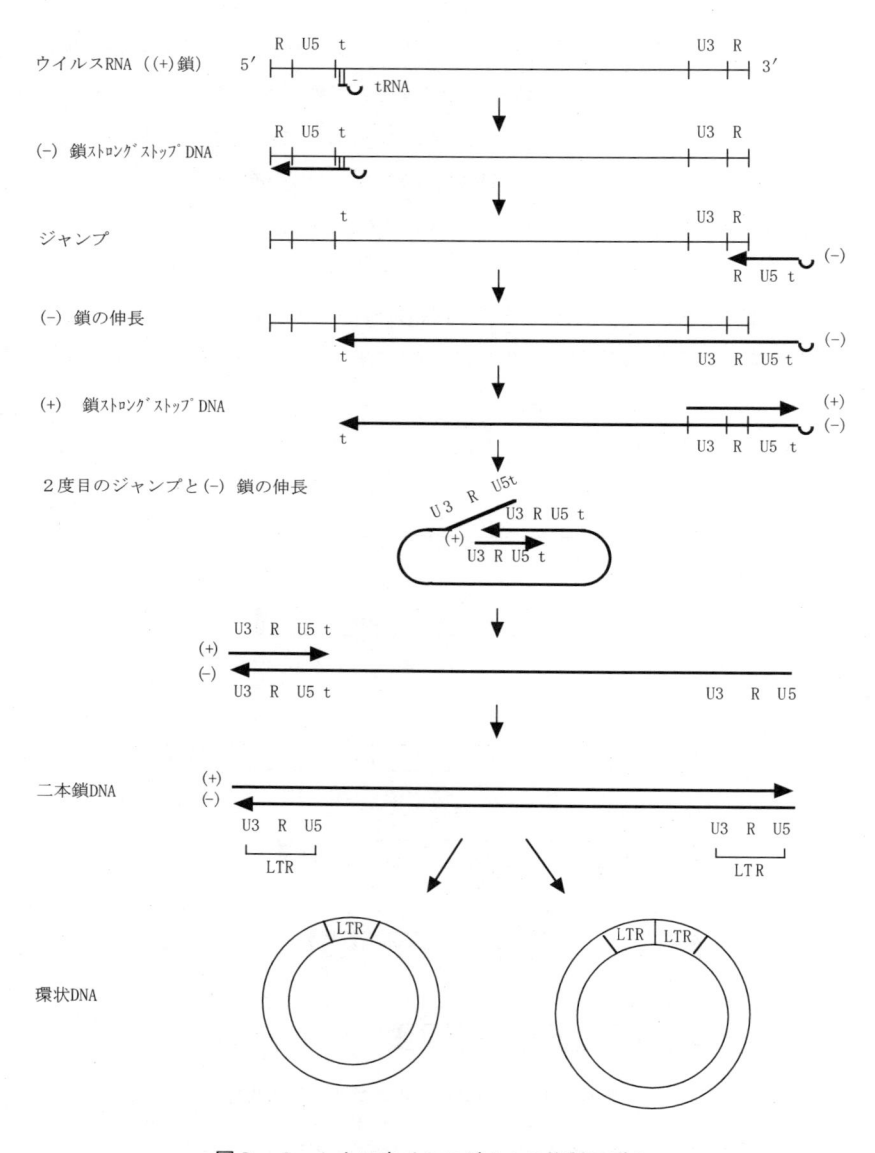

図9-2　レトロウイルスゲノムの複製モデル
LTRはゲノム両端の繰り返し配列でU3，R，U5よりなる。
（藤永　蕙，「がん遺伝子」，講談社（1997）より一部改変）

はステーリン (Stehelin) らの研究によって1976年に得られた。彼らはラウスサルコーマウイルスのRNAゲノムに相補的なDNA (cDNA) を逆転写酵素を用いて合成し，基本型レトロウイルスのRNAゲノムとハイブリダイズさせてがん遺伝子 (*v-src*) に特異的なcDNA断片を調製した。これをプローブとして正常細胞のDNA中にほぼ同じ遺伝子 (*c-src*) があることをサザン法で示した。続いて1977年には花房らが，がん遺伝子に欠失を起こしてがんを作らなくなった変異ウイルスをニワトリヒナに注射し，発生した腫瘍から完全ながん遺伝子を獲得したがんウイルスを分離した。こうしてレトロウイルスのがん遺伝子は細胞の正常遺伝子に由来することが証明された。トリやマウスを初めとする動物のレトロウイルスのがん遺伝子の研究から20種以上のがん遺伝子が発見されている（表9-1）。

　レトロウイルスのがん遺伝子には対応する正常細胞の遺伝子（プロトがん遺伝子）にはみられない点変異や欠失・挿入などの構造変化がある。またプロトがん遺伝子と異なりイントロンをもたないので，すでにスプライシングを受けたmRNAを直接の祖先とすると考えられる。レトロウイルスのゲノムRNAを鋳型として相補的なDNAを合成する過程で，逆転写酵素と合成中のDNA断片との複合体は2度新しい鋳型に乗り移る (double jump) 必要がある（図9-2）。この複製機構は，ごく短い塩基配列のホモロジー（相同性）をもとに細胞質内のmRNAやそのcDNAを鋳型にしてウイルスゲノムに取り込む可能性をもたらすと考えられる。

9-2　ヒトのがん遺伝子

　ヒトからはがん遺伝子をもつレトロウイルスは分離されていないが，がん遺伝子に対応する正常遺伝子は動物の種を超えて保存されており，塩基配列の相同性に基づいてヒトの相同遺伝子が分離されている。これらのうちのいくつかは実際にヒトのがんにおいて変異を受けてがん遺伝子として働いていることが示されているが，まだヒトのがん遺伝子として証明されていないものも多い。ヒトのがん細胞やがん組織から直接がん遺伝子を分離する試みによって，マウス繊維芽細胞株NIH3T3をトランスフォームする

活性をもつ変異遺伝子が明らかにされている。白血病などの細胞にみられる染色体転座の位置に生ずる融合遺伝子も分離されている。そのようながん遺伝子のいくつかはレトロウイルスのがん遺伝子に相同であったが、レトロウイルスにはみられない新しいヒトのがん遺伝子も発見されている。

初めてヒトから分離されたがん遺伝子は活性型 *c-H-ras* 遺伝子である。1981年,膀胱がん由来細胞株のDNAをDNAトランスフェクション法によってNIH3T3細胞に導入して生じたトランスフォーム細胞のDNAから単離,同定され,1982年にはがん組織そのもののDNAからも同じ方法で単離された。レトロウイルスで見つかった*v-H-ras*のヒトの相同遺伝子である。この方法で肺がん,結腸がん,膵臓がん,乳がんなどいろいろながん細胞のDNAから*c-H-ras*, *c-K-ras*, *N-ras*の*ras*群がん遺伝子を始めとして,多くのがん遺伝子が単離された(表9−1)。*N-ras*遺伝子はレトロウイルスには見つかっておらず,ヒトのがん細胞から直接分離・同定されたがん遺伝子の代表例である。

白血病や肉腫の細胞にはしばしば染色体転座がみられる。この転座部位の解析からいくつかの融合遺伝子が発見された。代表的な白血病の1つである慢性骨髄性白血病(CML)ではフィラデルフィア染色体(Ph[1])と呼ばれる特徴的な染色体が高頻度にみられる。これは第9番染色体と第22番染色体の相互転座 t(9;22)によって生ずる異常染色体で,第9番染色体上の*bcr*遺伝子の5'側領域と第22番染色体上の*c-abl*遺伝子の大部分とがつながり,融合遺伝子ができている。融合遺伝子の産物は配列の変化により活性化されたり,強力な転写プロモーターの働きで産生量が増大するなど,質・量ともに変化がみられる。

9−3 がん遺伝子の機能

1980年にハンター(T. Hunter)とセフトン(B. M. Sefton)が*v-src*遺伝子産物がタンパク質チロシンキナーゼ活性をもつことを見い出して以来,レトロウイルスのがん遺伝子の多くにタンパク質チロシンキナーゼ活性が認められた。対応するプロトがん遺伝子もタンパク質チロシンキナーゼ活

第9章 がん

表 9-1 主ながん遺伝子

がん遺伝子	遺伝子産物の機能	ヒトがんにおける異常
細胞増殖因子		
sis	血小板由来増殖因子(PDGF)β鎖	乳, 食道, 悪性黒色腫などで遺伝子増幅
bFGF & aFGF	繊維芽細胞増殖因子(FGF)ファミリー	
int-2/FGF3		
hst1/K-fgf/FGF4		
増殖因子受容体(タンパク質チロシンキナーゼ活性をもつ)		
erbB-1	上皮細胞増殖因子(EGF)受容体	脳腫瘍, 肺非小細胞がん, 乳がんなどで遺伝子増幅
erbB-2/neu(HER-2)	ヘレグリン-α(HGR-α)受容体	乳, 胃, 腎, 卵巣, 肺がんなどで遺伝子増幅
met	肝細胞増殖因子(HGF)受容体	胃がんで遺伝子再編成
ret	MEN2a, MEN2b/FMTC原因遺伝子	甲状腺髄様がんで遺伝子変異
kit	fms類似遺伝子	大腸がんで遺伝子変異
fms	コロニー促進因子(CSF-1)受容体	急性リンパ性白血病, 慢性骨髄性白血病でbcr-abl融合遺伝子
PDGFR-β	血小板由来増殖因子(PDGF)受容体β鎖	
FGFR-1/bFGFR	繊維芽細胞増殖因子(bFGF,aFGF,HST1)受容体	
非受容体タンパク質チロシンキナーゼ		
abl	SH3/SH2ドメインをもつ細胞質	
src		
yes		
fyn		
細胞膜に結合したGタンパク質	T細胞受容体(TCR-CD3複合体)からのシグナル伝達	膵臓, 甲状腺, 肺非小細胞がん, 腎細胞, 子宮がん, 神経芽腫, 悪性黒色腫, 急性リンパ芽球性白血病などで点突然変異
K-ras	rasタンパク質をエフェクターとするセリンリン酸化	
N-ras	カスケードへのシグナル伝達	
H-ras		
セリン/スレオニンキナーゼ活性をもつ細胞質タンパク質		
raf	セリン/スレオニンキナーゼ活性をもつrasタンパク質のエフェクター	
核タンパク質転写因子		
myc	maxタンパク質との複合体としてDNAに結合	肺小細胞がんなどで遺伝子増幅, Barkittリンパ腫などで遺伝子再編成
max	bHLH構造をもちmycタンパク質との複合体としてDNAに結合	
myb	DNAに結合するリン酸化タンパク質	
fos	junタンパク質との複合体でAP1を構成し, DNAのAP1位置に結合	
jun	fosタンパク質との複合体でAP1を構成し, DNAのAP1位置に結合	
ets	etsドメインをもち, 転写制御領域でDNAに結合	
その他		
bcl-1	PRAD1/サイクリンD1	乳, 頭頸部, 食道, 甲上腺, 肺非小細胞がんで遺伝子再編成
bcl-2	アポトーシスを制御するミトコンドリア膜結合タンパク質	
mdm2	p53, RBタンパク質, E2F-1/DP1複合体などに結合し細胞周期を制御	乳がんで遺伝子変異
ER	エストロゲン受容体	慢性骨髄性白血病(CML)のt(9;22)転座位置で遺伝子再編成
bcr	GTPase活性化タンパク質, bcr-abl融合遺伝子を形成	Ewing肉腫のt(11;22), t(21;22)転座位置で遺伝子再編成
ews	fli1-ews, erg-ews融合遺伝子を形成	

(関谷剛男,「21世紀への遺伝学」,裳華房(1998)より改変)

性をもち，細胞の増殖制御を司っているシグナル伝達系（第7章参照）を構成するメンバーであることが明らかとなった。現在までに様々ながん細胞から60種にのぼるがん遺伝子が同定されているが，これらは対応する正常遺伝子（プロトがん遺伝子）とともに，細胞内局在や機能によって増殖因子，受容体型チロシンキナーゼ，非受容体型チロシンキナーゼ，セリン／スレオニンキナーゼ，GTP結合タンパク質や核内で働く転写調節因子などのグループに分類される（表9－1）。増殖因子を始めとする細胞外からのシグナルは細胞表面の受容体を介して細胞内に伝えられ，シグナル伝達系を経て核に至り，核内の遺伝子発現調節系に伝えられる。

 sis は血小板由来増殖因子PDGFの遺伝子で，代表的な増殖因子型がん遺伝子である。細胞表面のPDGF受容体（PDGFR）はPDGFが結合して活性化され，細胞質側でSrc，Yes，Fynなどのプロトがん遺伝子産物を結合してチロシンリン酸化により活性化し，核内で*myc*遺伝子の発現をもたらす。ヒトがんでは*myc*遺伝子の再編成や増幅がみられる。上皮細胞増殖因子（EGF）受容体（EGFR，*c-erbB-1*遺伝子産物）は増殖因子の結合で活性化され，細胞質側に結合するShc，Grb2をそのタンパク質チロシンキナーゼ活性によってリン酸化する。この活性化されたリン酸化Shc/Grb2はSosを結合して活性化し，SosはさらにGTPを結合した活性型GタンパクであるRasと結合する。活性型RasはRaf1タンパク質に結合してそのセリン・スレオニンキナーゼを活性化する。これにともなってGTP-Rasは加水分解されて不活性型のGDP-Rasになる。活性化されたRaf1はMAPキナーゼキナーゼキナーゼとしてMEKをリン酸化し，活性化されたMEKはMAPキナーゼキナーゼとしてMAPキナーゼの1つであるERKを活性化する。活性化されたERKは核内に移行し転写因子Fos/Junの発現をもたらす（図9－3）。Raf1以降がいわゆるMAPキナーゼ（MAPK）経路の1つにあたる。*c-erbB-1*，*c-ras*，*c-raf1*，*c-fos*，*c-jun*はプロトがん遺伝子であるが，ヒトのがんでは*c-erbB-1* と *c-ras* に増幅や点変異による活性化が見られる。

 正常のRasタンパク質はGTP結合型が活性型でGAP（GTPase activating protein）の働きでGTPase活性が高まりGDP結合型になる。不活性型のGDP

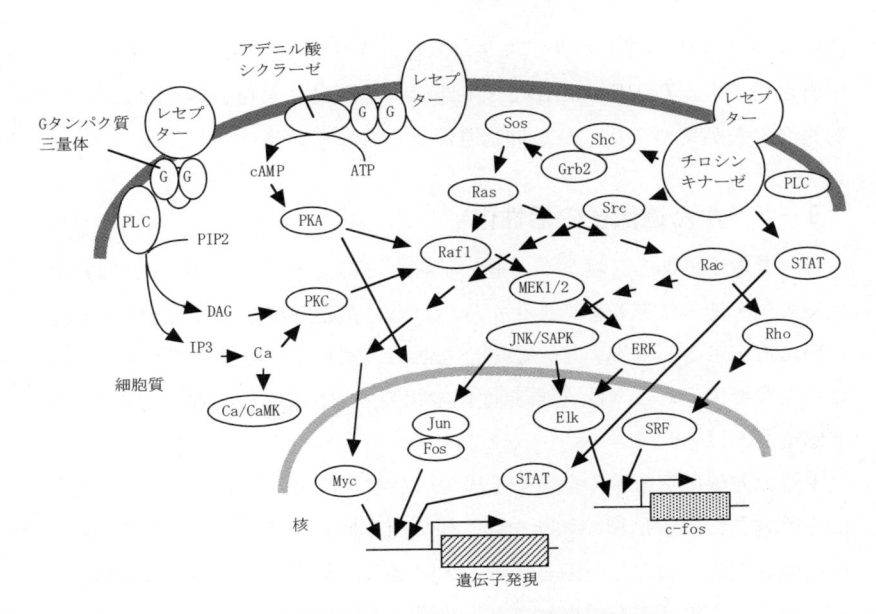

図 9 - 3　シグナル伝達経路とがん遺伝子産物

結合型は GEP（GDP/GTP exchange protein）の交換反応によって GTP 結合型に戻る。Ras がんタンパク質には H-ras, K-ras, N-ras の 3 種があるが，いずれも 12, 13 あるいは 61 番目のアミノ酸に置換が生じている。これらの Ras がんタンパク質では GTPase 活性が弱く GAP によって活性化されないので GTP 結合型にとどまり，活性型として下流にシグナルを送り続ける。トリ赤芽球症ウイルスの *v-erbB* 遺伝子は *EGFR* 遺伝子に由来するが，細胞外の EGF 結合領域の大部分を欠失している。また細胞質内の C 末端部分にも欠失があって機能制御に関わるチロシン残基をもたない。これらの構造変化のため v-ErbB タンパク質は活性型となり，EGF 結合の有無にかかわらず下流にシグナルを送る。v-Src がんタンパク質の場合も C 末端部分の欠失により機能制御に関わるチロシン残基をもたないため活性化型となっている。

　細胞の増殖を負に制御するシグナル伝達系もある。TGFβ は TGFβ 受容体（TβRII）に結合して活性化し，TGFβ 受容体の複合体を形成させる。活性型複合体によってリン酸化された MAD タンパク質は核に移行して細胞周

期制御因子の1つであるサイクリン依存性キナーゼの阻害因子p15の発現を引き起こす。*TβRII*や*MAD*とその類縁の*DPC4*は大腸がんや膵臓がんで変異や欠失が見つかり，がん抑制遺伝子とされている。

9-4 がん遺伝子の活性化

　正常遺伝子であるプロトがん遺伝子をもとにできたがん遺伝子には点変異や欠失・挿入などの構造変化がみられる。染色体転座による融合遺伝子ががん遺伝子として働いている場合もある。遺伝子にこのような変化を与える主な要因として（1）変異原性化学物質，（2）電離放射線，（3）ウイルス感染があげられる。

　電離放射線は宇宙線や空気や土壌中の放射性物質，食物中の放射性物質から照射され，DNA鎖の切断を起こして組み換えを誘起し，染色体転座や広い領域の欠失などの原因となる。太陽からの紫外線もDNAに傷をつけていろいろな生体反応を引き起こし，皮膚がんの原因となる。ウイルス感染はがん遺伝子をもったレトロウイルスによるがん遺伝子の細胞への導入，がん遺伝子をもたないレトロウイルスの強力なプロモーター（LTR）の細胞DNAへの挿入によるプロトがん遺伝子の発現促進やDNAがんウイルスのがん遺伝子の組み込みなど，遺伝情報の導入をもたらす。また，がん遺伝子をもたないレトロウイルスが細胞に感染してがん遺伝子を獲得する過程において，プロトがん遺伝子に欠失が起きたり点変異の蓄積がみられる。

　発がん性化学物質はコールタールに含まれるベンゾピレンなどの多環式芳香族炭化水素化合物，塩化ビニルなどの化学工業生産物や加熱調理した食品中に含まれるヘテロサイクリックアミン類やタバコの煙に含まれる窒素酸化物など，化学構造上関連のないさまざまな物質を含む（図9-4）。化学物質による発がんの研究によって，がんはイニシエーション，プロモーション，プログレッションの段階を経ることが明らかにされている（図9-5）。変異原性化学物質はDNAに作用して塩基の置換を起こして主に点変異の原因となり，細胞ががん化する最初の段階であるイニシエーションとその後の変異の蓄積で悪性化するプログレッションの段階に関与する。プロ

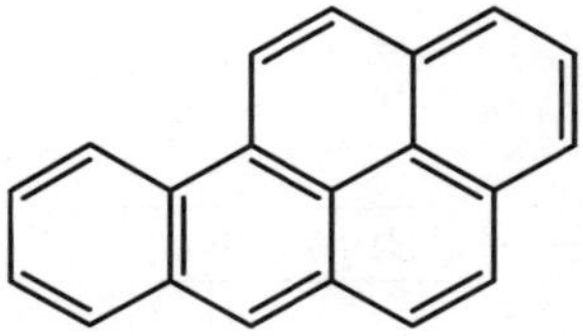

B[a]P

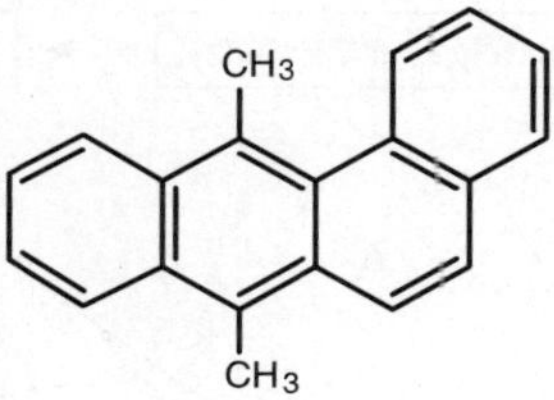

DMBA

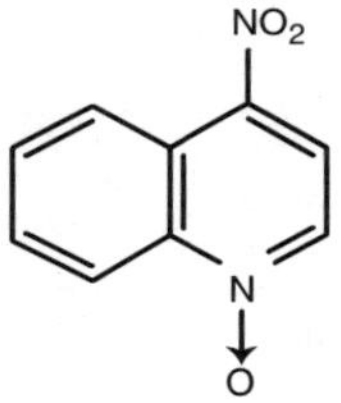

4NQO

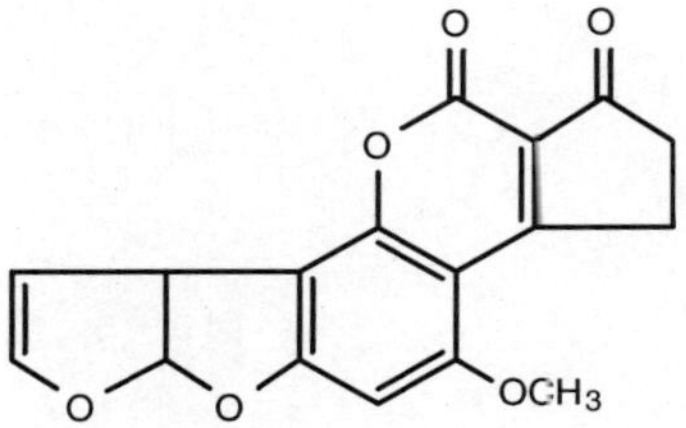

Aflatoxin B1

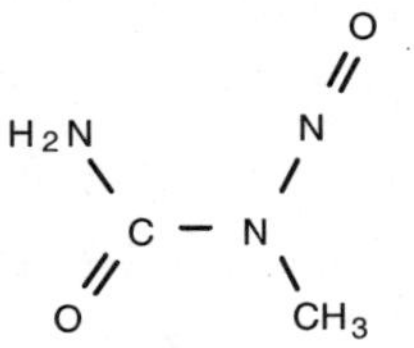

MNU

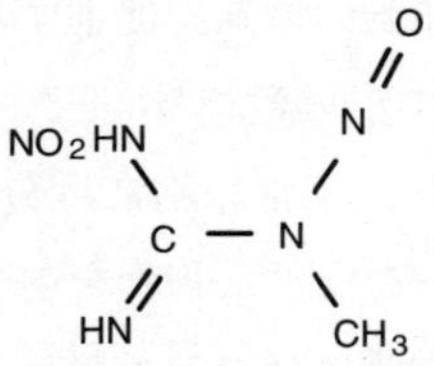

MNNG

$CH_2 = CHCl$

Vinyl chloride

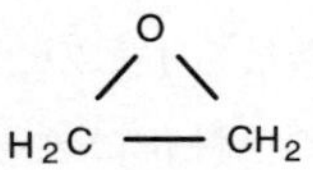

Ethylene oxide

図９－４　主な発がん物質

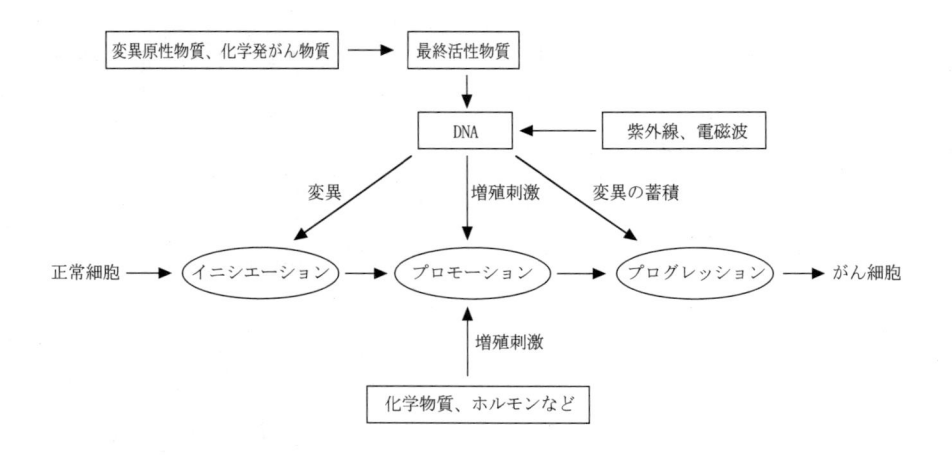

```
変異原性物質、化学発がん物質 ─→ 最終活性物質
                                      ↓
                           紫外線、電磁波 ─→ DNA
                   変異 ↙    増殖刺激 ↓    ↘ 変異の蓄積
正常細胞 ─→ イニシエーション ─→ プロモーション ─→ プログレッション ─→ がん細胞
                                      ↑
                                   増殖刺激
                              化学物質、ホルモンなど
```

図9-5　発がん過程のモデル

モーションは一般に単独では発がん性をもたない化学物質がDNAに変異を作らずに細胞の増殖を促進する機構で行われる。代表的なTPAなどのホルボールエステル類プロモーターは，イニシエーションを受けた細胞には増殖を促進し，正常細胞には分化を促すシグナルを与えることで，イニシエーションを受けた細胞を選択的に増殖させる。イニシエーションを起こす発がん物質はプロモーション活性をあわせもつことが多い。

　発がん性化学物質にはMNNG（N-メチル-N'-ニトロ-N-ニトロソグアニジン）やMNU（N-メチル-N-ニトロソウレア）のように直接DNAに結合して変異をもたらすものと，体内の酵素による代謝で活性化されるものとがある。この活性化は主としてミクロソームに存在するシトクロムP450（CYP）ファミリーのヘム酵素による。CYPには多くの種類があり，芳香族炭化水素化合物など脂溶性化合物を代謝して無毒化する酸化酵素であるが，一部の化合物はCYPによって逆に活性化される。ヒトの肝臓などの主要なCYPは1A1，1A2，1B1，2E1，3A4である。CYP3A4はアフラトキシンなどのマイコトキシンやベンゾピレンなどの多環式芳香族炭化水素化合物のジ

ヒドロジオール誘導体など種々の化合物の活性化に関与する。CYP1A1と1A2はベンゾピレンなどの多環式芳香族炭化水素化合物のジヒドロジオール誘導体やヘテロサイクリックアミン類などの活性化に関与する。

　活性化された発がん物質はプリン塩基のアミノ基やピリミジン塩基のC2位やC4位の酸素原子に反応してDNA付加体を作る（図9-6）。このような異常DNAはO_6-アルキルグアニンDNAアルキルトランスフェラーゼによるDNA損傷の除去，DNAグリコシラーゼによる塩基の除去，ヌクレオチド除去修復，ミスマッチ修復などの機構で修復されるが，修復を免れた異常DNAが複製されると塩基置換として固定される。一重項酸素（$^1O_2$），ヒドロキシラジカル（・OH），スーパーオキシドアニオン（・O_2^-）などの活性酸素やシグナル伝達物質の一酸化窒素（NO・）もDNAと反応して有害な酸化反応を起こして変異の原因となる。

　このようにして生じる変異がプロトがん遺伝子を活性化する変異であったり，がん抑制遺伝子を不活性化する変異である場合に，がん化へのイニシエーションやプログレッションが起こることになる。ラットにヘテロサイクリックアミンやMNUなどを経口投与してできた胃がんや大腸がんなどの一部に実際に*H-ras*遺伝子や*K-ras*遺伝子の第12コドンにアミノ酸置換を起こす変異の生じている例が示されている。

1 反応位置

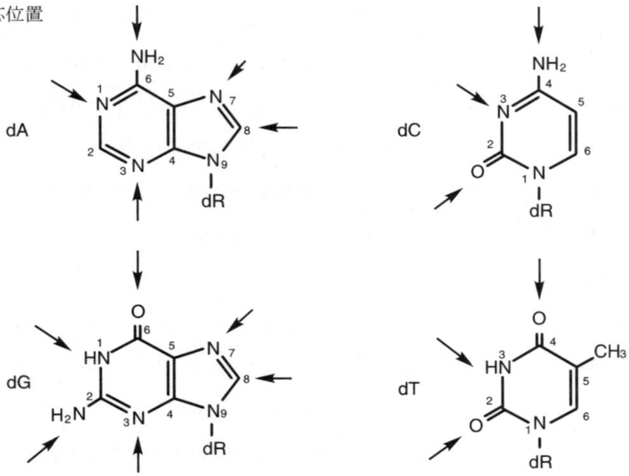

dA

dC

dG

dT

2 B[a]P 付加体

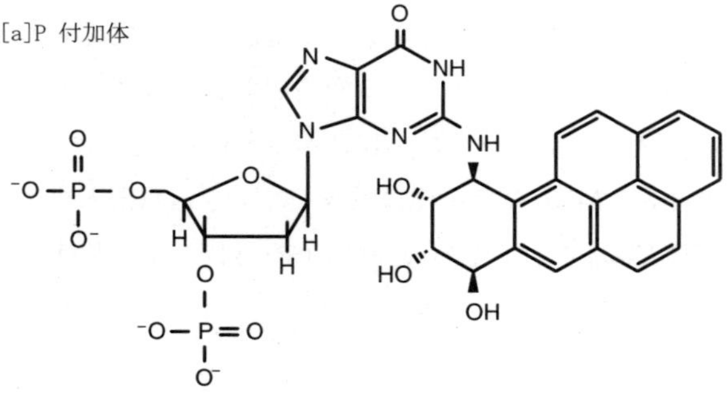

3 Aflatoxine B1 付加体

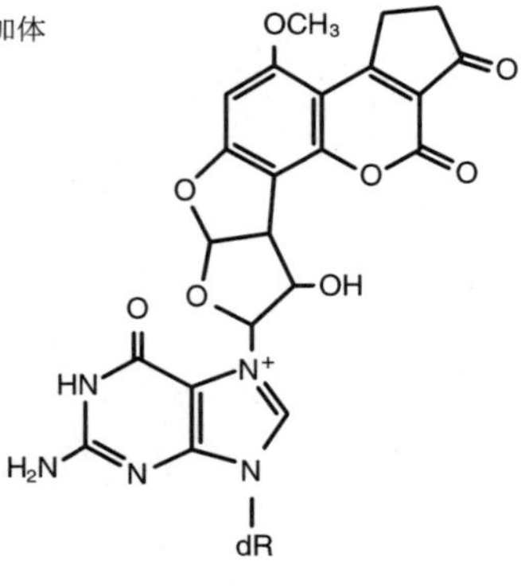

図9-6 塩基の修飾位置と主な付加体

9-5 DNAがんウイルスのがん遺伝子

いろいろなDNAウイルスが動物やヒトに良性や悪性の腫瘍を作る（表9-2）。ヒトや動物のがんの原因となるものにはパピローマウイルス，EBウイルス，マレック病ウイルス，B型肝炎ウイルスなどがあり，主として実験動物にがんを誘発するものにポリオーマウイルス，SV40，アデノウイルスなどがある。DNAがんウイルスのがん遺伝子の多くはげっ歯類動物の培養細胞にがん性トランスフォーメーションを誘導するトランスフォーム遺伝子として同定された。いずれも細胞に相同な遺伝子がみられず，ウイルス

表9-2 腫瘍をつくるDNAウイルス

ウイルス科	ウイルス	自然宿主	関係する腫瘍
パポーバウイルス			
ポリオーマウイルス	ポリオーマウイルス	マウス	新生マウスにがんや肉腫*
	SV40	サル	げっ歯動物に肉腫*
	BKウイルス，JCウイルス	ヒト	げっ歯動物，サルに神経性腫瘍*
パピローマウイルス	ヒトパピローマウイルス	ヒト	皮膚のイボ，生殖器，粘膜の腫瘍，子宮頚がん
	ウシパピローマウイルス	ウシ	消化器，生殖器の腫瘍，皮膚のイボ
	ウサギパピローマウイルス	ウサギ	皮膚乳頭腫
アデノウイルス	ヒトアデノウイルス	ヒト	げっ歯動物に肉腫*
ヘルペスウイルス	EBウイルス	ヒト	バーキットリンパ腫，上咽頭がん，胃がん，ホジキン病，マーモセットにリンパ腫*
	クモザルヘルペスウイルス	クモザル	マーモセットにT細胞性リンパ腫，白血病*
	リスザルヘルペスウイルス	リスザル	マーモセットにT細胞性リンパ腫，白血病*
	マレック病ウイルス	ニワトリ	T細胞性神経リンパ腫
	カエルヘルペスウイルス	ヒョウガエル	Lucké腎腺がん
ポックスウイルス	伝染性軟属腫ウイルス	ヒト	皮膚に小腫瘍
	ウサギ繊維腫ウイルス	ウサギ	足部皮膚に繊維腫
	Yaba腫瘍ウイルス	サル	皮膚繊維腫，ヒト皮膚に小腫瘍*
ヘパドナウイルス	B型肝炎ウイルス	ヒト	肝がん
	ウッドチャック肝炎ウイルス	ウッドチャック	肝がん
	リス肝炎ウイルス	リス	肝がん

*実験により形成した腫瘍

（山下利春，沢田幸治，藤永蕙，蛋白質核酸酵素，37，p2839，共立出版（1992））

の増殖に必須なウイルス特異的遺伝子で，感染後DNA合成開始前に発現する初期遺伝子に属する．ウイルスおよび細胞遺伝子の発現調節，ウイルスDNA合成の開始と進行，感染細胞のアポトーシスの誘導と抑制や免疫応答の修飾など，ウイルス増殖の環境を準備する諸機能をもつ多機能タンパク質で，主に核内で働く（表9-3）．

表9-3　DNA腫瘍ウイルスのがん遺伝子

ウイルス	がん遺伝子	がん遺伝子産物の局在とおもな機能
SV40	large T	核，細胞膜，トランス型転写調節，細胞DNA合成誘導，ウイルス特異的TSTA，p300，RBファミリー，p53と結合，TGFβ誘導性c-myc抑制の解除
	small T	細胞質，トランス型転写調節
ポリオーマウイルス	large T	核，トランス型転写調節，細胞DNA合成誘導，細胞の血清要求性を低下，p300，RBファミリーと結合
	middle T	細胞膜，pp60$^{c\text{-}src}$や85K PIキナーゼと結合，ウイルス特異的TSTA
	small T	細胞質
ヒトアデノウイルス	E1A	核，トランス型転写調節，細胞DNA合成誘導，ウイルス特異的TSTAおよびCTL誘導，p300，RBファミリーと結合，TGFβ誘導性c-myc抑制の解除，上皮性細胞増殖因子誘導
	E1B 19K	核膜，細胞質，アポトーシス阻害，トランス型転写調節，細胞骨格破壊
	E1B 55K	核，核膜，細胞質，mRNA輸送，p53と結合（5型），染色体障害（12型）
	E4 orf6 34K	核，p53と結合し転写活性化の抑制，アポトーシス阻害
HPV	E5	細胞膜，シグナル伝達促進
	E6	核，細胞膜，p53と結合・分解促進（高リスク型），トランス型転写調節
	E7	核，細胞DNA合成誘導，ウイルス特異的TSTA誘導，トランス型転写調節，TGFβ誘導性c-myc抑制の解除
EBV	EBNA2	核，トランス型転写調節
	LMP	細胞膜，角化細胞の分化修飾，接着因子誘導，アポトーシス抑制
HBV	X	核，トランス型転写調節，p53核局在阻害

（藤永　蕙，「がん遺伝子」講談社（1997））

アデノウイルスの主要ながん遺伝子産物はE1Aタンパク質である。様々な欠失や点変異を導入した変異E1A遺伝子の解析から，トランスフォーメーションに必須な領域はN末端領域，CR1およびCR2の3領域に位置付けられている。このうちCR2とCR1はRBファミリータンパク質（RB，p107，p130）との結合部位（図9-7）であり，N末端領域とCR1はp300／CBPファミリータンパク質やTBP（TATAボックス結合タンパク質）との結合部位である（図9-8）。RBタンパク質は代表的ながん抑制遺伝子産物の1つで，細胞周期のG1期には転写因子E2Fと複合体を形成する。E1Aタンパク質はRBタンパク質に結合してこの複合体から活性型のE2Fを遊離させ，E2Fの調節下にあるDNA複製関連遺伝子群の転写を活性化する（図9-9）。p107とp130はがん抑制遺伝子産物としての証拠はないが，やはりG1期やG0／G1期にE2Fと複合体をつくるので，細胞周期進行の調節役を担っていると考えられる。p300／CBPファミリータンパク質は基本転写因子とCREB，Jun，Fosなど多数のエンハンサー結合性転写調節因子との間をつなぐアダプターあるいはコアクティベーターとして，転写の活性化や抑制に働く。またヒストンアセチル化活性をもつとともにC末端領域でヒストンアセチル化酵素P/CAFと結合することから，ヌクレオソーム構造を緩めて転写を活性化する働きをもつと考えられる。RBファミリータンパク質とp300／CBPファミリータンパク質との結合のいずれか一方を失うE1A変異はトランスフォーム遺伝子としての機能を失う。

　アデノウイルスの*E1B*遺伝子と*E4*遺伝子は単独では細胞をトランスフォームする能力をもたないが，*E1A*遺伝子によるトランスフォーメー

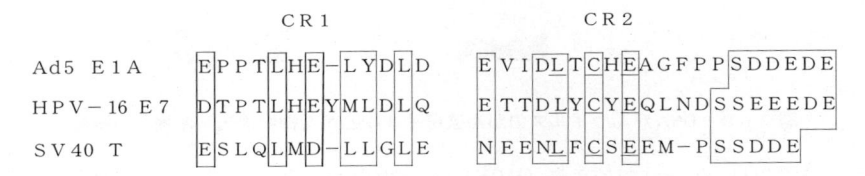

```
                    CR1                    CR2
Ad5  E1A     EPPTLHE-LYDLD      EVIDLTCHEAGFPPSDDEDE
HPV-16 E7    DTPTLHEYMLDLQ      ETTDLYCYEQLNDSSEEEDE
SV40  T      ESLQLMD-LLGLE      NEENLFCSEEM-PSSDDE
```

図9-7　DNA腫瘍ウイルス遺伝子産物のRBタンパク結合領域にみられるアミノ酸配列相同性
　Rbファミリータンパクとの主な結合領域はCR2で，LXCXEモチーフが重要な役割をもつ。CR2のC末端側にはカゼインキナーゼ2の標的配列がある。

ションの効率を上げたり，トランスフォーム細胞の表現型を安定・強化する働きをもつ。*E1B*遺伝子の2つの主な産物のうち，19Kタンパク質は細胞のBcl-2タンパク質と相同性を示し，E1A発現や抗Fas抗体処理により誘導されるアポトーシスをBcl-2タンパク質と同様に抑制する。もうひとつの55Kタンパク質は代表的ながん抑制遺伝子産物の1つであるp53タンパク質と結合して，p53タンパク質のもつ転写活性化能を阻害しp53依存性のアポトーシスを抑制する。55Kタンパク質はまたmRNAの輸送を調節する機能をもち，ウイルスDNAの複製に必須である。E4遺伝子産物のうち34KタンパクタンパクE1B55Kタンパク質とともにp53タンパク質と結合してp53タンパク質の働きを抑え，アポトーシスを抑制する。

　SV40の大型T抗原はSV40 DNAの複製起点に結合し，ATPase活性とヘリカーゼ活性をもってDNA複製に直接関与する複製タンパク質である。株化細胞のトランスフォーメーションに必須な領域はN末端部のp300結合領域とRBファミリータンパク質（RB，p107，p130）結合部位であり，初代培養細胞のトランスフォーメーションにはさらにC末端側の大部分を占めるp53結合領域も必要である（図9-8）。

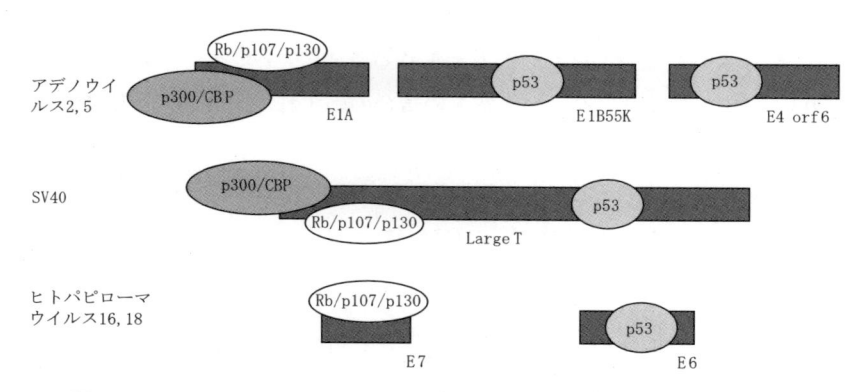

図9-8　DNAがんウイルスのがん遺伝子産物とがん抑制遺伝子産物との結合

　ヒトパピローマウイルス（HPV）には70以上のゲノム型があり，ヒトのケラチノサイトでのみ増殖して，皮膚や粘膜にイボの類のさまざまな良性腫瘍を作る。このうち皮膚高リスク型のHPV5型や8型は一部の皮膚がんの

発生に関与し、粘膜高リスク型のHPV16型や18型などは子宮頚がんや一部の頭頚部がんに関係する。HPVの主ながん遺伝子は*E6*遺伝子と*E7*遺伝子で、粘膜高リスク型HPVの*E6*, *E7*は単独または共同してヒトやラットの初代培養細胞を不死化またはトランスフォームすることができる。HPV16型や18型のE6タンパク質は細胞タンパク質E6-APと複合体を作ってp53タンパク質と結合し、p53タンパク質の分解を促進する。ここでE6／E6-AP複合体がユビキチンリガーゼの働きをする。一方、E7タンパク質にはアデノウイルスE1AタンパクのCR1およびCR2領域との相同性があり、この領域でRBファミリータンパク質 (RB, p107, p130) と結合する（図9-8）。p53タンパク質やRBファミリータンパク質と結合できない変異をもつE6, E7は不死化活性やトランスフォーム活性をもたない。

このように異なるウイルス科に属するDNAがんウイルスのがん遺伝子産物に、細胞のがん抑制遺伝子産物と相互作用してその働きを妨げるという共通性が認められる（表9-3）。より大きなゲノムをもち複雑な生態を示すEBウイルスも、同様の作用をする複数のウイルスタンパク質を産生する。DNAウイルスは感染細胞内でウイルスDNAを複製するに当り、細胞のDNA複製機構を利用しなければならない。そこで効率の良い自己複製のために、細胞周期進行の主ブレーキの1つであるRBタンパク質の働きを抑え、さらにDNA異常の監視役で緊急ブレーキとして働くp53を不活性化するメカニズムを備えたと考えることができる。そしてそのメカニズムは細胞を腫瘍化するメカニズムと重なっていたのである。

9-6 がん抑制遺伝子

がん細胞を正常細胞と融合させると正常細胞の性質を示し、培養を続けると染色体の脱落にともなってがん細胞の性質が現われることから、1969年にハリス (Harris) とクライン (Klein) のグループはがんを抑制する遺伝子の存在を考えた。1971年にはクヌドソン (Knudson) が網膜細胞芽腫の統計学的解析に基づいて、遺伝性の場合も非遺伝性の場合も2つの相同遺伝子（対立遺伝子）の両方に変異が起きることによって発症するという仮説

をたてた.がん細胞では一般に染色体の様々な部位に欠失がみられるので,がん抑制遺伝子の候補は多数あると考えられている.

　網膜細胞芽腫の原因遺伝子 *Rb* は1986年に初めてクローニングされたが,その生理機能の解明は1988年のホワイト (Whyte) らによるアデノウイルスE1Aタンパク質とRBタンパク質との結合の発見に始まる.続いてRBタンパク質が細胞周期に依存してリン酸化されること,転写因子E2Fと結合することが見い出されて,細胞周期の制御に重要な役割をもつことが明らかになった.RBタンパク質はG1期の始めには低リン酸化型でE2Fと複合体を形成して,E2Fの働きを抑えている.G1期の進行につれてサイクリンD-Cdk4やサイクリンE-Cdk2などによって順次リン酸化され,G1期の終わり近くには高リン酸化型となり,E2Fを遊離する(図9−9).E2FはE2F結合部位をもつDNA合成関連酵素や細胞周期調節因子の遺伝子群の発現を活性化して,細胞がS期に進入する準備をする.ヒトのがん細胞ではしばしば

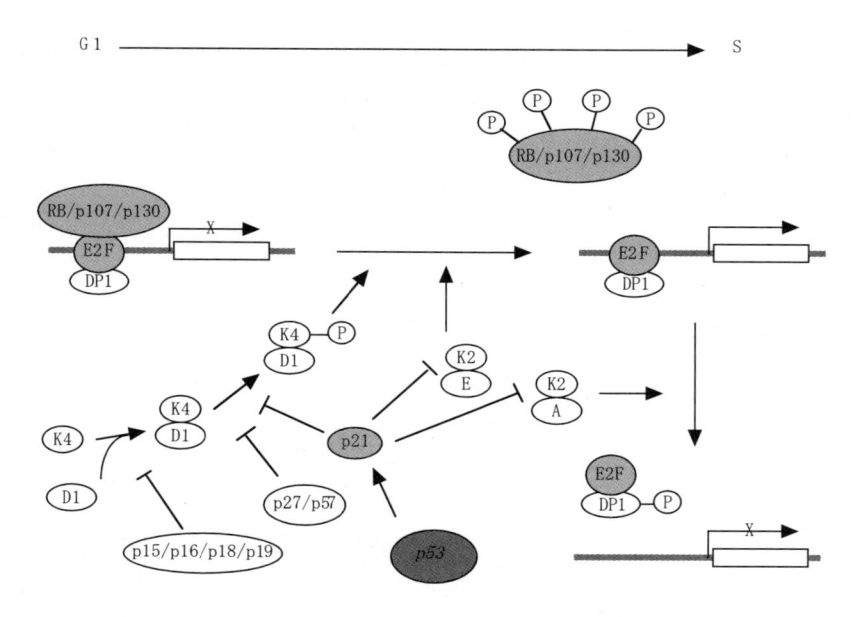

図9−9　*p53* とRBによる転写因子E2Fの活性調節と細胞周期の進行
A, D1, Eはサイクリン,K2, K4はサイクリン依存性タンパク質リン酸化酵素

表9-4 主ながん抑制遺伝子

がん抑制遺伝子	染色体位置	遺伝子産物	主ながん
APC	5p21	β-カテニンやhDlgと結合	大腸がん／家族性大腸ポリポーシス(FAP)，食道がん
ATM	11q23.1	DNA損傷応答性タンパク質リン酸化酵素	リンパ芽球性白血病
BAX	19q13.3	アポトーシスを促進	大腸がん
BRCA1	17q21.3	DNA修復タンパク質Rad51と結合	家族性乳がん／家族性卵巣がん
CDH1	16q22.1	E-カドヘリン	乳がん
CDKN2/MTS1/p16	9p21	細胞周期の制御，D/CDK4,6に結合し，阻害	家族性悪性黒色腫，膵臓がん，食道がん
CTNNB1	3p22	β-カテニン	悪性黒色腫
DCC	18q21	ネトリン-1受容体	大腸がん
DPC4	18q21.1	TGF-βのシグナル伝達に関与	膵臓がん，大腸がん
hMSH2	2p21	DNAミスマッチ修復酵素	遺伝性非ポリポーシス大腸がん(HNPCC)
hMLH1	3p21	DNAミスマッチ修復酵素	遺伝性非ポリポーシス大腸がん(HNPCC)
MADR2	18q21	TGF-βのシグナル伝達に関与	大腸がん
MEN1	11q13	機能未知タンパク質メニン	多発性内分泌腺腫瘍1型(MEN1)
NF1	17q11.2	シグナル伝達制御，ニューロフィブロミン	神経芽腫，悪性黒色腫
NF2	22q12	細胞膜，細胞骨格タンパク質マーリン	髄膜腫
p53	17p13.1	細胞周期の制御，p21遺伝子などの転写因子	Li-Fraumeni症候群，肺小細胞がん，大腸がんなど多種
RB1	13q14	細胞周期の制御，転写因子E2Fと結合	家族性網膜芽細胞腫，網膜芽細胞腫，骨肉腫など
RET	10q11.2	受容体タンパク質チロシンキナーゼ	多発性内分泌腺腫瘍2型(MEN2A，MEN2B)
WT1	11p13	転写抑制因子	Wilms腫瘍
VHL	3p25.3	転写因子エロンギンに結合し，阻害	家族性褐色細胞腫／家族性腎臓がん (von Hippel-Lindau病)

(関谷剛男，「21世紀への遺伝学V，人類遺伝学」，裳華房(1998)より改編，一部加筆)

*Rb*遺伝子の変異が見つかり（表9-4），そのためにE2F結合能が失われている．これはDNAがんウイルスのがん遺伝子産物がトランスフォーム細胞内でRBタンパク質に結合するのとよく似た結果となる．

もう1つの代表的ながん抑制遺伝子である*p53*は，トランスフォーム細胞中でSV40の大型T抗原と結合するタンパク質として見い出された．がん細胞で高発現し，最初にクローン化されたcDNAにがん遺伝子様の活性があったことから当初はがん遺伝子の一種と考えられた．1989年に野性型の*p53*

がクローン化されて，トランスフォーメーションを抑制したりがん細胞の腫瘍原性を低下させることが明らかにされ，多くのヒトがんにおいてヘテロ接合性の喪失が認められることから，がん抑制遺伝子であることが明らかとなった。*p53*はDNAの特異的な配列に結合する転写因子で，*p21*$^{waf1/Cip1}$や*Bax*などいくつかの遺伝子の発現を誘導する（図9-9）。p21$^{waf1/Cip1}$はサイクリン依存性タンパク質リン酸化酵素の阻害因子（CKI）の1つで，サイクリンD／CDK4やサイクリンE／CDK2などほとんどのサイクリン依存性タンパク質リン酸化酵素の活性を阻害して，細胞周期の進行を停止させる。またBaxはアポトーシス抑制タンパク質Bcl-2と相同性をもつアポトーシス促進タンパク質で，両者はホモ2量体，ヘテロ2量体を形成する。Baxのホモ2量体が多いとアポトーシスを起こし，Bcl-2のホモ2量体が多いとアポトーシスを起こさない。*p53*は放射線や紫外線照射によってDNAに損傷が起きたり，がん遺伝子が発現すると細胞内に蓄積する。そしてp21$^{waf1/Cip1}$発現により細胞周期を止めて修復の機会を作り，修復不能の場合にはBaxによるアポトーシスを起こして，DNAに損傷をもつ細胞を除去すると考えられる。*p53*により発現調節を受ける遺伝子は他にもあり，Baxだけでは*p53*依存性のアポトーシスをすべて説明することはできないが，ここで述べたことがらは*p53*はDNA保全のための監視役であり，異常が発生すると細胞周期の進行を止める緊急ブレーキの1つとして働くことを示す。最近，放射線照射などのDNA損傷による細胞周期の停止とアポトーシスの誘導に，p53経路とは独立に，転写因子IRFを介する経路もあることが明らかにされた。この*IRF*もがん抑制遺伝子の1つとされる。細胞は複数の緊急ブレーキを用意していることになる。

第10章
人間の健康と病気
―最新の分子生物学より

　第9章までに記述してきたように大腸菌といった細菌をはじめとして多くの生物を研究材料としながら最新の実験装置・器具を用いた分子生物学的手法により、人体の健康と疾病に関する多くの知見をこれまでに与えてくれてきたし、今後はさらに多大の情報を与えてくれることが期待されている（これらの生物や装置については第11章にまとめて解説した）。例えば、遺伝子組み換え法により大腸菌に生産させたヒトインスリンやヒト成長ホルモンはすでに1980年代から市販されており、インスリン依存型糖尿病患者や小人症の子供達の治療に役立っている。

　本章においては、第9章まで述べてきた分子生物学の基礎知識をもとにして、人体の健康と疾病に関連した最近話題となっているいくつかの研究について紹介したい。

10 − 1　食欲抑制ホルモン（レプチン）と食欲増進物質（オレキシン）

　人間の脳の働きをみると、食欲・睡眠それに性欲の3つが生存していくためと種の保存に関与している。考えて話をかわしたり、芸術やスポーツを楽しむなどといった働きはその次にくることである。食欲は、間脳の一部で脳下垂体につながっている「視床下部」という部分が調節を行っている。人間の視床下部は、約 $2 \times 1 \times 1$ cm 程度の小さな器官であり、自律神経系の中枢として食欲の調節の他に、血圧、体温、情動さらに睡眠、覚醒といった人体にとって重要な機能の調節作用をになっている。（図10−1）

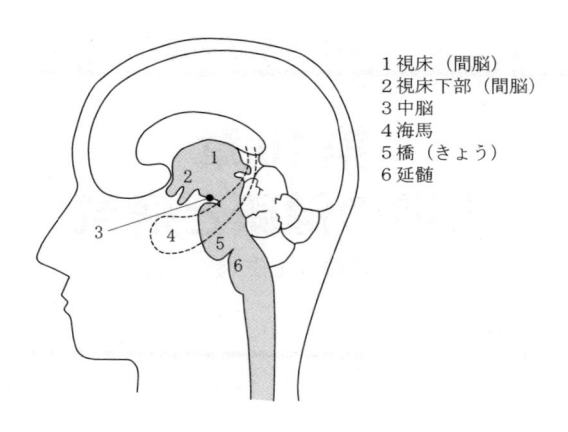

1 視床（間脳）
2 視床下部（間脳）
3 中脳
4 海馬
5 橋（きょう）
6 延髄

図10－1　脳幹と視床下部
　脳幹は呼吸や心臓の活動，体温調節などといった生命維持のためのすべての神経の集まっている所であり，間脳，中脳，延髄，橋からなっている。（安藤幸夫監修，「からだのしくみ事典」，日本実業出版社（1992））

　現在，肥満等によって誘起される生活習慣病が，日本をはじめとした先進国の主要な病因の1つとなってきているのはよく知られている。食行動を調節する中枢神経系によって規定される化学伝達物質の存在は以前から推定されていたが，最近になって食欲増進と抑制の両ホルモン様物質が相次いで報告され，体重を調節する生体内メカニズムの一端が明らかにされてきた。

　まず，米国のロックフェラー大学分子遺伝学教室のフリードマン（Friedman）達は，マウスを用いたポジショナル・クローニング法により，肥満遺伝子（ob遺伝子）を発見した（1994年）。Obは英単語の「obese」（肥満）の略称である。この遺伝子産物のタンパク質（レプチンと命名された）をマウスに投与すると食欲が抑制される上にエネルギー消費の増大が認められた。このob遺伝子のクローニングを初めて報告した科学雑誌『Nature』の1994年12月1日号の表紙には，2匹の正常マウスと1匹の先天的にob遺伝子を欠損した肥満マウスをそれぞれ天秤の左右の皿にのせ，1匹のob遺伝子欠損マウスの方に天秤が傾いた写真が掲載された。このob遺伝子が産生するタンパク質のレプチンは167個のアミノ酸から成っている。レプチン

はギリシャ語の「レプトス(＝やせた)」にちなんで命名された。肥満の情報が伝えられたとき，主として脂肪細胞，その中でも内臓細胞のレプチンの生産が増強されて，それが食欲中枢に伝わって，食欲が抑制されるというメカニズムが考えられている。しかし，人間における肥満に，劣性遺伝のob／obマウスのようなレプチン欠損が主因ではなく，多くの場合がレプチンリセプタータンパク質の変異によるものと考えられている。このリセプタータンパク質は中枢神経系の視床下部のうちでも肥満中枢が存在する腹内側核，摂食中枢の存在する外側野，背内側核および弓状核部位に局在することが判明している。レプチンリセプターは全部で1,178個のアミノ酸から成るタンパク質であり，そのうちの840個分のアミノ酸は細胞外へ出ており，34個のアミノ酸が膜貫通部位をしめ，残りの304個のアミノ酸が細胞内に存在していることがマウスを用いて明らかにされた。レプチンが正常に産生しているのに先天的に肥満となるマウス(dbマウス＝diabetes糖尿病のdb)は，このレプチンリセプターの欠損に由来する事も明らかとなった。また，先天的にレプチンリセプターを全体的に生産できない肥満マウスの他にリセプターの細胞内領域のアミノ酸部分の欠失が原因となる肥満マウスも発見された。もちろん，人間の場合も少数であるが先天性のレプチン遺伝子欠損の家系もすでに知られている。

　一方，同じ視床下部に作用して，食欲を増進させるという逆の物質も近年発見されている。テキサス大学サウスウエスタン医学センターの柳沢正史教授等のグループは，1998年にクローニングに成功した食欲増進物質遺伝子が産生するタンパク質にオレキシンと命名した。オレキシン(orexin)とはレプチンと同様にギリシャ語orexis(食欲)に由来しており，33個のアミノ酸から成るオレキシンAと28個のアミノ酸から構成されるオレキシンBの2種類がある。いずれも同じ遺伝子に由来しており，飢餓状態でオレキシンの生産が上昇するし，中枢神経への投与は食欲を促進することが報告されている。このオレキシンは，食欲増進の他に睡眠との関係も明らかにされつつある。すなわちオレキシンを合成することができないノックアウトマウスは，眠りにつく時に，覚醒状態から突然レム睡眠，すなわち

深い眠りに陥ることがわかったのである（柳沢等（1999））。睡眠とは一般に浅い眠り（ノンレム睡眠状態）から深い眠りのレム睡眠に入っていくのであり，人間はほぼ90分毎にノンレムとレム睡眠をくり返している。レム睡眠では筋肉が弛緩し，外界からの刺激に反応しにくく，夢をみている状態であり眼球が速く動いていることでも知られている。このオレキシン分子を受けとるオレキシンリセプタータンパク質の遺伝子の異常によってもこのような異常な睡眠状態を示すことがナルコレプシーの症状をもつ犬を用いた実験で確かめられた。人間の場合も「ナルコレプシー」とよばれる患者が同じ症状を呈する事が知られている。この病気は，1,000人〜2,000人に1人の割合で発症するといわれている。それゆえ，オレキシンを用いたナルコレプシー患者の治療も期待できることになる。食欲と眠気を含む睡眠との関係を分子生物学レベルで解明される日も近いかもしれない。

10－2　喫煙と発がん

　米国の学者ラウス（Rous）が鶏肉腫を引き起こす発がんレトロウイルスを発見したのは1911年の事であったが，世界に認められてノーベル医学生理学賞を受賞したのは1966年であり，発がんウイルス発見以来55年が経過していた。

　英国では18世紀には煙突掃除夫に陰のうがん発症率が高いことが報告されていたし，19世紀には炭鉱の鉱夫達に皮膚がんの多いことも知られていた。

　日本の山極勝三郎と市川厚一が，ウサギの耳にコールタールを塗布して，初の人工皮膚がんの発症に成功したのは1915年（大正4年）のことであった。そしてコールタール中の発がん化学物質としては，ジベンズアントラセンが1930年に初めて報告され，続いて同じコールタール中よりベンツピレンが1932年に発見された。いずれも英国のケナウェイ（Kennaway）のグループの研究成果であった。

　喫煙とがんとの関連は以前から疫学調査によって明らかにされており，最近の調査でも喫煙者は非喫煙者に比べて，咽頭がんで約20倍，肺がんで

4倍強の発症が知られていた。しかし，その分子生物学的な機構は判明していなかった。1996年に，タバコの煙に含まれるベンツピレン系物質が，*p53*タンパク質を産生する遺伝子に突然変異を起こすことが初めて報告された。第9章でも述べられている*p53*タンパク質は発がん抑制タンパクとして知られており，393個のアミノ酸から成っている。ベンツピレン系物質は，そのタンパク質の157番目，248番目，それに273番目のアミノ酸に相当する遺伝子に突然変異を起こし，そのがん抑制機能をなくしてしまうというものであった。これらの部位はいずれも*p53*タンパク質の中のDNA結合領域に相当する部分に含まれており，喫煙と発がんの関係が明らかになった。これまでに，10種類以上のがん抑制遺伝子が発見されており，大腸がんを抑制するAPC遺伝子などがよく知られている。中でも半数以上の種類の発がんに関係するのが*p53*の変異である。人間では，17番目の染色体に*p53*遺伝子が存在しており，リ・フラウメニ症候群というがん多発症候群の患者は，先天的な*p53*の損傷によりがんとなるもので，30代までに5割ががんとなり，70代で9割の確率でがんとなる。1969年に米国で発見されてから，日本に数家族，世界で140家族程度発見されている。いずれにせよ，日本における肺がん死は1998年に5万1千人近くとがん死の1位になり，2015年には12万人を超えると予測されている。

　喫煙に起因する肺がんは男性で70%，女性で15%と推定されている。喫煙は肺がんの原因の中で取り除く事が可能な最大の単一原因であり，タバコに対する増税や広告と販売の規制，自販機の禁止や禁煙の指導などといった運動が今後，さらに強化されるであろう。

10-3　飲酒と脳神経タンパク質Fynと子育て放棄

　Fynタンパク質は約6万の分子量を持ち，脳神経に豊富に含まれるチロシンリン酸化酵素であることは1980年代にすでに報告されていたが，脳神経系中での機能についてはほとんど明かされていなかった。しかし，日本の八木健等による，Fynは発達中の神経軸索や成体中の神経細胞中の細胞質や核，それに核膜やシナプス核膜分画に存在するといった報告から，神経回

路形成やシナプス形成での機能が推定されていた。最近，同グループによりシナプス後膜においてFynがNMDA（N-メチル-D-アスパラギン酸）受容体ε2を直接リン酸化することや，この受容体欠損マウスではシナプス形成異常が観察されたことから，Fynのチロシンリン酸化を介した神経回路形成における分子機能が想定されるようになった。なお，NMDA受容体は分子量20万の4回膜貫通領域をもつ膜タンパク質でグルタミン酸受容体の一種で記憶の成立に関与すると考えられている。

このFyn欠損マウスでは表10－1に示したような学習行動や情動行動に異常が観察された。特にアルコール依存下の飼育環境下での哺乳行動すなわち子育ての放棄や異常な怖がり行動などの情動行動の異常は，Fynの情動性神経回路形成への関与が予想される。また，このFyn結合タンパク質として，今までも多くのタンパク質が知られていたが，彼等も154クローン探索した。その中でも膜貫通領域を持ち，脳に特異的に発現する新しいカドヘリン型受容体タンパクを見出した。細胞間接着機能をもつカドヘリンの

表10－1 Fyn欠損マウスにおける行動異常

学習行動	
モリス水迷路学習	減少（情動異常による？）
8本迷路学習	正常
T型迷路学習	正常
受動的回避学習	亢進（情動異常による？）
情動行動	
哺乳行動	飼育環境により異常
オープンフィールド	異常（怖がり）
新規環境回避傾向	亢進（怖がり）
明環境回避傾向	亢進（怖がり）
高所回避傾向	亢進（怖がり）
痙攣発作	
聴覚性痙攣発作	亢進
GABA受容体関連	部分的に亢進
グルタミン酸受容体関連	亢進
NMDA受容体関連	亢進
グリシン受容体関連	正常

（八木　健，細胞工学，16巻，p.1145(1997)）

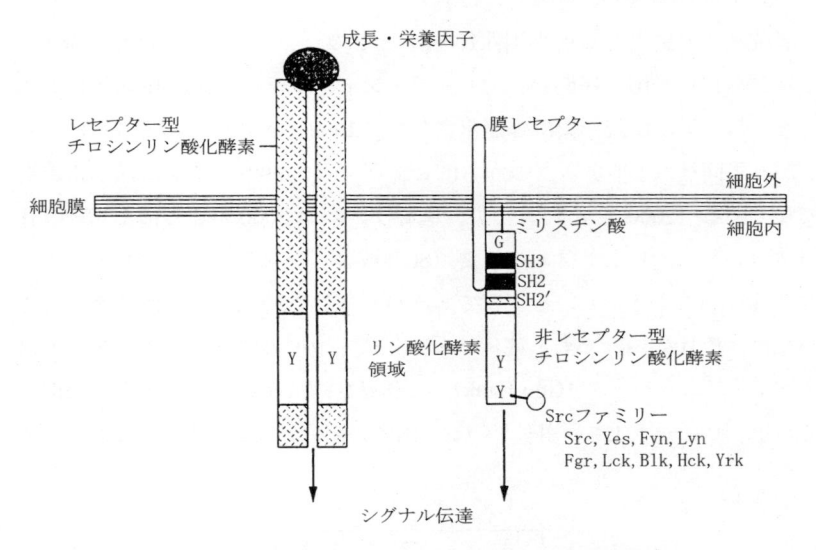

第 10 章　人体の健康と病気—最新の分子生物学より

図 10 - 2　細胞膜裏打ちに存在するチロシンリン酸化酵素
チロシンリン酸化酵素は細胞膜直下に存在し，細胞外から細胞内への情報伝達で機能する。Fynは非レセプター型チロシンリン酸化酵素であり，細胞膜にミリスチン酸かパルミチン酸によりぶら下がるように存在している。（八木健，「脳の科学」，21 号，p.924（1999））

役割りから考えて，脳領域分化や神経回路形成での分子機能の解析にこのFynとカドヘリン型受容体の関与するこの系の解明が期待されている（図10 − 2）。

10 − 4　ヒトゲノム（遺伝子）解読

　これまでに述べてきたように，ヒト遺伝子は，サイズの観察結果をもとに大きい方から数えて 1 番から22番まで命名された常染色体とXとYの 2 種類の性染色体をあわせて総計で23 対，24 種類の染色体から成っており，そこに含まれる24種全遺伝子（DNA塩基配列）の完全解読は人類の願望の 1 つとなっている。そのために1980年代から国際解読チームを組織化する動きがあり，1990 年頃に米・英両国が中心となって国際ヒトゲノム計画チームが発足した。その頃まではヒトゲノムの完全解読は2030年，2050年あるいは2100年近くになると予想されていた。しかし，DNAシーケンサー

の解読速度の驚異的な進歩（図10-3）とそのシーケンサー300台を購入して設立された米国の民間会社セレーラ・ジェノミックス社が1998年に参入してから一気に解読作業は加速化された。1999年9月から解読作業にとりかかった同社は1年足らずのうちにヒトゲノムの99%以上を解読したと発表している（2000年4月）。一方，国際チームは2000年6月にセレーラ社同席のもとに，ヒトゲノムの概要（86%解読）を発表した。セレーラ社の方がはるかに先行しているようであるが，同社の解読データは公表されていない。それに対して米・英・日・独・仏・中国の国際チームのデータはすべて「ジェンバンク（Gen Bank）」に登録され，インターネットで公開しており，セレーラ社も利用している。両者の配列決定法は異なっており，セ

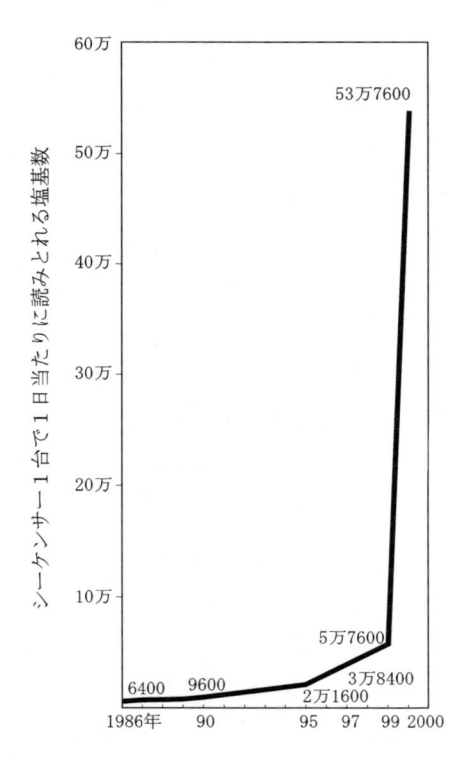

図10-3　シーケンサー解読技術の進歩（日経サイエンス，2000年9月号）

レーラ社の用いた方法は「全ショットガン法」といって、ヒトの各染色体上のDNA配列を完全に小断片に切って、その各小断片の塩基配列を読み取って全塩基配列を解読するものであり、国際チームのは「階層式ショットガン法」という方式で、DNA配列を少しずつ段階式に大きい断片から小さい断片へと細分化しながら、それらの断片の並ぶ順序を確認して仕事を進め、最後の小断片を用いて塩基配列を決定後に全塩基配列を決定するという操作を用いた。国際チームの採用した方法は、セレーラ社の方法よりも手間はかかるが、得られた結果の精度はより高い。この方法を用いて、ヒトゲノムの30億（＝10^{10}）個といわれる全塩基配列決定をめざしているが、その精確な決定は2003年春より早い時期と予想されている。

ところで、国際科学雑誌『Nature』1999年12月2日号に、ヒト22番染色体の全塩基配列のほぼ完全な解読結果が掲載された。先に紹介した国際ヒトゲノム計画チームに参加した、英国のサンガーセンター、日本の慶応義塾大学の清水信義教授チーム、米国のオクラホマ大学とワシントン大学の研究チームの総勢約200人の研究者達の協力によって得られたものであり、ヒト染色体1本全体の塩基配列を読了した世界初の成果であった。22番染色体は、21番染色体の次に短い染色体で5,000万個の塩基対からなり、セントロメア（動原体）を境にして、短腕部に約1,500万塩基対、長腕部に3,400万塩基対が並んでいた。短腕部については、別のグループによってすでに報告されており、タンパク質として発現し、機能する塩基配列は存在していない。今回解読されたのは長腕部分（22q）で、97％に相当する3346万塩基対部分であった。その塩基配列中には、少なくとも545個の将来タンパク質として発現され機能しうる遺伝子部分が見出された。そのうち、247個はすでに知られているものであり、残りの298個の遺伝子は未知のものということになる。しかし、清水教授等は、さらに430個以上の未知の遺伝子の存在を予測している。未発見の機能遺伝子がもっと多く存在するらしいということは「CpGアイランド」の分布からも予想される。ヒト遺伝子の60％位は、その前に高い頻度で「CG」配列が出現する。その領域をCpGアイランドと呼んでおり、22番染色体ではそのCpGアイランドの個数から算出し

た遺伝子は900以上という値を示している。

　1遺伝子の変異によって発病するメンデル型遺伝病は今や11,062種も知られているが，内7,780種類についてはその遺伝子の座位（染色体番号）が判明しており，22番染色体上の遺伝子が関与する遺伝病は20種以上が知られている。その中には，白血病，白内障，N-アセチルガラクトサミニダーゼ欠損症（重度の運動精神発達遅延），バーキットリンパ腫（小児顎骨腫瘍）などといった病気に関連した遺伝子の存在位置が特定された（図10－4）。

　また，22番染色体の塩基配列解読で，配列中の個人差が明らかにされた。全部で30億塩基対からなるヒト塩基配列の中で，人によって塩基配列に異なる部分があると推定されていた（遺伝子多型という）。1983年に遺伝子多型を検出できるようになり，今回の22番目染色体の遺伝子解読の成功で急に注目されるようになった。個人差による遺伝子の変異は，300～1,000塩基に1個の割合で検出され，ヒト全塩基配列の0.1％程度を占めているといわれていた。この変異は一塩基置換多型（single nucleotide polymorphism＝SNP, スニップ）とよばれ，いわゆる体質の個人差につながると考えられている。一塩基置換はDNA塩基配列中に生じる訳であるが，いわゆるイントロン部分といわれる将来タンパク質にならない領域に一番多く発生しているが，この部分に生じるSNPは個人差とは関係がない。タンパク質の暗号領域のエクソン部分とそのタンパク質発現調節領域の2つの領域のSNPが体質差により密接に関連すると考えられるが，イントロン部分のSNPも疾患関連遺伝子のマーカーとして有効であるとされている。SNPの差違が多遺伝子性疾患の疾患感受性遺伝子の探索法として注目を集めることになった。多遺伝子性疾患とは複数の遺伝子がその疾病に関与するとされるもので，糖尿病，高血圧，高脂血症，慢性関節リューマチ，痛風，動脈硬化，精神分裂病，がん，さらには風邪といったありふれた病気，いわゆる大部分の「生活習慣病」があげられる（それに対して，鎌状赤血球貧血症，嚢胞性線維症，フェニルケトン尿症，血友病，アデノシンデアミナーゼ欠損症など「遺伝子治療」がすでに行われたり，これから行われようとしている疾患は一遺伝子の欠損によるもので単一遺伝子病とよばれる）。生活習慣病

第 10 章　人体の健康と病気—最新の分子生物学より

```
21番染色体                          22番染色体
p                                   p
  ┊⋯⋯ アルツハイマー病                ┊⋯⋯ バーキットリンパ腫
q ┊⋯⋯ 筋萎縮性側索硬化症           q ┊⋯⋯ 慢性/急性リンパ球白血病
                                       ⋯⋯ 白内障
  ┊⋯⋯ 急性骨髄性白血病
  ┊⋯⋯ ダウン症
  ┊⋯⋯ てんかん                        ┊⋯⋯ リソソーム αN-アセチル
                                         ガラクトサミニダーゼ欠損症
```

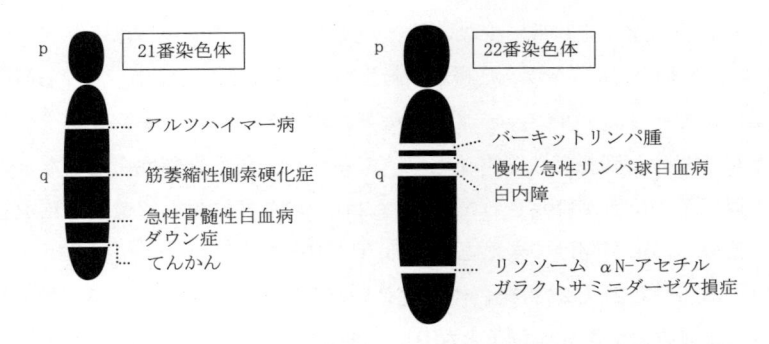

図 10 - 4　人間の 21 番，22 番染色体上に記録されている病気の原因遺伝子

などになりやすい体質とそうでない人達との間の SNP の違いの関係が明らかになればその知識を利用した医薬品開発のための情報になるであろう。さらに医薬品の薬理作用（効き目）の違いや副作用の有無に対する個人差があることは誰でも知っている。薬の効き目があり，しかも副作用がなく，ある疾病患者達の中で SNP の一致するグループに適した医薬品（これをテーラーメイドあるいはオーダーメイド医薬品という）の開発合成が期待される時期を迎えている。

　今回の 22 番染色体の解析により，全体で 1 万 1,118 個の SNP に相当する塩基が見出された。さらに有糸分裂時に紡錘糸の結合するセントロメア（動原体）付近や染色体末梢のテロメア領域にも特異な配列が観察されるなど多くの知見を与えてくれた。

　22 番染色体に引き続いて，2000 年 5 月に 21 番染色体の解読完了結果が報告された。この染色体遺伝子の解読には，日本の理化学研究所（理研）と 22 番染色体の解読に関わった慶応義塾大学の 2 チームおよびドイツの 3 チームの 5 チームに加えてアメリカチームがコーディネーターとして参加協力した。最終的に，理研が 49.7%，慶大が 18.3% の合計 68% のシークエンス決定を行った。その配列が決定された塩基数は約 3,400 万塩基対（34Mb ＝メガベース）であり，全体の 99.7% のシークエンスを行ったことになる。ここには推定 225 個の遺伝子が同定された。似たサイズの 22 番染色体の 545

179

個の遺伝子と比べて非常に少ない数といえるが，21番染色体はトリソミー（3本染色体）によるダウン症候群（新生児の約0.1％の発症率）となる原因の染色体であり，アルツハイマー病や英国の物理学者ホーキング博士の病気として有名な筋萎縮性側索硬化症，てんかん，急性骨髄性白血病などの原因遺伝子の位置が特定されており，これらの難病に対して遺伝子治療を含む治療への道が開けてきたといえる（図10－4）。

　以上に述べた21と22番染色体上でタンパク質となる遺伝子の塩基配列部分は，全体のわずか3％以下となり，一般に予想されている5％（約10万種のタンパク質）と比べて低い値を示した。この結果から推定される全タンパク数は，算定基準の違いにより3.5万〜4万位ということになる。また，今回の結果から，30億塩基対のうちの約3％が読了されたことになるが，2003年までに全部を解読できたとしても多くの課題が残されている[註]。例えば，解読された両染色体でも多く残されている未知のタンパク質の機能の同定，さらにはX線解析法による立体構造の決定などである。今から20年前には，全遺伝子解読には何百年もかかるといわれていたことを思い起こす時，全遺伝子解読終了後の諸課題も意外に早くクリアできるかもしれない。

註）　予想通りヒトゲノムは2003年春にほぼすべて解読された。それによれば，3万〜3万2千種類のタンパク質の暗号を含んでおり，推定値よりもさらに少ないことがわかった。

第11章
分子生物学の発展を支えた生物・装置と方法

11−1 生　物
11−1−1 大　腸　菌

　大腸菌とは嫌気性グラム陰性桿菌で腸内細菌科に大腸菌族があるが，通常はこの中の1種の*Escherichia coli*（*E. coli*）を指す。腸内細菌としては主要なものではないとわかってきたが，遺伝学・生化学的研究の実験材料として最も多く用いられてきた細菌で，$0.7 \times 2\mu m$位の大きさを持つ。その中でも1922年にジフテリア患者から分離された後，スタンフォード大学の学生実習に標準株として使用されたスタンフォード大学研究室保存株*E. coli* K12および，それに由来する多くの株が最も多く使用されている。1940年代にレーダーバーグ（Lederberg）とテイタム（Tatum）が接合・組み換え現象の発見に用いて以来，分子生物学の中心的研究材料として現在に至っている。この細菌は条件が良ければ30分〜1時間に1回の速さで分裂を繰り返す事ができるので，他の生物と比べて世代交代が非常に速い。また，高等生物のように雌雄別個体であることに由来する細胞分裂と生殖活動による遺伝子のかけ合わせにより世代交代を繰り返す生物に対して，細胞分裂のみで世代交代を行うので，得られた研究結果の解釈がより単純でわかりやすいという利点を持っている。

　1953年のワトソンとクリックによる「DNAの二重らせん説」は，大腸菌を用いたメッセルソン（Meselson）とスタール（Stahl）の実験により，1956年に初めて証明された。さらに，ニーレンバーグ（Nierenberg），オチョア

(Ochoa)，コラーナ（Khorana），ホリー（Holley）らは大腸菌のタンパク質合成系に人工ヌクレオチドや人工RNA等を加えて，ヌクレオチドからタンパク質への合成を検討し，1966年に20種類のアミノ酸を指定するヌクレオチドの3連暗号を解明した。この功績により，ニーレンバーグ，コラーナおよびホリーの3人は，1968年度ノーベル医学生理学賞を受賞した。オチョアは試験管内（*in vitro*）でのRNA合成を成功させて1955年にすでにノーベル医学生理学賞を受けていた。

　遺伝子情報の発現については，大腸菌の環境適応現象を研究していたジャコブ（Jacob）とモノー（Monod）がラクトースオペロンのインデューサーとリプレッサーによる発現調節およびmRNAの役割を実証した。彼等は1965年にノーベル医学生理学賞を授与された。

　宿主-ベクター系としても大腸菌は有用であり，ヒトインスリン遺伝子を大腸菌のプラスミドに組みこんで生産させたものが，1982年に米国で市販され，日本でも現在市販されている。現在市販されているヒトインスリンの合成法としては，この遺伝子組み換え法の他に，日本の森原和之によって考案されたヒトインスリンとは一個だけアミノ酸配列の異るブタインスリンにタンパク質分解酵素を作用させてそのアミノ酸を切りとり，彼が考案した化学反応によりヒトインスリンに相当するアミノ酸を新たに付け加える森原法がある(1977年)。それまでは，糖尿病患者にブタインスリンを投与していたが，この一個所のアミノ酸の相違によってブタインスリン抗体ができてしまい，発熱や無気力，はき気などといった副作用に悩んでいた多くの人達がいたがその悩みは解消された。

　ヒトインスリンの他に，大腸菌を用いた遺伝子組み換え法によりヒト成長ホルモン（191個のアミノ酸からなる）やウシミルクホルモンが生産され，市販されている。組み換えヒト成長ホルモン投与により小人症の子供達がその悩みから解放されるようになった。また，ウシミルクホルモンを投与された牛は，ミルク量で15〜20％の増産となる。これからも大腸菌を用いた遺伝子組み換え法により多くのタンパク質が生産され，人間のために役立ってくれるものと期待されている。

1997年に大腸菌DNAの全塩基配列が決定された。470万塩基対（bp）のDNAには4,300個分のタンパク質の遺伝子が存在していると推定されている。しかもそのうちの半分以上が未知のタンパク質なのである。大腸菌のような簡単な細菌ですらまだまだその全容は解明されていないのである。

11－1－2 酵　　母

酵母は，酒造と深く関係していることから，古くより醸造業を中心に研究されてきた。1897年ブフナー（Buchner）は，ビール酵母をすり潰したものに発酵能力があることを示し，チマーゼという酵素の先駆的概念を提唱した（現在，チマーゼは10種類以上の酵素と数種類の補助的要素からなる酵素系であることが示されている）。1930年代には酵母は有性生殖をすることが明らかにされ，遺伝学の研究材料として用いられるようになった。現在，酵母は真核生物の中で最も原始的生物であり，しかも基本的な制御機構がすべて保存されていることも明らかとなり，真核生物のモデル生物としてその生命の仕組みの研究が進められているほか，原核生物である大腸菌とならんで，真核生物の生きた試験管として遺伝子工学の道具としても用いられている。後者の例としては，突然変異の相補による新規遺伝子の分離，人工染色体を用いた染色体の解析などがあり，研究の発展に大きな役割を果たしている。

11－1－3 線　　虫

線虫類の種類は多く，人体などに寄生する回虫もその仲間である。実験材料として，多くの知見を与えてくれる線虫（C. elegans）もその1種類であり，長さが1～1.4mmと小さく約1,000個の細胞からなるたいへん簡単な多細胞生物で，雌雄同体（体細胞959個からなる長さ1.4mm）と雄（同1,031個，長さ1mm）の2種類の性をもつ。6本の染色体を持っており，受精後3日半位で成虫となり寿命は，10～20日間位である。雌雄同体個体では前後2対の生殖腺で最初に300個程の精子が作られた後，卵が形成される。卵はその後も栄養状態が良ければいつまでも作られるが，最初に作られた精

子300個を使いきると産卵できなくなる。土の中で細菌を主食として生息する非寄生性の線虫であり，1900年にアルジェリアで初めて採取され，1946年にイギリスのブリストルで同種が発見されてブリストル株N2と名づけられて，実験室での飼育条件や生活史が明らかにされた。1974年にブレンナー(Brenner)が*C. elegans*に関する最初の論文を発表し，サルトン(Salton)とブレンナーの論文が続いて発表された。そこには大腸菌DNAの20倍あることや，繰り返し配列は少ないことなど，今に至るまでも大きな意味を持つ内容が報告されている。

この線虫ゲノムはショウジョウバエの約半分，100 Mb（1 Mb（メガベース）＝100万塩基）すなわち1億個の塩基からなり，全体で3,000 Mbといわれるヒト染色体の1本分に相当する。遺伝子の総数は15,000個位であり，イントロンやジャンクDNAは非常に少なく，調節領域も含めて遺伝子全体が，コスミドやλファージに簡単に入れることができる利点を持つ。遺伝子導入や遺伝子ノックアウトも容易にできる。約1,000個の体細胞のうち300個位が神経系を構成し，その遺伝子は少なくとも1,000個はあると考えられている。少ない細胞数ながら神経の他に筋肉，消化管，上皮などの基本的体制を持っていることから，「発生と分化」，「神経発生と行動」，「老化と寿命」，「アポトーシス」，「筋肉運動」といった方面の分子生物学的研究が精力的に行われている。1998年，米英両チームが多細胞生物で初めて線虫の全ゲノムの解読に成功した。

11－1－4　キイロショウジョウバエ

ショウジョウバエは体長3 mm程度とイエバエに比べてやせてみえる小さなハエであり，1910年代から今日に至るまで遺伝学の進展に大きく貢献してきた。ショウジョウバエは世界に約2,000種，日本にも約200種程生息している。その幼虫は主として腐敗した果実などを食べて育ち，受精卵からたった4日間で成虫となり2週間位で寿命を終えて世代交代する。遺伝子の研究に用いられているキイロショウジョウバエを初めて研究材料として用いたのは米国のモルガン博士である。モルガンは1910年に飼育中のキイ

ロショウジョウバエ（赤目）の中に白目の突然変異体を発見した。赤目と白目の交配というショウジョウバエを用いた彼の実験からこのハエの遺伝学が始まったのである。

　キイロショウジョウバエは小型で成長も早く実験室での飼育も容易であり，染色体は4対と少なく，しかも，いろいろな形質を備えている。さらに，その幼虫の唾腺の細胞には体細胞の染色体に比べて100倍以上も長い巨大な染色体を持っている。この巨大染色体の示す縞模様は普通の染色糸の微細構造が拡大されたもので観察が容易であり，ショウジョウバエのいろいろな突然変異株にみられる唾腺染色体の縞模様の異常を調べることで，形質の異常と対応させることができる。すなわち，この横縞はある遺伝子の存在場所であると特定できる。モルガンは，横縞を目印として遺伝子間の距離と組み換えの起こりやすさに注目して唾腺染色体における染色体地図を完成させた。彼はその研究成果を1915年にまず発表し，続いて1926年に「遺伝子＝染色体」として発表した。この業績により，1933年度ノーベル医学生理学賞を受賞した。また，1980年代になってクローニングした遺伝子をP因子というトランスポゾンに組み込んでショウジョウバエに導入するトランスジェニック（形質転換）法がルーチン化して正常型遺伝子を変異体に容易に導入する遺伝子治療法が確立した事により，トランスジェニックショウジョウバエを用いて，それまで非常に困難とされていた生体高次機能の分子的機構解明に大いに利用されるようになった。

　フォルハルト（Volhard）は1987年にショウジョウバエの受精卵では，ビコイド遺伝子からできるタンパク質が頭部を決め，ナノス遺伝子から生産されてくるタンパク質が尾部を決める事を明らかにした。さらに次の段階では，shh（ソニック・ヘッジホッグ）遺伝子とホメオボックス遺伝子，さらに成長因子が体の分化を誘導することが明らかにされた。特にホメオボックス遺伝子はすべての真核生物に存在して180塩基対からなり，その生産タンパク質のホメオドメイン（60個のアミノ酸残基からなる）は，酵母からヒトに至るまでよく保存されたアミノ酸残基を多く持ち，塩基性アミノ酸残基の含有量の高い事から，DNAに結合することが示唆された。ホメ

オドメインを持つタンパク質は核内に局在し，特定のDNAに結合する事が実際に示された。ホメオドメインは酵母からヒトに至る研究されたすべての真核生物において，遺伝子発現の調節因子として働いていることがわかった。ホメオボックス遺伝子発見に寄与したドイツのフォルハルトとヴィーシャウス（Viechaus），それにアメリカのルイス（Lewis）の3名に1995年度ノーベル医学生理学賞が授与された。

11－1－5 マウス

マウスは受精後，20日母親の胎内にいて，誕生後3～4週間を経て成熟し，約2年位の寿命を保つ。以上から20日（ハツカ）ネズミという名前の由来もわかっていただけると思う。受精後2か月位して子を生むという繰り返しでネズミ算式に増えていくし，体重も約30g程度と小さくて軽く，西欧でもアジアでも愛玩用として永年，飼育されてきた。研究材料としての実験用マウスは，100年位前からヨーロッパの愛玩用マウスを主として育成されてきたと考えられている。

マウス遺伝子は，19本の常染色体とX，Y染色体からなる$19 \times 2 + X, Y = 40$本の染色体が体細胞中に含まれている。小さくて，飼いやすく，さらに成長が速くて，世代の回転が短く受精卵から2か月を経て次世代の子どもが生まれてくるという利点から哺乳動物のモデルとしていろいろな研究に役立ってきた。例えば，第11染色体の突然変異で得られた体毛の生えていないヌードマウスは生まれつき胸腺を欠損しているため，胸腺由来のリンパ球を作ることができないので，異種生物などの組織を移植しても，拒絶反応（拒否反応）を起こさない。それゆえ，このヌードマウスを用いて，他種の臓器をスムーズに移植して研究するのに用いられている。それに哺乳動物の中でもマウスの第1染色体の半分がヒト第2染色体の半分に似ているなど，人間によく似た動物である事が染色体（＝遺伝子）レベルでも明らかになってきた。また，他の哺乳動物では難しいとされる「近交系マウス」を比較的容易に作ることができるという大きな利点を持っている。同じ親から生まれた兄妹ネズミのかけあわせ（兄妹交配）を繰り返してい

くと20代も経ると，ほとんどすべての対立遺伝子がホモ結合となり，1つの「近交系マウス」は同じ遺伝子組成を持つので，得られる実験結果を繰り返して確認できるという，後述するクローンマウスを用いた場合と似た方法といえる。

　また，受精卵を取り出して，試験管内で培養すると最初に精子と卵子から由来する核の前駆体（前核）が形成され，さらにそれらが融合して核が形成された後（第1細胞期），卵割（細胞分裂）が起こり，2細胞期→4細胞期→8細胞期を経て胚盤胞にまで発生させる。これを仮親の雌マウスの子宮中へ移植して子を誕生させることができる。各期に顕微鏡を用いた種々の実験操作により，人工キメラマウス，トランスジェニックマウス（遺伝子導入マウス），さらにクローンマウスといったマウスを人工的に作りあげる発生工学というべき革命的な技術が生み出され，マウスは遺伝子研究の中心の1つになってきた。

　すなわち，別の形質をもったマウス，例えば各々の雌雄をかけあわせて8細胞期かあるいは胚盤胞から採取した，両方の胚を培養して，透明帯を除去した後，接着剤で張り合わせてさらに培養すると張り合わせた胚は融合して1個の胚となる。この融合マウス胚を仮親マウスの子宮に移植して得られた子マウスは白と黒のまだらの毛を持つキメラマウスとなった。このキメラマウスは皮膚のみでなく，すべての臓器(中枢神経系，心臓，肺，肝臓，腎臓，筋肉)や血液細胞までがキメラ状になっていた。このようにして作成された人工キメラマウスは遺伝子型の異なる2種の細胞集団が1つの個体の中に共存したまま発生して成熟することから，哺乳類の発生の基本的な機構の知識を得ることができる利点を持つ。例えば，小脳の病気を起こす突然変異マウスと正常マウスのキメラマウスの小脳はキメラ状の病変部が観察された。一方，筋ジストロフィーマウス（dy）と正常マウスの間でできたキメラマウスは予想に反して，正常な筋肉のみから成っていた。このことは，マウスの筋ジストロフィー遺伝子が病気を起こす際，近くに正常マウスの細胞があるとその病気の発現が抑えられることを示唆している。

1980年エール大学のゴードン（Gordon）等によって，初のトランスジェニックマウスが報告され，ついで1982年にパルミター（Palmiter）とブリンスター（Brinster）による普通のマウスの2倍もあるジャイアントマウスの報告が世界の研究者達に強く印象を与えた。これはラットの成長ホルモン遺伝子をマウス受精卵（1細胞期）に導入したものであった。このように，目的とする遺伝子（DNA）を受精卵の前核（先に述べた1細胞期）に注入してトランスジェニックマウスが作成されるようになった。この方法により，日本の勝木等のグループはラットの血圧上昇系の1つであるラットのレニンとアンジオテンシノーゲンの両ホルモンの遺伝子をマウスに埋めこんで高血圧症トランスジェニックマウスの作成に成功した。また，もう1つの方法としてアンチセンスDNAを導入して，正常な機能を抑制する方法がある。すなわち，正常遺伝子DNA塩基配列とは逆向きの相補的DNA（アンチセンスDNAという）を正常マウスの受精卵に注入するという方法で正常遺伝子機能を抑制する方法がある。すなわち，正常mRNAとそれとは相補的mRNAを作らせて機能を抑制する方法であり，この方法をアンチセンス法といい，疾患遺伝子研究の有力な研究方法の1つとなっている。

　筋ジストロフィーマウス，肥満マウスそれに発がんマウスなど多くのトランスジェニックマウスが作成されて病態研究に用いられており，今後のこの分野の研究はさらに発展を続ける事が期待されている。

　ノックアウトマウスとは特定遺伝子を欠損しているマウスのことを指す。この方法は1984年に英国のエバンス（Evans）等により考案されたマウスES細胞を用いている。ES細胞はembryonic stem cell（＝胚幹細胞 or 胚性幹細胞）の略であり，マウス初期胚の胚盤胞を培養するとできてくる内部細胞塊から由来する未分化細胞をクローン化して得られる細胞で万能細胞ともよばれる。この細胞は実験条件次第であらゆる種類の細胞に分化するもので，もちろん生殖細胞にも分化していく。米国のカペッキ（Capecchi）等は，このES細胞の受精卵に遺伝子を注入すると，染色体に組み込まれたその遺伝子が相同組み換えを起こすことを発見した。彼等は狙った遺伝子座への導入と相同組み換えを起こしたES細胞を選別した正常マウスの受精

卵に注入した。生じたキメラマウスを正常マウスと交配して、ヘテロの遺伝子欠損マウスを作り、そのかけあわせで目的の遺伝子ノックアウトマウス（ホモ遺伝子欠損マウス）を1989年に初めて作成することができた。今までのように受精卵を操作して遺伝子を導入するためには、一匹の雌マウスから採取できる卵は20個位と少なく、しかも遺伝子導入は受精卵100〜1,000個に1回位の割合でしか成功しない。一方、このES細胞を用いた方法では一匹のマウスから約10^8（10億）個以上の細胞に遺伝子ノックアウト導入が可能となるという決定的差異が生じる。ES細胞を用いたノックアウトマウスの作成はまたたく中に使用されるようになり、日本でも1990年に八木健と相沢慎一により初の成功が報告されて以来多くの遺伝子のノックアウトマウスが作成され、研究に用いられている。

　これまでに述べてきたノックアウトマウスの作成法では、特定遺伝子の欠損により致命的な死を迎えて誕生や成長のできないマウスが出てくることが当然考えられる。この場合はコンディショニングノックアウト法により遺伝子欠損成体マウスを作成する方法がある。その方法とはloxP配列という34塩基対の特別配列を認識するCreという大腸菌由来のDNA分解制限酵素の遺伝子とloxP配列を両端に持つ目的遺伝子の各2つの遺伝子を別のマウスの受精卵に注入してトランスジェニックマウスを作成して両者をかけあわせてできた子マウスが誕生後、成長してからCre遺伝子を発現させてloxP配列間にあった遺伝子を切り取って遺伝子欠損マウスを作る方法である。

　これらノックアウトマウスの作成により今まで不可能とされてきた生理作用および形態形成や記憶・学習をつかさどる神経に関する遺伝子の個体レベルの研究が可能となり、マウスを用いたヒト遺伝子研究はますます増えていくことが予測されている。

　未受精卵から核を取り除き、他の体細胞の核を移植する（核移植）を行って、体外培養を行い、仮親マウスの子宮に移植して誕生させた子マウスが、クローンマウスであり、1998年ハワイ大学医学部の若山と柳町らによって初めて作成された。クローン羊に遅れること1年であったが、先に述べたようにマウスがたった2か月で世代交代するという特徴を生かして、クロー

ンマウスの 3 代目までを作成して科学雑誌『Nature』の表紙を飾った。ちなみに柳町隆造は1965年にマウスを用いて哺乳動物で初めて体外受精に成功し、試験管ベイビーの基礎を築いた（図 11-1）。このクローンマウスを使っての今後の広い研究分野にわたる使用が強く期待されている。

図11-1　柳町隆造ハワイ大学教授（前）と筆者（矢沢・左後）

11－2　装　　置

11－2－1　PCR（polymerase chain reaction）法

　PCR（ポリメラーゼ連鎖反応）法は，微量のDNA鎖中の目的の領域を数百万コピー以上に増幅多量生産させる方法であり，1985年にマリス（Mullis）らによって発表された。これにより，今まで不可能とされていた微量のDNAあるいはRNAの塩基配列が解読可能となったという画期的な方法であり，マリスらは1993年にノーベル化学賞を受賞した。PCR法は，ヒトβグロビンDNAの増幅および鎌状赤血球貧血症の出生前診断に初めて応用された。現在では，医学診断，親子鑑定，犯罪捜査などにも利用されている。また，2,500万〜3,000万年前のシロアリの化石からPCR法を利用してリボゾームRNA遺伝子の塩基配列が解読され，シロアリとゴキブリの

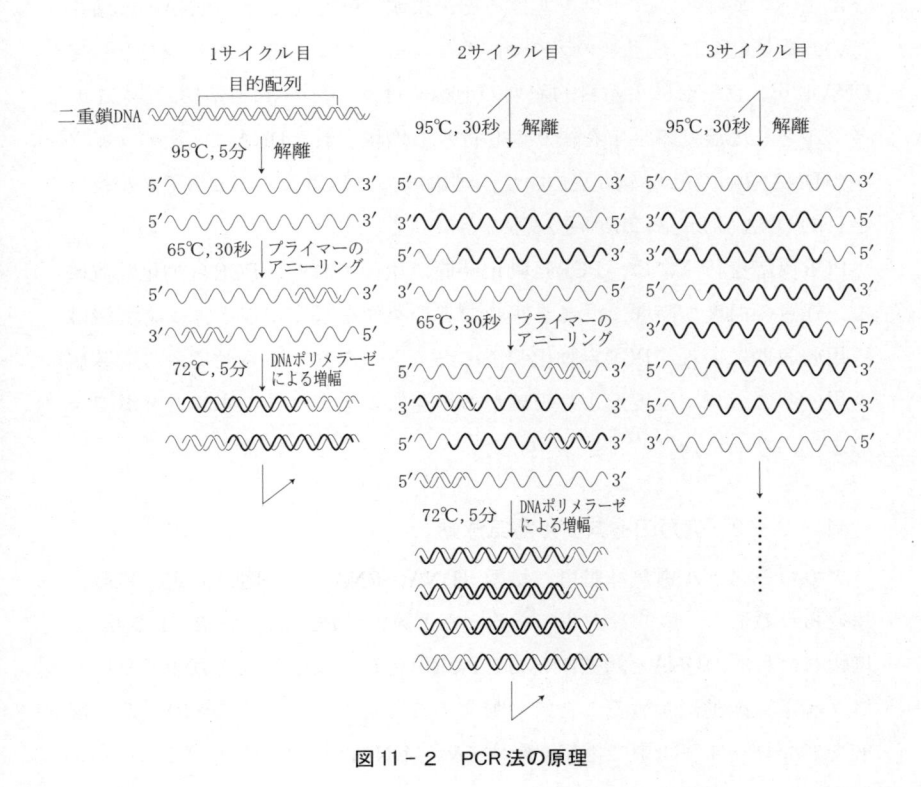

図11－2　PCR法の原理

進化に関する知見が得られ,分子考古学への道が開かれた。

　PCR法の原理を図11-2に示した。遺伝子増幅には,目的の配列を含む鋳型DNA,新しいDNAの合成を行うDNAポリメラーゼ,プライマーとなる2種類のポリヌクレオチド鎖,DNA合成の材料となる4種類のデオキシリボヌクレオシド三リン酸（dATP,dGTP,dTTP,dCTP）が必要である。PCR反応は,これらの混合物の温度を上下させることで2重鎖DNAが解離したり,相補的な配列を持つ鋳型DNAとプライマーが再結合（アニーリング）したりすることを利用している。また,PCR反応では好熱性細菌由来のDNAポリメラーゼを用いることで,2重鎖DNAの解離のために設定される95℃という高温にも耐えられるように設計されている。PCR反応で設定される温度やサイクル数は,増幅する配列の長さやプライマーの配列などによって異なるが,一例をあげると,まず,95℃で2重鎖DNAの解離を行い,次に65℃に下げ,プライマーのアニーリング,そのあと72℃としてDNAポリメラーゼによる目的配列の増幅を行う。この3段階の反応を1サイクルとして温度の上下を繰り返し行う。増幅されたDNAは,次のサイクルのDNA増幅のための鋳型となり,理論的にはPCR反応をnサイクル行うと目的DNAは2^n倍に増幅されることになる。

　PCR反応を行うには,PCR自動化装置が用いられる。PCR自動化装置には,任意の温度,時間,サイクル数などの条件を設定できる。反応混液は専用の容器にいれてPCR自動化装置にセットしスタートさせる。この装置を用いることで,温度をより正確かつ迅速にコントロールすることができるようになった。

11-2-2　アガロースゲル電気泳動

　アガロースゲル電気泳動は,核酸（DNA,RNA）の分離,同定,精製に用いられる最も一般的な方法である。たとえば,PCR法（11-2-1参照）で増幅した目的のDNAと鋳型DNAは,PCR反応後の反応混液を直接アガロースゲル電気泳動にかけることで分離することができる（図11-3）。反応混液をアガロースゲル中で電気泳動すると,DNAはその構成要素であるリン

(a)

泳動液

アガロースゲル

電極

(b)

アガロースゲル　試料を注入する溝

泳動液

＋　←　－

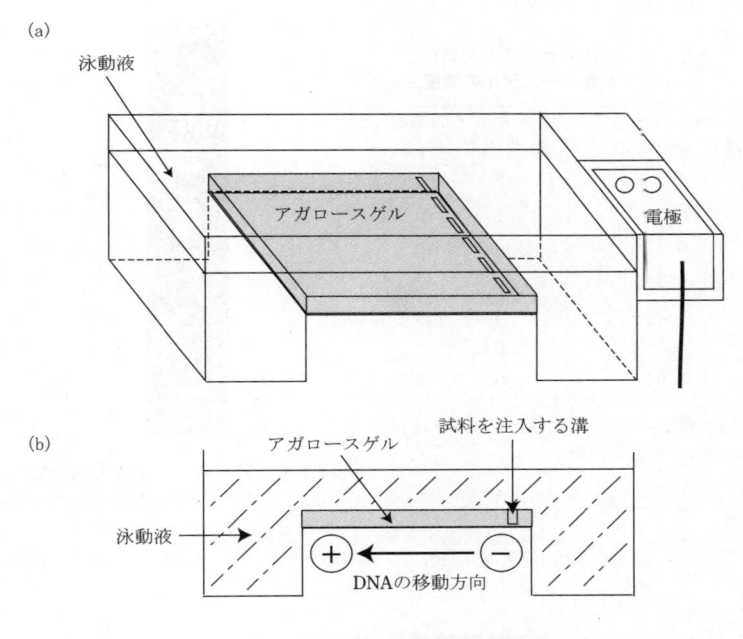

DNAの移動方向

図11-3　水平型ゲル電気泳動装置

酸基がマイナスの電荷を持っているためプラス側へ移動する。アガロースゲルは，SDS-PAGE（11-2-3参照）で用いるポリアクリルアミドゲルと同様に網目構造をとっているため，分子量の大きなDNA（ここでは鋳型DNA）は，網目に阻まれてプラス側へ移動しにくいが，分子量の小さなDNA（ここでは増幅したDNA）は，網目を通り抜けてよりプラス側まで移動できる。こうして分離したDNAは，エチジウムブロマイドで染色することで紫外線下で蛍光のバンドとして検出できる（図11-4）。ゲル中の目的とする分子量にあるバンドを切り出して適当な操作を加えることでDNAは精製でき，次の実験（このDNAをベクターに組み込み，大腸菌に導入してそのDNAがコードしているタンパク質を発現させるなど）に用いることができる。

アガロースゲル電気泳動は，分子量に基づいて分子を分離するという点でSDS-PAGEと同じである。しかし，アガロースゲルは，ポリアクリルアミドゲルのような架橋構造を持たず，DNAやRNAなどといったより大きな

表11-1 DNAのサイズと有効な
アガロースゲルの濃度

アガロースゲルの濃度（%W/V）	分離するDNAのサイズ（kbp）
0.3	5 〜 60
0.6	1 〜 20
0.7	0.8 〜 10
0.9	0.5 〜 7
1.2	0.4 〜 6
1.5	0.2 〜 3
2.0	0.1 〜 2

(田村隆明編,「遺伝子工学実験ノート（上）第2版」, 羊土社（2001））

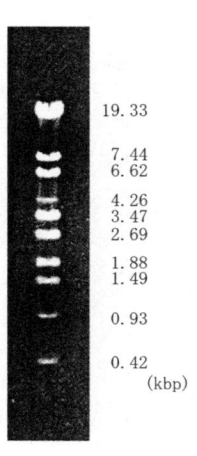

図11-4 アガロースゲル電気泳動に用いるDNAの分子量マーカー
(0.7%アガロースゲル)

(田村隆明編,「遺伝子工学実験ノート（上）第2版」, 羊土社（2001））

分子量をもつ核酸の分離に利用されている。

11-2-3 SDS-PAGE

私達生物は，数千から数万種のタンパク質を持っている。その中から目的のタンパク質を分離・精製し，その性質を決定することは，生化学における最も基本的で重要な部分を占めている。SDS-ポリアクリルアミドゲル電気泳動（sodium dodecyl sulfate-polyacrylamide gel electrophoresis = SDS-PAGE）は，溶液中のタンパク質成分を非常に簡単に分離・分析するための優れた方法である。電気泳動とは，電荷を持った粒子を電場においたときその粒子が，自身の持つ電荷と反対の極に移動するという現象で，1807年ドイツの物理学者ラウス（Rouse）によって見い出された。1939年にはチゼリウス（Tiselius）が，これをタンパク質の分離に応用し，今では約60種からなることが知られている血清中のタンパク質をその電気泳動の移動度の違いにより，アルブミン，α-，β-，γ-グロブリンに分画することに成功した。チゼリウスの電気泳動以後，より簡単で高い分離能を目指して改良

が重ねられ，今日，1969年に開発され，1975年に実用化されるようになったSDS-PAGEをはじめとする様々な電気泳動法が実用化されている。

SDS-PAGEに使われる装置の模式図を図11-5に示した。まず，2枚のガラス板の隙間にポリアクリルアミドゲルを作成する。このゲルは，アクリルアミド（単量体）をN,N'-メチレンビスアクリルアミドと過硫酸アンモニウム（$(NH_4)_2S_2O_8$）で架橋して作ることができ，細かな網目構造を持っている（図11-6）。これを電極槽にセットし，上部と下部に泳動液を満たす。ゲルの上部にSDSを添加したタンパク質試料をのせ，上下の電極槽に電極を取り付け，パワーサプライにつないで通電する。タンパク質を電気泳動したときの移動度は，一般に分子量，電荷，立体構造の3つの要素に依存するが，陰イオン界面活性剤であるSDSがタンパク質に結合することで，タンパク質の正味の電荷はマイナスになり，立体構造は壊れて棒状となる。このため，SDS-PAGEではタンパク質は分子量の差のみに依存してゲルの上部から下部すなわち陰極側から陽極側へと移動する。ポリアクリルアミドゲルの網目は優れた分子ふるいとして働くため，タンパク質分子がゲル中を移動する時には，分子量が大きいほど網目の上部でトラップ

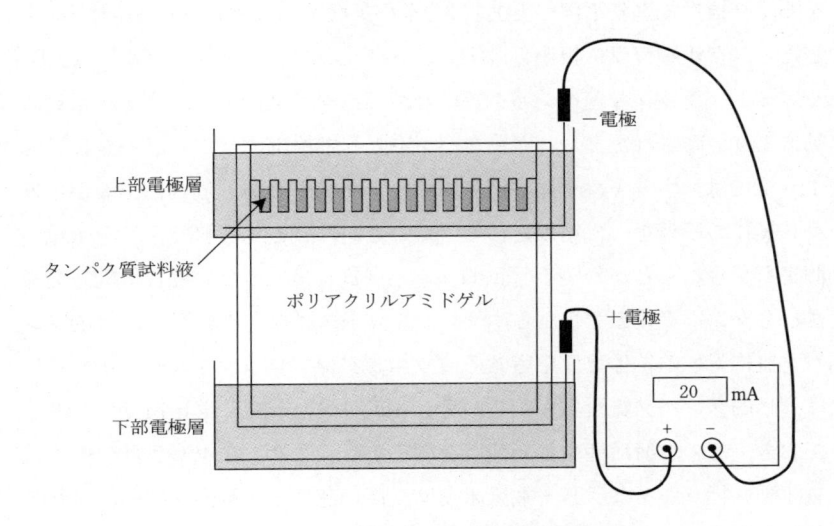

図11-5　SDS-PAGE装置の模式図

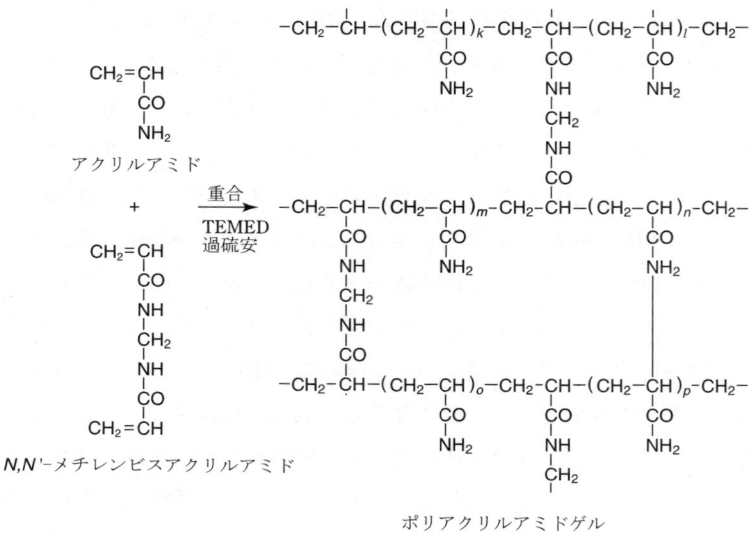

図11-6 アクリルアミドとN,N'ーメチレンビスアクリルアミドを共重合させることで得られるポリアクリルアミドゲルの構造

される(分子移動度が低いという)。そして，分子量が小さいものほど網目をくぐり抜けてより下部へと進む(分子移動度が高いという)。泳動が終了したら，ゲルをガラス板からはずし，クマシーブリリアントブルー(CBB)やアミドブラックなどタンパク質結合性の色素で染色することで，電気泳動により分離されたタンパク質をバンドとして検出することができる。図11-7では，ホッキガイ貝柱筋アルギニンキナーゼが，筋肉抽出液からカラム操作の段階をへて精製されていくことがはっきり理解でき，分子量の測定もできることがわかる。目的タンパク質を検出したい場合には，分離されたタンパク質をゲルからニトロセルロース膜などに転写し，目的タンパク質に対する抗体と反応させる（ウエスタンブロッティング）かあるいは，目的タンパク質をあらかじめラジオアイソトープや蛍光物でラベルしておき，その放射活性や蛍光強度を測定する。また，キャピラリー中で電気泳動を行うキャピラリー電気泳動は，高い感度と分解能を持ち，試料の添加から検出，データ処理まで自動化されている。さらに，タンパク質を

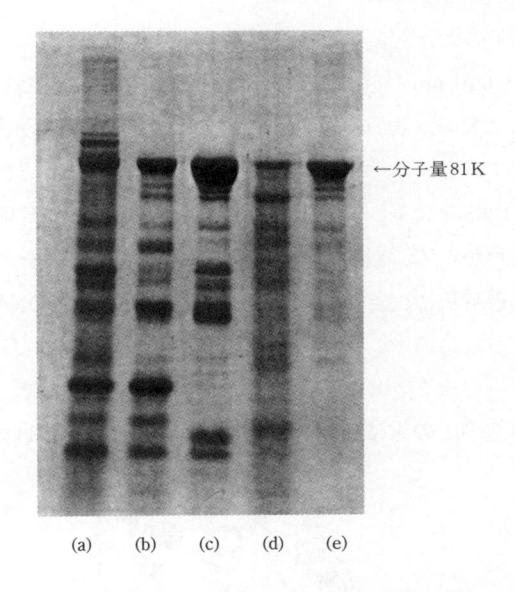

第11章 分子生物学の発展を支えた生物・装置と方法

←分子量81K

(a)　(b)　(c)　(d)　(e)

図11-7　ホッキガイ貝柱筋からアルギニンキナーゼ精製の各段階における試料の
　　　　SDS-PAGE
(a) ホッキガイ貝柱抽出物
(b) 65～92％飽和硫安沈殿分画
(c) DEAEカラムクロマトグラフィー（Tube 10）
(d) DEAEカラムクロマトグラフィー（Tube 12）
(e) Sephadex G-200カラムクロマトグラフィー

電荷に基づいて分離する等電点電気泳動とSDS-PAGEを併用して2次元で展開する2次元電気泳動も広く用いられている。

11-2-4　X線回折

生体分子の多くは特異的な立体構造をとることでその機能を果たすことができる。そのため，生命現象を分子レベルで理解するためには分子を構成する原子の立体的な位置を知る必要がある。普通，私たちが肉眼や光学顕微鏡で物質を見るときには，波長700～400 nmの可視光線を利用しており，これで0.3マイクロメートル（1μm = 1,000 nm）以上の物質を識別できる。原子の大きさは，2 Å（20 nm）前後と非常に小さく，原子を見る

197

ためには原子の大きさより短い波長の電磁波を用いなければならない。X線は波長100〜0.01 nmの電磁波であり，これを利用することで原子を識別できる。さらにX線は物質を透過する性質があるため，分子内部の構造の情報も与えてくれる。

X線は，1895年にレントゲン（Roentgen）によって発見された。当時はその実体がわからず，X線と命名された。その後，X線を用いた低分子化合物の立体構造解析に続き，ワトソンとクリックによるDNAの2重らせん構造の決定，さらに，ケンドリュー（Kendrew）とペルツ（Perutz）によるミオグロビン，ヘモグロビンの結晶構造解析から現在まで，数千のタンパク質の立体構造がこの方法を用いて解析されている（図11-8）。

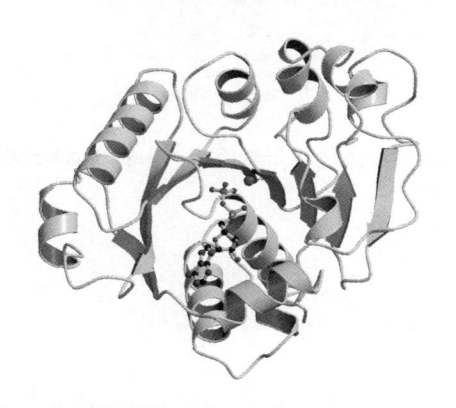

図11-8　X線回折法で得られた細胞分裂位置決定因子
Min D・ADP・Mg^{2+}複合体の3次元構造モデル

X線回折法では，立体構造を調べようとするタンパク質などの分子を結晶化して用いる。X線回折計は，X線を発生させる部分，結晶をセットする部分，回折点を記録する部分の3つに大きく分けられる。結晶をセットする部分は，結晶を任意の方向に向けることができるようにゴニオメーターヘッドを備えている（図11-9 a）。結晶をX線回折計にセットし，X線を照射する。X線が結晶中の原子に当たると様々な方向に散乱される。1分子によるX線の散乱は非常に弱いが，結晶中では分子が規則正しく配列してい

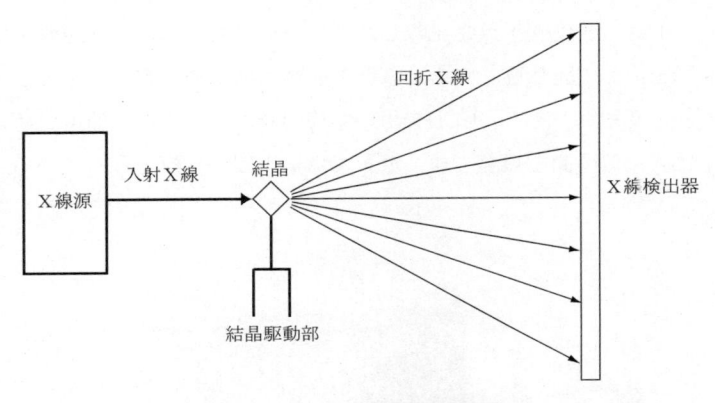

第 11 章　分子生物学の発展を支えた生物・装置と方法

図 11 − 9 a　X 線回折計の概念図

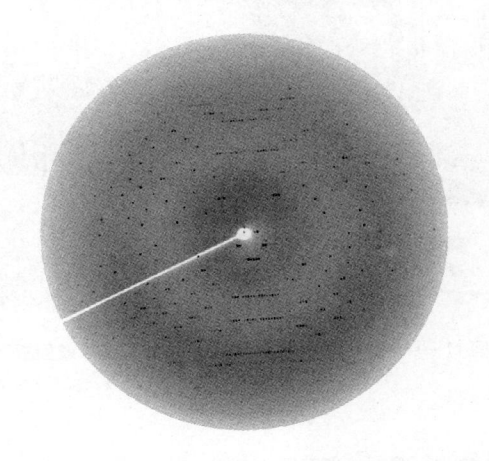

図 11 − 9 b　タンパク質結晶より得られた X 線回折写真

るので散乱光は集光されて，無数の点として X 線検出器に記録される。このような散乱光の集光を回折と呼び，X 線検出器に記録される点を回折点と呼ぶ（図 11 − 9 b）。それぞれの回折点の強度データをもとにしてコンピュータで解析を行い，分子の立体構造を決定する（図 11 − 8）。

　回折点を記録するためには，以前は写真フィルムが使われていた。現在では，はるかに感度の高いイメージングプレート（IP）や CDD（Change Coupled Device）を用いた検出器が使われている（図 11 − 9 c）。イメージン

グプレートは，一度回折点を記録したプレートでも，白色光を照射することで記録を消して繰り返し使え，また大面積の検出器を容易に作ることができるという利点がある。CCDを用いた検出器は，読み取り速度が速いため測定に要する時間を短縮でき，近年では検出器の主流となっている。

図11-9c　イメージングプレート方式のX線回折計
（㈱リガクのパンフレットより）

　X線回折実験では，照射するX線の波長が短く強いほど精度のよい像が得られるため，X線源の改良が進められている。通常，実験室で用いられるX線は，銅あるいはモリブデンに高速で電子を衝突させることで得られる特性X線である。特性X線とは，電子が金属に衝突することで内殻の電子を叩きだし，そこにできる空軌道に外殻の電子が落ちてくるときに生じるX線であるので，用いる原子によって波長が決まっている。銅とモリブデンの特性X線の波長はそれぞれ1.54 Åと0.71 Åである。もっと精密なデータを得るためには，さらに強力で波長を変化させることができるシンクロトロン放射光が用いられる。シンクロトロン放射光は，電荷を持った粒子を

光速に近い速度で周回させ，この粒子を強力な磁石で急に減速させることで得られる。シンクロトロン放射光は，実験室で利用するX線の数万倍以上の強度を持ち，現在，日本では，つくばの放射光実験施設と兵庫県西播磨のSPring-8で利用可能である。このうち特にSPring-8（Sはsuper，Pは光の粒子を意味するphotonの頭文字であり，ringは加速器のリング形，8は電子を加速するエネルギーの80億電子ボルトを意味する）は，1997年より運転が開始された第3世代の放射光施設であり，21世紀のX線解析における世界的な中心の1つになることが期待されている。

同じくX線を用いた構造解析法にX線吸収分光法（XAFS法）がある。この方法では，金属タンパク質の活性中心の構造をタンパク質を結晶化することなく調べることができるという長所を持っている。凍結させた濃厚試料にシンクロトロン放射光を照射し，試料から放出される蛍光X線を測定することで金属原子の価数，近傍原子の個数，種類，距離に関する情報を知ることができる。この方法は，実験に用いる試料の濃度が非常に高い上に多量であることが必要とされているという欠点をもっているので，現在主として無機物および無機化合物の研究に用いられているが，今後は生体試料の分析にも使用できると大いに期待されている。

11−2−5 電子顕微鏡

組織や細胞の微細構造を観察するために顕微鏡が用いられるが，光学顕微鏡の場合，可視光線を光源とするため，分解能（光の波長に比例する）は約0.2 μmという限界がある。電子顕微鏡では光の代わりに波長の短い電子線を利用して，磁場による電子線の屈折の度合いを調節することによって拡大像を得ている。電子顕微鏡の持つ高い解像度により，生体を構成するタンパク質や核酸の分子あるいはウィルスなどナノメートルオーダーで直接観察することが可能となり，電子顕微鏡での観察結果から得られる情報は生命科学の進展に多大の寄与をなしている。

(1) 電子顕微鏡の種類

電子顕微鏡には大別して透過型電子顕微鏡（transmission electron microscope ＝ TEM）と走査型電子顕微鏡（scanning electron microscope ＝ SEM）の 2 種類がある。

透過型電子顕微鏡では，電子線を試料に照射し，透過してきた電子線によって濃淡のある像が得られる。これに対して走査型電子顕微鏡では，集束させた電子線で試料表面を走査することにより試料から発生する 2 次電子あるいは反射電子を検出してモニター画面に像を画かせる（図 11-10）。TEM で得られる像が 2 次元的であるのに対して，SEM では焦点深度が深くて立体的（3 次元的）な像が観察できる。

(2) 透過型電子顕微鏡のための試料調製法

一般に生体試料は電子線を一様に透過するので，適当なコンストラクトを得るために以下に示すような試料調製を行う。

超薄切片法：組織を固定，脱水，包埋して超薄切片を作成し，重金属（鉛やウランなど）化合物で電子染色して観察する。

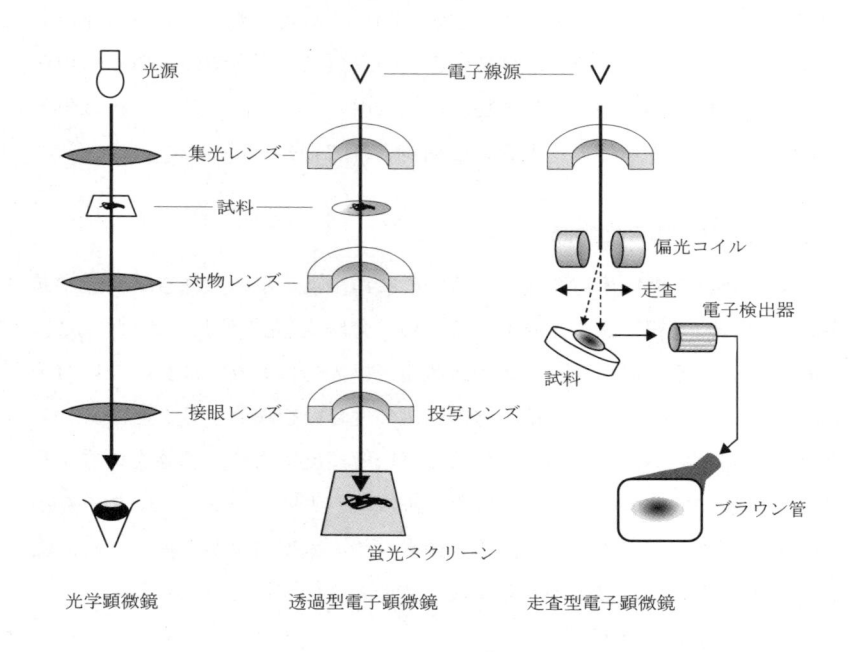

図 11-10　各種顕微鏡の原理

第11章　分子生物学の発展を支えた生物・装置と方法

シャドウィング：試料に斜め方向から白金などの金属を蒸着させて影付けするもので，金属粒子によるコントラストが得られる。一方向からの蒸着の他に，試料を回転させながら蒸着し，試料全体を金属粒子で覆うようなロータリーシャドウィングという手法もしばしば用いられる（図11-11）。

ネガティブ染色：生体高分子，細菌，ウィルスなどの懸濁液を支持膜を張ったグリッドに載せ，染色剤を滴下することにより，試料の周囲ならびに試料面の凹部に染色剤がたまる。これにより，試料の形状が観察できる（図11-12）。

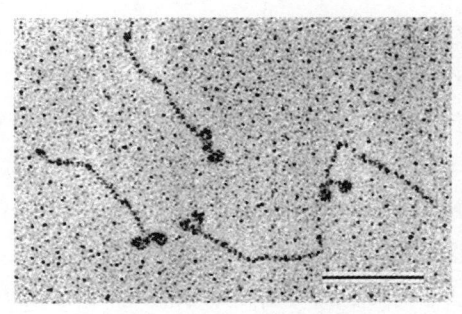

図11-11　ミオシン分子のロータリーシャドウイングによる観察像
雲母板に噴霧したミオシンに白金によるロータリーシャドウイングを施し，さらに炭素蒸着をした後，雲母板を水に浸漬すると雲母板表面から蒸着膜がはがれて水面に浮かぶ。これをグリッドにすくいとって観察した。スケールバーは100nm。

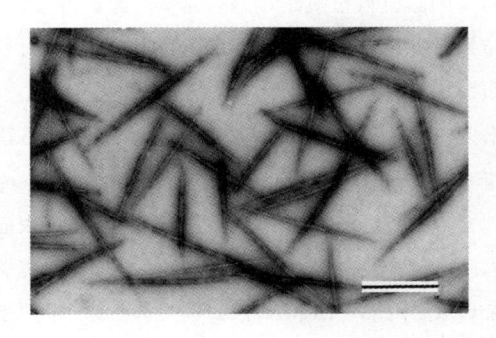

図11-12　ミオシンフィラメントのネガティブ染色像
ミオシンフィラメント懸濁液を支持膜を張ったグリッドに滴下し，過剰の水分をろ紙で吸い取った後，染色剤として酢酸ウランをさらに滴下して検鏡した。染色剤がフィラメント周囲にたまり，フィラメントの形態が観察できる。スケールバーは$0.5\,\mu\mathrm{m}$。

フリーズレプリカ：試料を急速凍結し，割断した後シャドウィングを施し，さらにそのレプリカをとって検鏡する。組織や細胞の割断面の構造の観察に使われる。

(3) 走査型電子顕微鏡のための試料調製法

　組織や細胞の表面の観察：組織の場合はカミソリ刃などで小片に切り取り，細胞の懸濁液のようなものでは，付着を促すためにポリ-L-リジンであらかじめコーテイングしたガラス板に滴下する。これらを固定，脱水，乾燥（臨界点乾燥あるいは凍結乾燥）した後，金や白金-パラジウムなどで蒸着して観察する。

　内部構造の観察：試料を固定し，ジメチルスルホキシドやグリセリンを浸透させたりあるいはエタノールで試料中の水分を置換し，急速凍結して割断する。割断後，乾燥，蒸着して検鏡する。また，試料を固定・脱水することなく生のままで急速凍結し，冷却したステージに載せて表面あるいは割断した面を観察するクライオSEMも利用されている。

(4) 電子顕微鏡の問題点と新たな顕微鏡の開発

　電子顕微鏡による観察では，試料を高真空中に置かなければならないこと，さらには電子線の照射による障害，あるいは試料調製時での固定・脱水・乾燥による試料の変化などアーティファクトの入る要因がある。試料の調製法によって同じ材料を観察しても違った像が得られることもあり，他の手法での結果と併せて得られた像の解釈をしなければならない。

　通常の電子顕微鏡での上記のような欠点を克服できるような，言いかえれば大気中で水分を含んだ状態で試料の形態を観察できる新しいタイプの顕微鏡として走査プローブ顕微鏡（scanning probe microscope = SPM）が実用化され始めている。この顕微鏡は，プローブと試料表面間に働く様々な力（原子間力，トンネル電流，磁気力など）を検出して試料表面の凹凸を捕らえ，像を形成させる。SPMの代表例である原子間力顕微鏡（atomic force microscope = AFM）では，試料表面を非常に小さなカンチレバー（てこ）でなぞり，両者の間に働く力（原子間力）をカンチレバーの上下のたわみとして検出することによって，試料表面の形状が観察できる。このよ

うな装置により，生体試料も前処理なしに大気中でのその場 (*in situ*) 観察が可能となってきている。

11 − 3 　遺伝子の組み換えと遺伝子操作

11 − 3 − 1 　分子クローニング

　遺伝情報はDNAの塩基配列として記録されており，生物界に共通の遺伝暗号が使われていることを学んだ。このことは，ヒトの遺伝子を大腸菌や他の生物に組み込んで同じように発現できることを意味している。このような組み換えDNAの技術が遺伝子工学の基本であり，医療，農業，工業分野での応用をめざした技術の開発が活発に進められている。ヒトが正常に生きていくのに必要なホルモンや酵素を大腸菌で大量に生産させ，これを投与することで，これら物質を生産できない遺伝的変異をもつヒトが救われる可能性がある。もっと進んで，これら原因となる変異遺伝子が本来果たすべき正常な機能を持つ遺伝子を外から細胞に取り込ませる技術の開発も進められている。農業生産の分野では，病気に罹りにくく高い収穫・生産量が保証される稲や牛の開発がこれらの技術を使って進められている。分子クローニングとよばれる組み換えDNA技術の基本は，(1) 目的とするDNA断片を切り出す技術 (制限酵素)，(2) 切り出したDNAを増やす技術，(3) 切り出したDNAが遺伝子として認識されるように加工する (プラスミドやファージDNAの適当な部位につなぎ込む) 技術，(4) 加工されたDNAを細胞に導入する技術，(5) 導入された遺伝子を発現させる技術からなる。

　分子クローニングの技術を使えば，ヒトの遺伝子から目的とするDNA断片を切り出し，大腸菌体内で複製し染色体遺伝子と同様にふるまうプラスミドと呼ばれる環状DNAの適当な部位に挿入してやることで，大腸菌の増殖に伴って目的の遺伝子を増やす (増幅する) ことができる。プラスミドに挿入したヒトDNAの5′側に，大腸菌のRNAポリメラーゼが結合できるプロモーター配列と16S rRNAに結合できるSD配列とを付加しておけば，増幅された外来遺伝子を大腸菌体内に発現することができる。一方，遺伝暗号を使えば，任意のアミノ酸配列をもつタンパク質のDNAをデザインし

合成することができる。合成されたDNAを同じ方法で大腸菌に組み込み，新しい機能を持つタンパク質をつくることも可能になる。タンパク質をコードするDNAの塩基配列の1部を変えるとアミノ酸配列を1部変えることができるので，タンパク質の機能を高める試みも可能になる。

11-3-2 DNA断片の切り出しと制限酵素

DNA断片を切り出すときに使う制限酵素は、細菌のエンドヌクレアーゼで、特定の短い塩基配列を認識してDNAを切断する。例えば、*Eco*RIと呼ばれる制限酵素は、5′GAATTC3′ という配列を 5′G と AATTC3′ とに切断
3′CTTAAG5′ 3′CTTAA G5′
する。同じ制限酵素を使えば、ヒトの遺伝子も大腸菌の遺伝子も同じ塩基配列の位置で切断され、切断部位の末端は同じ塩基配列になる。*Eco*RIのように二本鎖の切断位置が同じでないと、切断されたDNAの末端（粘着末端といわれる）の塩基配列はWatson-Crick相補塩基対を形成するのでDNAリガーゼを使ってつなぎ合わせることができる。表11-1に示した*Bam*HIと*Bgl*IIのように異なる制限酵素を使っても切断位置の塩基配列が同じになる場合もある。また、平滑末端といって、二本鎖DNAの同じ位置で切断が起きる例もあり、この場合、任意の配列とのつなぎあわせが可能である。

タンパク質分子は、DNAの塩基配列がmRNAの塩基配列に転写され、これがポリペプチド鎖のアミノ酸配列に翻訳されてできあがる。原理的には、細胞内に発現しているmRNAを増幅できればそれがコードするタンパク質分子をより直接的に選び出せることになる。実際には、RNAはDNAに比べて不安定なこと、一本鎖よりも二本鎖の方が扱いやすく制限酵素を使ったヌクレオチド鎖の編集もできるといった技術的な理由から、細胞内のmRNAの塩基配列を鋳型にして相補的なDNA（cDNA）の塩基配列に変換し、これをもとに目的とするタンパク質の遺伝子をクローニングする（cDNAクローニングという）。mRNAの塩基配列をDNAの塩基配列に変換する反応は、レトロウィルスの逆転写酵素（RNA依存DNAポリメラーゼ；9-1参照）を用いて行う。真核細胞のmRNAの3′末端にはポリアデニル

表11-1　代表的な制限酵素と認識部位の塩基配列

酵素	認識部位	末端の塩基配列		切断末端の様式
EcoR I	GAATTC CTTAAG	G CTTAA	AATTC G	粘着末端
BamH I	GGATCC CCTAGG	G CCTAG	GATCC G	粘着末端
Bgl II	AGATCT TCTAGA	A TCTAG	GATCT C	粘着末端
Hin dIII	AAGCTT TTCGAA	A TTCGA	AGCTT A	粘着末端
Cla I	ATCGAT TAGCTA	AT TAGC	CGAT TA	粘着末端
Pst I	CTGCAG GACGTC	CTGCA G	G ACGTC	粘着末端
Hae III	GGCC CCGG	GG CC	CC GG	平滑末端
Pvu II	CAGCTG GTCGAC	CAG GTC	CTG GAC	平滑末端
Rsa I	GTAC CATG	GT CA	AC TG	平滑末端

酸が付加されているので、オリゴdT配列をプライマーに用いて逆転写酵素反応を行う。できたcDNAの両末端に適当な制限酵素認識配列をもつオリゴヌクレオチドを付加する。

11-3-3　遺伝子の増幅

　染色体DNA，または，制限酵素認識配列を付加したcDNAから制限酵素を用いて目的とするDNA断片を切り出す。次にこれと同じものをたくさん作る（増幅する）。一般的には，DNA断片を大腸菌体内に導入して増幅するが，断片をそのまま導入してもヌクレオチドに加水分解されてしまう。大腸菌体内で増幅する能力を持つDNA鎖に目的のDNA断片をつないで導入すると，全体が一緒になって増幅されるので目的の断片も増幅される。このように，目的のDNAを菌体内に運び込み増幅させる能力を持つDNA鎖をベクターといい，ファージや二本鎖環状構造のプラスミドが一般的に用いられている。

　DNA断片をベクターのDNA塩基配列に挿入するために，DNA断片を切り取るときに使ったのと同じ制限酵素の組み合わせでベクターを切断する。

よく使われる複数の制限酵素の認識配列を1か所にまとめて組み込んだクローニング用のベクターが開発され市販されているので，これを使うと簡単である。DNAリガーゼでDNA断片をベクターにつないだ後，大腸菌に導入し増幅させる。ベクターには，抗生物質耐性遺伝子が含まれているので，大腸菌を増殖させる培地にあらかじめその抗生物質を加えておくと，ベクターが導入されている大腸菌だけが選択的に増殖する。大腸菌とプラスミドを使った分子クローニング法の概略を図11-13に示した。

　最近，耐熱性DNAポリメラーゼ反応を用いたPCR法が開発され，これによりDNA断片を試験管内で簡単に増幅できるようになった。目的とするDNA断片の二本鎖それぞれの5′末端15塩基位とその上流にベクターとの連結に必要な制限酵素の認識配列を付加したオリゴヌクレオチドを化学合成する。これをプライマーに用い二本鎖DNAを鋳型に用いたPCR増幅により目的とするDNA断片を短時間で増幅することができる（11-2-1参照）。

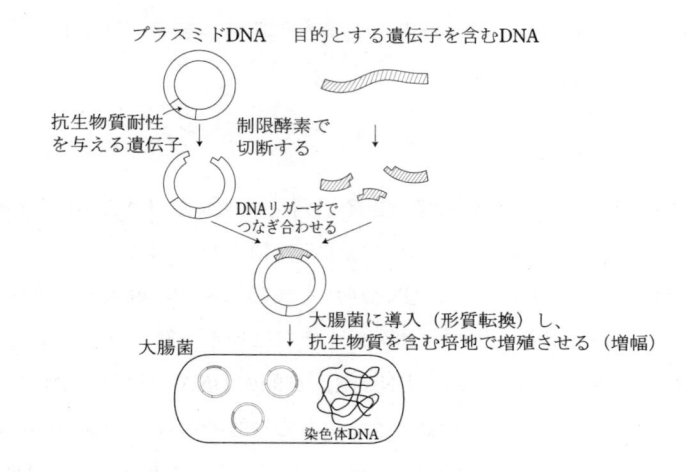

図11-13　大腸菌とプラスミドを用いた分子クローニング法の概略

11−3−4　DNAの塩基配列の決定法

精製した核酸分子の構造・機能を知るために、塩基の含量比（塩基組成）と塩基配列を決める。塩基組成は、核酸をヌクレオチドモノマーに定量的に加水分解して決定する。RNAはアルカリ処理（0.3 M NaOH, 37℃, 18時間）により定量的にヌクレオシド2′-リン酸と3′-リン酸に加水分解される。2′-OH基を持たないDNAはこの条件では安定なので、酵素（膵臓DNアーゼとヌクレアーゼP1）を用いてデオキシ5′-ヌクレオチドに加水分解する。反応生成物に含まれる各ヌクレオチドモノマーをクロマトグラフィで分離・定量し塩基組成を求める。

遺伝情報は、DNAの塩基配列に含まれているので、これを正確に決定する方法の開発は遺伝情報の解明、分子生物学の発展に大きな貢献をした。先に示したように、DNAは4種のヌクレオシドdA、dG、dT、dCからなる。マキサム（Maxam）とギルバート（Gilbert）は、4種類の塩基に特異的なヌクレオチド切断反応を開発し、これを用いた塩基配列決定法（Maxam-Gilbert法）を確立した。まず、DNA分子の片方の末端のリン酸基を放射性同位体^{32}Pで標識し、次いで、塩基特異的に限定的な切断を行う。例えば、dGを6個含む均一なDNA断片があるとき、1断片あたり一個所のdGでのみ切れるか、または、なにも切れない反応条件を設定する。切断されたDNA断片はそれぞれ2つの断片に分かれ、そのうちの1つだけが放射能で標識されている。つまり、^{32}Pで標識された末端からすべてのdGの位置までの長さに対応するヌクレオチド断片が6個得られる。塩基特異的な4種類の反応すべてについて同様の限定分解をすると、^{32}Pで標識された末端からそれぞれの塩基までの長さに対応するすべての断片が得られる。いずれの反応についても切断が起きていない断片（^{32}Pで標識されている）が残っているので、それぞれの反応ごとに生じた各断片をポリアクリルアミドゲル電気泳動で分離後、オートラジオグラフィで検出される標識バンドを移動度の大きい順に読んでいくと、もとのDNA分子の塩基配列を決定することができる（図11−14）。

サンガー（Sanger）は、DNAポリメラーゼ反応を用いてDNA断片を作る

(a) dGに特異的な限定分解と標識された生成物　　(b)　電気泳動の結果

標識されたDNA鎖
　　*pdCGATATAAACGCTGGTCCAT

　　　↓ 反応 ②

標識された生成物
　　*pdCp
　　*pdCGATATAAACp
　　*pdCGATATAAACGCTp
　　*pdCGATATAAACGCTGp
　　*pdCGATATAAACGCTGGTCCAT　（未分解物）

①　②　③　④
A>G　G　C　T+C

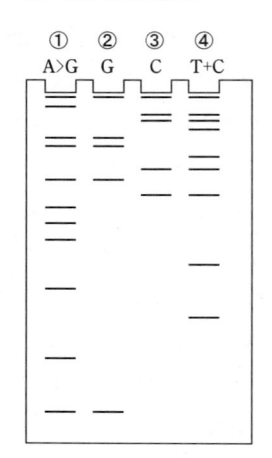

図 11－14　Maxam–Gilbert 法による DNA 塩基配列の決定
　5′ 末端を^{32}Pで標識した試料DNA（20塩基対とする）を4つに分け，①dAおよびdG（dA>dG），②dG，③dC，④dTおよびdC（dT+dC）の位置で特異的に切断が起きる4種類の化学反応により限定分解する。(a) 反応②について得られる結果。(b) ポリアクリルアミドゲル電気泳動後，各反応の生成物をオートラジオグラフィで検出した結果。DNA断片は短いものほど移動度が大きいので，移動度の大きいバンドから順に読んでいくと 5′ 末端からの塩基配列が決まる。

方法（ジデオキシ法）を開発した。DNAポリメラーゼによるDNA合成反応には、基質となる4種類のdNTPの他に、鋳型となるDNA鎖と、これに相補的に結合するオリゴヌクレオチドプライマーが必要である。塩基配列を決めたいDNA鎖の3′末端にアダプターとなる任意の20塩基程度の配列を付加し、この配列に相補的な合成オリゴヌクレオチドをプライマーにして、プライマーの3′側に向かって鋳型鎖に相補的なDNA鎖を合成する。DNA合成の反応液をdA、dT、dG、dCの4つに分け、それぞれの反応液名に対応する塩基の 2′,3′-ジデオキシヌクレオシド三リン酸を適量加えて合成反応の停止剤とする。2′,3′-ジデオキシヌクレオシド三リン酸には 3′-OH がないので、DNA鎖にこれが取り込まれたら合成反応はそこで停止する。2′,3′-ジデオキシヌクレオシド三リン酸とdNTPの量比を調節することで、鋳型鎖の配列に含まれるすべての相補的塩基の位置までの配列をもつDNA鎖を合

成することができる。2′,3′-ジデオキシヌクレオシド三リン酸とdNTPの量比はDNAポリメラーゼの種類に依存するので、用いる酵素に最適の量比を選んで設定する。反応液に加えるdNTPのいずれかを標識しておき、合成されるすべてのDNA鎖を標識する。反応生成物をポリアクリルアミドゲル電気泳動で分離し、移動度の大きい順にバンドを読むと試料DNA鎖に相補的なDNA鎖の塩基配列を求めることができる。

　RNAの塩基配列もジデオキシ法、またはMaxam-Gilbert法を用いて決めることができる。最初に、配列を決めたいRNAを鋳型に用いて逆転写酵素（RNA依存DNAポリメラーゼ）反応を行い、相補的な塩基配列をもつcDNAを合成する。得られたcDNAの塩基配列をジデオキシ法、またはMaxam-Gilbert法により求め、これに基づいて相補的なRNAの塩基配列を求める。

参考文献

第1章

石館三枝子,「遺伝子のふしぎ」, 新日本出版 (1994)
里吉営二郎, 豊倉康夫編,「筋肉病学」, 南江堂 (1973)
島田和典編,「遺伝病」, 化学同人 (1993)
戸田達史,「生化学」, 1月号, p.55-61 (1999)
Yoshida, M., *et al.* Biochemical evidence for association of dystrobrevin with the sarcoglycan-sarcospan complex as a basis for understanding sarcoglycanopathy., *Human Molecular Genetics*, **9** : 1033-1040 (2000)

第2章

アシモフ, I.,「生命と非生命の間」, 早川書房 (1978)
アシモフ, I.,「人間への長い道のり」, 山高昭訳, 早川書房 (1991)
アルバーツ他,「細胞の分子生物学 第3版」, 中村桂子他監訳, 教育社 (1995)
泉屋信夫, 野田耕作, 下東康幸,「生物化学序説 第2版」, 化学同人 (1998)
大野乾,「生命の誕生と進化」, 東京大学出版会 (1988)
岡山博人, 細胞周期を調節する因子 別冊日経サイエンス116「細胞のシグナル伝達」, p.52-61, 日経サイエンス (1996)
オーゲル, L. E., 生命の起源 別冊日経サイエンス115「宇宙と生命」, p.42-51 日経サイエンス (1996)
菊池邦子,「原生生物の世界」, 3月号, p.14-26, 日経サイエンス (1996)
木村資生, 大沢省三編,「生物の歴史」, 岩波書店 (1989)
佐野博敏, 戸澤満智子, 遠藤和豊, 高橋知義,「ライフサイエンスのための基礎化学」, 学会出版センター (1990)
柴谷篤弘, 長野敬, 養老孟司編,「講座進化5 生命の誕生」, 東京大学出版会 (1991)
ド・デューブ, C.,「細胞の世界を旅する (上)(下)」, 東京化学同人 (1990)
ド・デューブ, C.,「真核細胞はどのように生まれたか」, 6月号, p.28-37, 日経

サイエンス (1996)

冨永佳也，江口英輔，江頭威，藤義博，「細胞の微細構造」，共立出版 (1981)

長野敬，「生命の起源論争」，講談社 (1994)

中村運，「細胞の起源と進化」，培風館 (1982)

中村運，「分子細胞学」，培風館 (1996)

中村運，真核細胞誕生の謎を解く「膜進化説」，5月号，p.58-69，日経サイエンス (1997)

西田誠，「系統と進化」，東海大学出版会 (1983)

野田春彦，「生命の起源 改訂版」，NHKブックス (1984)

堀田康夫，「細胞周期」，東京大学出版会 (1983)

堀越弘毅，廣田才之，平山修，奥忠武，西尾俊幸，西田恂子，「生物有機化学概論」，講談社サイエンティフィク (1996)

森亘他，東京大学公開講座47，「進化」，東京大学出版会 (1988)

八木康一，石井真一編，「生命現象と生化学」，北海道大学図書刊行会 (1988)

柳川弘志，「生命はRNAから始まった」，岩波書店 (1994)

第3章

京極好正，月原冨武編，「構造生物学とその解析法」，共立出版 (1997)

Baltimore, L. 他,「分子細胞生物学 第3版」, 野田春彦他訳, 東京化学同人(1997)

Branden, C. and Tooze, J., 「タンパク質の構造入門 第2版」, 勝部幸輝他訳, ニュートンプレス (2000)

Csonka, L.N., Physiological and genetic responses of bacteria to osmotic stress. Microbiol Rev., **53**: 121-147(1989)

Kondo, H., Nakagawa, A., Nishihira, J., Nishimura, Y., Mizuno, T. and Tanaka, I., Escherichia coli positive regulator OmpR has a large loop structure at the putative RNA polymerase interaction site., *Nature Struct. Biol.*, **4**: 28-31(1997)

Otting, G., Qian, Y.Q., Billeter, M., Muller, M., Affolter, M., Gehring, W.J. and Wuthrich. K., Protein-DNA contacts in the structure of a homeodomain-DNA complex determined by nuclear magnetic resonance spectroscopy in solution. EMBO J., **9**: 3085-3092(1990)

Passner, J.M., Ryoo, H.D., Shen, L., Mann, R.S. and Aggarwal, A.K., Structure of a DNAbound Ultrabithorax-Extradenticle homeodomain complex., *Nature*, **397**: 714-719 (1999)

Sugimoto, H., Taniguchi, M., Nakagawa, A., Tanaka, I., Suzuki, M. and Nishihira, J., Crystal Structure of Human D-Dopachrome Tautomerase, a Homologue of Macrophage Migration Inhibitory Factor, at 1.54Å Resolution., *Biochemistry*, **38**: 3268-3279 (1999)

Volz, K. and Matsumura, P., Crystal structure of Escherichia coli CheY refined at 1.7Å resolution., *J. Biol. Chem.*, **266**: 15511-15519 (1991)

第4章
Alberts, B., 他., 「細胞の分子生物学 第3版」, 中村桂子他監訳, 教育社 (1995)
Conn, E.E. 他, 「コーン・スタンプ 生化学 第5版」, 田宮信雄他訳, 東京化学同人 (1995)
Lewin, P., 「遺伝子 第6版」, 菊池韶彦他訳, 東京化学同人 (1999)
Voet, D. 他, 「ヴォート 生化学」, 田宮信雄他訳, 東京化学同人 (1995)
Watson. J.D. 他, 「ワトソン 組換DNAの分子生物学 第2版」, 松橋通生他訳, 丸善 (1993)
Watson. J.D.他, 「ワトソン 遺伝子の分子生物学 第4版」, 松原謙一他訳, トッパン (1988)

第5章
アイザック・アシモフ, 「科学と発見の年表」, 小山慶太, 輪湖博訳 (1992)
岡崎嘉代, 単離小割球および第一次間充織細胞の*in vitro*培養, 初期発生における細胞, pp. 181-225., 日本発生生物学会編, 岩波書店 (1971)
岡崎嘉代, ウニ類, 團勝磨, 関口晃一, 安藤裕, 渡邊浩編, 「無脊椎動物の発生(下)」, 368-398, 培風館 (1988)
鈴木範男, ウニ精子活性化ペプチド：構造, 生合成, 作用機構, 生化学, **64**: 115-119 (1992)
團勝磨, 「ウニと語る」, 東京大学出版会 (1987)
東京大学理学部附属植物園社会教育企画専門委員会編, 「イチョウ」, 小石川植物園後援会 (1996)

西田宏記，ホヤ胚発生における発生運命の決定機構，蛋白質・核酸・酵素，**40**: 114-125（1995）

平瀬作五郎，いてふノ精虫ニ就テ，植物学雑誌，**10**: 325-330（1896）

フォード B. J.，「シングル・レンズ　単式顕微鏡の歴史」，伊東智夫訳，法政大学出版局（1986）

毛利秀雄，精子の生物学　UPバイオロジーシリーズ，**89**，東京大学出版会（1991）

Asashima, M., Nakano, H., Shimada, K., Kinoshita, K., Ishii, H., Shibai, N., and Ueno, N., Mesoderm induction inearly amphibian embryos by activin A (erythroid differentiation factor)., *Roux's Arch. Dev. Biol.*, **198**: 330-335 （1990）

Boveri, T., Die polaritat von Oocyte, Ei und Larve des Strongylocentrotus lividus. Zool., *Jb. Abt. Anat. Ont.*, **14**: 630-653 （1901）

Dan, J. C., Acrosome reaction and lysins. In Metz, C. B. And Monroy, A.: *Fertilization*, Vol. 1, Academic Press, pp 237-367 （1967）

Dobell, C., Antony van Leeuwenhoek and his "little animals", Dover （1932）

Gilbert, S. F., Developmental Biology. 5Th ed. Sinauer Associates, Sunderland（1997）

Illmensee, K., Mahowald, A. P. Transplantation of posterior polar plasm in Drosophila: Induction of germ cells at the anterior pole of the egg. *Proc. Natl. Acad. Sci. USA.* **71**: 1016-1020 （1974）

Kobayashi, S., Ainuma, R. And Okada, M. Presence of mitochondrial large ribosomal RNA outside mitochondria in germ plasm of Drosophila melanogaster., *Science* **260**: 1521-1524 （1993）

Kobayashi, S., Amikura, R., Nakamura, A., Saito, M., and M. Okada., Mislocalization of oskar product in the posterior polar plasm of early Drosophila embryos but is not required for pole cell formation., *Dev. Biol*. **163**: 503-515 （1995）

Kobayashi, S., Yamada, M., Asaoka, M., and Kitamura, T. Essential role of the posterior morphogen nanos for germline development in Drosophila., *Nature*, **380**: 708-711 （1996）

Mabuchi, I., Biochemical aspects of cytokinesis., *Int. Rev. Cytol*. **101**: 175-213 （1986）

Nishida, H., Cell lineage analysis in ascidian embryos by intracellular injection of a tracer enzyme II. Up to the tissue restricted stage., *Dev. Biol.*, **121**: 526-541（1987）

Singer, C., A history of Bology. Newly revised edition. Abelard-Schuman （1959）

Spemann, H. And Mangold, H. Uber induction von Embryonalanlagen durch implantation artfremder Organistoren. Arch. Mikrosk. Anat. *EntewMech*., **100**: 599-638 (1924)

Swanmerdam, J., "Biblia Nature"., Lyden (1737)

Weisman, A., Germ-Plasm: A theory of heridity. Translated by W. Newton Parker and H. Rosennfeld., Walter Scott (1883)

Whittaer, J. R., Quantitative control of end products in the melanocyte lineage of the ascidian embryo., *Dev. Biol.*, **73**: 76-83 (1979)

第6章

井手利憲,「ヒト細胞の老化と不死化」, 羊土社 (1994)

上野直人, 野地澄晴,「新・形づくりの分子メカニズム」, 羊土社 (1999)

岡本仁, ゼブラフィッシュのHox遺伝子から見た脊椎動物の進化と多様化, 生体の科学, **49**: 546-554 (1999)

香川靖雄,「老化のバイオサイエンス」, 羊土社 (1996)

香川靖雄,「老化-そのメカニズム」, 羊土社 (1997)

丸山工作監修, 浅島誠, 大日方昂, 松田良一編,「英語論文セミナー 現代の発生生物学」, 講談社サイエンティフィク (1996)

吉里勝利編,「再生-甦るしくみ」, 羊土社 (1998)

Blobel, C. P., Wolfsberg, T. G., Turc, C. W., Myles, D. G., Primakoff, P., and White, J. M. A potential fusion peptide and an integrin ligand domain in a protein active in sperm egg fusion., *Nature*, **356**: 248-252 (1992)

Browder, L. W., Developmental Biology. Saunders College, Philadelphia (1980)

Davis, R. L., Weintraub, H., and Lassar, A. B. Expression of a single transfected cDNA converts fibroblasts to myoblasts. *Cell*, **51**: 987-1000 (1987)

Kuro-o, M., Matsumura, Y., Aizawa, H., awaguchi, H., Suga, T., Utsugi, T., Ohyama, Y., Kaname, T., Kume, E., Iwasai, H., Iida, A., Shirai-Iida, T., Nishikawa, S., Nagai, R., and Nabeshima Y. Mutation of mouse Klotho gene leads to a syndrome resembling ageing., *Nature*, **390**: 45-51 (1990)

Matsuda, R., Strohman, R. C., and T. Obinata, Troponin in cultured chicken breast muscle cells. Develop. Growth and Differ. **29**: 341-350 (1987)

Namenwirth, M. The inheritance of cell differentiation during limb regeneration in the axolotle. *Dev. Biol.*, **41**: 42-56 (1974)

Nose, A., Nagafuchi, A. And Takeichi, M. Expressed recombinant Cadherins mediate cell sorting in model systems. *Cell*, **54**: 995-1001 (1988)

Primakoff, P., Hyatt, H., and Tredick-Kline, J., Identification and purification of a sperm surface protein with a potential role in sperm-egg membrane fusion., *J. Cell Biol.* **104**: 141-149 (1987)

Takeichi, M., Functional correlation between cell adhesive properties and some cell surface proteins., *J. Cell Biol.*, **75**: 464-474 (1977)

Townes, P. L. And Holtfreter, J., Directed movements and selective adhesion of embryonic amphibian cells., *J. Exp. Zool.*, **128**: 53-120 (1955)

Trinaus, J. P., On the mechanism of metazoan cell movements. In Poste, H. And Nicholson, G. L. (Eds): The cell surface in animal embryogenesis and development. Elsevier/North Holland Bio-medical Press. pp. 225-329 (1976)

Tsukatani, Y., Suzuki, K., and Takahashi, K. Loss of density-dependent growth inhibition and dissociation of alpha-catenin from E-cadherin., *J. Cell Physiol.*, **173**: 54-63 (1997)

Wilmut I, Schnieke AE, McWhir J, Kind AJ, Campbell KH. Viable offspring derived from fetal and adult mammalian cells., *Nature.*, **385**: 810-813 (1997)

Wilmut I, Young L, Campbell K. H. Embryonic and somatic cell cloning. *Reprod. Fertil. Dev.* **10**: 639-43 (1998)

Wilson, H. V., On some phenomena of coalescence and regeneration in sponges., *J. Exp. Zool.*, **5**: 245-258 (1907)

Yagami-Hiromasa, T., Sato, T., Kurisaki, T., Kamijo, K., Nabeshima, Y., Fujisawa-Sehara, A., A metalloprotease-disintegrin participating in myoblast fusion. *Nature*, **377**: 652- 656 (1995)

第7章

竹縄忠臣編,「シグナル伝達総集編－細胞の位置情報から形態形成までを制御するシグナルのすべて－」,（実験医学増刊）, 羊土社（1999）

田中千賀子, 西塚泰美編,「生体における情報伝達」, 南江堂（1993）

山本雅編,「細胞内シグナル伝達　第2版」,（実験医学別冊）, 羊土社（1999）
Alberts, B., *et al*., "Molecular Biology of THE CELL 3rd ed", Garland Publishing（1994）
Alberts, B., *et al*., "Essential Cell Biology － An Introduction to the Molecular Biology of the Cell － ", Garland Publishing（1997）

第8章

アルバーツ他,「細胞の分子生物学　第3版」, 中村桂子他監訳, 教育社（1995）
ウィリアム編,「医科生理学展望　原書第19版」, 星猛訳, 丸善（2000）
倉智嘉久編,「臨床医のための実験医学シリーズ：イオンチャンネルと疾患」, 羊土社（1993）
東田陽博編,「最新医学からのアプローチ6, イオンチャンネル・1その構造とチャンネル開閉機構」, ミジカルビュー社（1993）
Hodgkin, A. L. and Katz, B. The effect of sodium ions on the electrical activity of the giant axon of the squid., *J. Physiol*., **108**：37-77（1949）
Hodgkin, K. L. and Huxley, A. F. A quantitative description of membrane current and its application to conduction and excitation in nerve., *J. Physiol*., **117**: 500-544（1952）
Jan, L. Y. and Jan, Y. N. Voltage-sensitive ion channels., *Cell*, **56**: 13-25（1989）
Noda, M., Ikeda, T., Suzuki, H., Takeshima, H., Takahashi, T., Kuno, M. and Numa, S. Expression of functional sodium channels from cloned cDNA., *Nature*, **322**：826-828（1986）
Stuhmer, W., Conti, F., Suzuki, H., Wang, X. D., Noda, M., Yahagi, N., Kubo, H. and Numa, S. Structural parts involved in activation and inactivation of the sodium channel., *Nature*, **339**：597-603（1989）

第9章

今村孝編,「21世紀への遺伝学　V　人類遺伝学」, 裳華房（1998）
黒木登志夫,「がん遺伝子の発見　－がん解明の同時代史－」, 中央公論社（1996）
黒木登志夫・渋谷正史編,「岩波講座　現代医学の基礎10　細胞増殖とがん」, 岩波書店（1999）
田中信之, 転写因子IRFファミリーの機能, 蛋白質・核酸・酵素, **45**：1551-1559（2000）

田矢洋一，山本雅編，「癌遺伝子・癌抑制遺伝子」，羊土社（1997）

西村暹編，「発がん」，化学同人（1985）

藤永蕙，「がん遺伝子 －生命科学の本質に迫る－」，講談社（1997）

Chellappan, S. P., Hiebert, S., Mudryj, M., Horowitz, J. M., Nevins, J. R. The E2F transcription factor is a cellular target for the RB protein., *Cell*, **65** : 1053-1061 (1991)

Finlay, C. A., Hinds, P. W., Levine, A. J., The p53 proto-oncogene can act as a suppressor of transformation. *Cell*, **57** : 1083-1093（1989）

Hanafusa, H., Halpern, C. C., Buchhagen, D. L., Kawai, S., Recovery of avian sarcoma virus from tumors induced by transformation-defective mutants., *J. Exp. Med.* **146** : 1735-1747（1977）

Harris, H., Miller, O. J., Klein, G., Worst, P., Tachibana, T., Suppression of malignancy by cell fusion., *Nature*, **223** : 363-368（1969）

Hunter, T., Sefton, B. M. Transforming gene product of Rous sarcoma virus phosphorylates tyrosine., *Proc. Natl. Acad. Sci. U. S. A.*, **77** : 1311-1315（1980）

Knudson, A. G. Jr. Mutation and cancer: statistical study of retinoblastoma., *Proc. Natl. Acad. Sci. U. S. A.*, **68** : 820-823（1971）

Matsumoto, K., Iwase, T., Hirono, I., Nishida, Y., Iwahori, Y., Hori, T., Asamoto, M., Takasuka, N., Kim, D. J., Ushijima, T., Nagao, M., Tsuda, H. Demonstration of ras and p53 gene mutations in carcinomas in forestomach and intestine and soft tissue sarcomas induced by N-methyl-N-nitrosourea in the rat., *Jpn. J. Cancer Res.*, **88** : 129-136.(1997)

Murray, M. J., Shilo, B.-Z., Shih, C., Cowing, D., Hsu, H. W., Weinberg, R. A. Three different human tumor cell lines contain different oncogenes., *Cell*, **25** : 355-361（1981）

Otter, I., Conus, S., Ravn, U., Rager, M., Olivier, R., Monney, L., Fabbro, D., Borner, C. The binding properties and biological activities of Bcl-2 and Bax in cells exposed to apoptotic stimuli., *J. Biol. Chem.*, **273** : 6110-6120（1998）

Stehelin, D., Varmus, H. E., Bishop, J. M., Vogt, P. K. DNA related to the transforming gene(s) of avian sarcoma viruses is present in normal avian DNA., *Nature*, **260** : 170-173（1976）

Sugimura, T., Terada, M., Experimental chemical carcinogenesis in the stomach and colon., *Jpn. J. Clin. Oncol.*, **28** : 163-167（1998）

Whyte, P., Buchkovich, K. J., Horowitz, J. M., Friend, S. H., Raybuck, M., Weinberg, R. A., Harlow, E., Association between an oncogene and an anti-oncogene: the adenovirus E1A proteins bind to the retinoblastoma gene product., *Nature*, **334**, 124-129（1988）

第10章
「科学」，4月号，8月号，岩波書店（2000）
「現代化学」，3月号〜8月号，東京化学同人（2000）
「現代化学」，1月号，東京化学同人（2001）
「日経サイエンス」，9月号，日本経済新聞社（2000）

第11章
浅島誠，「発生のしくみが見えてきた」，岩波書店（1998）
石井象二郎，「昆虫博物館」，明現社（1989）
小原雄治編，「ネオ生物学シリーズ5 線虫」，共立出版（1997）
勝木元也編，「ネオ生物学シリーズ8 マウス」，共立出版（1997）
実験医学編集部編，「実験室の小さな生きものたち」，羊土社（1999）
Sakai N, Yao M, Itou H, Watanabe N, Yumoto F, Tanokura M and Tanaka I. The Three-Dimensional Structure of Septum Site-Determining Protein MinD from Pyrococcus horikoshii OT3 in Complex with Mg-ADP Structure, **9**: 817-26.（2001）

索　引

あ　行

アガロースゲル電気泳動　192, 193
アクチビンA　96, 97
アクチン　23, 82, 86
アクチンフィラメント　23
浅島誠　96
アデニル酸シクラーゼ　129
アフラトキシン　158
アヴェリー（Avery）　57
アポトーシス　162, 163, 168, 184
アミノアシルtRNA　67
アリストテレス（Aristoteles）　77
アンチコドン　67

イオンチャンネル　130, 140, 147
鋳型鎖　49
一塩基置換多型　178
一酸化窒素(NO)　130, 159
1次構造　31, 33, 43
位相差顕微鏡　85
遺伝暗号　14, 65, 205, 206
遺伝子　8, 29, 30, 36, 45, 58, 139, 148, 177, 184, 189, 206
遺伝子組み換え法　169, 182
遺伝子多型　178
遺伝子発現　30, 135
遺伝情報　30, 31, 48, 49, 58, 61, 64, 72, 205, 209
遺伝病　178
遺伝物質　18
イノシトールトリスリン酸　126
インテグリン　102, 104
イントロン　64, 151

エイコサノイド　129

エキソン　64
液胞　23
エピトープ　87
塩基性タンパク質　21, 54, 55
塩基配列　31, 48, 49, 53, 177, 178, 191, 205, 207, 208, 209
エンハンサー　75

オーガナイザー(organizer)　94
オゾン層　18
オパーリン　13
オピオイドペプチド　138
オペレーター　74
オペロン　74

αヘリックス　38
A-キナーゼ　131, 132, 134
ATP　22, 24, 66, 78, 124, 134
ES細胞　188, 189
FADH　22
IP3　126, 129, 130
mRNA　68, 70, 71, 92, 182, 207
NADH　22
RNA　13, 14, 30, 45, 46, 191, 192
RNAポリメラーゼ　30, 39, 61, 72〜75, 206
RNAワールド　14
SDS-PAGE　193, 194, 195, 197
SPring-8　200, 201
X線解析法　198
X腺結晶構造　34
X腺結晶構造解析法　35, 43
X腺構造解析法　40

か　行

開始因子　70
下位の遺伝子　97, 110

外胚葉　94
外胚葉性頂堤　115
開放因子　71
化学進化　11, 12
核　17, 21, 27, 54
核タンパク質　78
核酸　46
核小体　21, 24
核分裂　27
核様体　21
過酸化物蓄積説　116
活性酵素　159
活性部位　32
活動電位　141, 142, 147
滑面小胞体　21
カテニン　103
カドヘリン　103, 174
過分極　142
鎌状赤血球貧血症　191
鎌形DNA　192, 193
可溶性型グアニル酸シクラーゼ　130
カルモジュリン　132
環状ヌクレオチド　126
がん遺伝子　148, 149, 151, 152, 154, 156, 161, 165, 167
がん抑制遺伝子　148, 156, 159, 166, 167, 168, 1

基本転写因子　76, 162
逆転写酵素　148, 151
ギャップジャンクション　127
共生説　16
極体　80
筋芽細胞　106, 107, 108
筋ジストロフィー　1, 2, 4, 10, 187
筋肉　25

グアニル酸シクラーゼ　130, 134

クエン酸回路　22
グリア細胞　24
グリコーゲン　134
クリック　1, 14, 50, 181, 198
クロストーク(cross talk)　136
クローニング　43, 139
クロマチン　21, 55
クローン　120
クローン動物　120, 123
クローンマウス　189, 190

形質転換　57
形態形成　102, 110
結合組織　24
原因遺伝子　4, 5, 10
原核細胞　63, 65, 67
原核生物　15～17, 19, 20, 23, 183
原口背唇部　94
原始細胞　14, 15, 53
原始大気　12
原始地球　12
減数分裂　79, 80
原生動物　17

コアセルベート　13
好気性細菌　17
光合成　15, 17
光合成色素　21
構成的発現　72
酵素　19, 183
抗体　87
興奮性細胞　141, 142
酵母　43, 183
コドン　65, 67
コラーゲン　102, 103, 106
ゴルジ体　21, 22

さ 行

サイクリン　27
細胞　14, 18, 29, 45, 86, 124, 202
細胞外基質　102～104
細胞系列　93

細胞骨格　23
細胞質　27, 55
細胞質因子　93
細胞質分裂　86, 87, 91
細胞周期　11, 26, 27, 28, 162, 166, 168
細胞内小器官　16, 17, 21
細胞内情報伝達系　124, 125, 135, 136
細胞の全能性　29
細胞表面受容体　129
細胞壁　21, 23
細胞膜　13, 15, 18, 20, 129
細胞分裂　26, 28, 82, 85, 87, 124, 181
サザーランド(Sutherland)　134
サブユニット　32
サンガー (Sanger)　49, 210
3次元構造　35
3次構造　32

ジアセルグリセロール(DG)　126
シグナル伝達系　154
始原生殖細胞　79
自己複製能力　13
自己分泌　127
ジストロフィン　6～10, 104
ジストロフィン遺伝子　105
ジデオキシ法　49, 210, 211
シナプス　127, 139, 140～142
脂肪細胞　24
シャルガフ (Chargaff)　50
収縮環　86
従属栄養型　15
修復酵素　118
樹状突起　140, 141
受精　78, 80, 81
受精卵　91, 120, 122, 124, 184, 186～189
シュペーマン(Spemann)　94
受容体　125, 126, 128, 130, 131, 135～137
シュワン細胞　24
ショウジョウバエ　110, 184

常染色体　186
小胞体　21, 130
情報伝達系　128, 134～137
植物極　95
真核細胞　63～67, 71, 75, 207
真核生物　16, 17, 19, 20, 24, 53, 54, 76, 183, 186
神経細胞　24, 134, 139, 140～142, 147
神経伝達物質　127
伸長因子　71
水素結合　49, 50, 52
スパランツアーニ(Spallanzani)　77
スプライシング　64
スペクトリン　104

生活習慣病　178
制限酵素　206, 208
精子　26, 77, 78, 81, 82, 183
精子活性化ペプチド　81
静止膜電位　141, 142
生殖細胞　91, 118, 188
生殖細胞系列　91, 92
性染色体　4
成長因子　106, 115
生命の誕生　11, 13
セカンドメッセンジャー　125, 126, 128～131, 135, 136
接着タンパク質　99
染色体　21, 53, 54, 86, 183, 185, 186, 188
先体反応　82
線虫　183
線虫類　183
全能性　122

走査型電子顕微鏡　202
増殖因子　154
相同遺伝子　165
相同組み換え　188
相補塩基対　51～53
粗面小胞体　21、24

C-キナーゼ　132, 134
CaM-キナーゼ　132, 135
cAMP　126, 129, 131, 132, 134, 136
cGMP　126, 131, 134, 136
CCAATボックス　75
CpGアイランド　177
G-キナーゼ　132, 134
G-タンパク質　129
GCボックス　75

た 行

第1次精母細胞　79, 80
第1次卵母細胞　79, 80
体外受精　81
体細胞　122, 184, 185
代謝　125
大腸菌　37, 43, 53, 73, 118, 181, 182, 193, 205, 206, 208, 209
ダイニン　23, 79
対立遺伝子　165, 187
脱感作　137
脱分極　142, 146
卵　26, 77, 81, 86, 183
団ジーン　82, 83, 85
タンパク質　29, 31, 34, 36
タンパク質キナーゼ　136
タンパク質脱リン酸化酵素　136
タンパク質チロキシンキナーゼ活性　152, 154
タンパク質の合成　69
タンパク質リン酸化酵素　27, 125, 131

チェイス(Chase)　57
チェックポイント　28
中間系フィラメント　23
中心体　23
中胚葉誘導　96
チューブリン　78
調節卵　93

デオキシリボ核酸　14

デュシエンヌ型筋ジストロフィー　1, 2, 4～6, 106
テロメアー　123
テロメアー説　119
テロメラーゼ　119
転位　71
電位依存性チャンネル　139, 142, 145
電気泳動　194～196
電気化学勾配　144
電気勾配　141
電子顕微鏡　202, 204, 205
転写　38, 72, 73
転写因子　28, 36, 37, 40, 42, 43, 75, 135
転写後調節　72
転写制御因子　76
転写調節　72, 74
転写調節因子　74, 154
電離放射線　156

透過型電子顕微鏡　202
等電点電気泳動　197
動物極　95
独立栄養型　15
突然変異　5, 118, 173, 183, 186
トランスジェニック(形質転換)　185
トランスジェニックマウス　188, 189
トランスファーRNA(tRNA)　55, 69
トランスポゾン　185
トロポニン　107

D-2-デオキシリボース　46
D-リボース　46
DG　129, 134
DNA　14, 18, 21, 30, 45, 46, 50, 52, 53, 55, 58, 61, 78, 191, 192
DNA結合タンパク質　29, 38
DNA結合ドメイン　38, 42, 43
DNAの二重らせん説　181
DNAリガーゼ　61
DNAヘリカーゼ　58

DNAプライマーゼ　61
DNAポリメラーゼ　49, 58, 192, 211
TATAボックス　75

な 行

内分泌(endocline)　127
内膜系　21

2次構造　32
2次伝達物質説　134
二重らせん　52, 53,
ニトログリセリン　130

ヌクレオソーム　55
ヌクレオチド　46

濃度勾配　141
ノックアウトマウス　189
ノンレム睡眠状態　172

は 行

配偶子　79, 123
ハウスキーピング遺伝子　75
ハウスキーピングタンパク質　106
発がん物質　159
発がん性化学物質　158
ハックスレー(Huxley)　142
ハーシー(Hershey)　57
発生　98
半保存的複製過程　61
半保存的複製機構　58

非興奮性細胞　141
微小管　23, 78, 79, 86
ヒストン　55
ヒトゲノム　175, 176
肥満遺伝子　170
平瀬作五郎　78
表層顆粒　86
標的器官　127

標的細胞　126
ピリミジン塩基　46, 159

ファイブロネクチン　106
孵化酵素　86
複製　58
複製起点　164
複製フォーク　58, 60
不等分裂　87
プライマー　49, 58, 192
プラスミド　21, 182, 206, 209
プラナリア　110
プリン　46
プリン塩基　159
プログラム説　116
プロセッシング　63
プロテインキナーゼ　131
プロテオグリカン　106
プロトがん遺伝子　151, 154, 156, 159
プロモーター　38, 61, 73～75
プロモーター領域　39, 40

ベクター　193, 208, 209
ベッカー型筋ジストロフィー　3, 4
ヘモグロビン　24, 106, 198
ペプチド結合　31
ヘリカーゼ　118
ペルオキシソーム　23
ベンゾピレン　158
ベンツピレン　172
鞭毛　78, 79

胞胚　91
傍分泌　127
ホジキン(Hodgkin)　142
ホスフォジエステラーゼ　130
ホメオティック遺伝子　42, 43, 98
ホメオボックス　110
ホメオボックス遺伝子　113, 185
ホメオドメイン　43, 48, 185, 186
ホメオドメインタンパク質　38, 42, 43
ホモロジー(相同性)　151
ポリAシグナル　75
ポリソーム　22
ポリヌクレオチド　48
翻訳　30, 72
翻訳調節　72
翻訳後調節　72

$p53$ タンパク質　163～165, 173
PCR法　191, 192, 209

ま 行

膜貫通部位　144～146, 171
膜貫通領域　174
膜結合型グアニル酸シクラーゼ　130
膜電位　142, 144, 146
マーグリス(Marglis)　16
マスター遺伝子　97
マンゴールド(Mangold)　94
慢性骨髄性白血病　152

ミオシン　86
ミトコンドリア　17, 21, 22, 24, 67, 78

メッセンジャーRNA(mRNA)　55

モザイク卵　93
モーター　23
モータータンパク質　106
モチーフ　32
モノクローン抗体　85, 98
モルガン(Morgan)　110, 184, 185

や 行

融合遺伝子　152, 156
有性生殖　123

誘導的発現　72

葉緑素（クロロフィル）　15
葉緑体　17, 21, 23, 67

ら 行

ライシン　82
ラギング鎖　61
ラミニン　102, 106
卵割　87, 91, 95
藍藻（シアノバクテリア）　15, 17, 20, 21

リガンド　125～128, 130, 131, 135～137
リガンド依存性　140
リセプター　125
リソソーム　21, 22
リソゾーム　22
立体構造　33, 34, 39, 43, 195, 198
リーディング鎖　60
リプレッサー　74, 75
リボ核酸　13
リボザイム　14
リボソーム　19～22, 24, 55, 64, 67, 69
リボソームRNA(rRNA)　55
リン酸化酵素　103
リン酸化ドメイン　38, 40

レトロウイルス　148, 149, 151, 152, 156
レーベンフック(Leeuwenhoek)　77, 86
劣性遺伝子　171
劣性遺伝子　4
レム睡眠　172

わ 行

ワトソン(Watson)　1, 50, 181, 198

225

Watson-Crick 塩基対　51
Watson-Crick 構造　50, 52, 53
Watson-Crick 相補塩基対　206

著者紹介 (＊編著者)

鈴木　範男＊
- 1972年　東京大学大学院理学系研究科博士課程単位取得退学（生物化学）
- 現　在　北海道大学大学院理学研究科教授、医学博士
- 専　門　生物化学

田中　勲＊
- 1974年　大阪大学大学院理学研究科博士課程退学
- 現　在　大阪大学大学院理学研究科生物科学専攻教授、理学博士
- 専　門　構造生物学、X線結晶学

矢沢　洋一＊
- 1965年　北海道大学大学院理学科修士課程退学
- 現　在　北海道教育大学旭川校教育学部教授、理学博士
- 専　門　生化学、栄養生理学、健康科学

浅川　哲弥
- 1978年　北海道大学大学院理学研究科博士課程退学
- 現　在　北海道教育大学教育学部旭川校助教授、理学博士
- 専　門　生化学

松田　良一
- 1979年　千葉大学大学院理学系研究科生物学専攻修士課程修了
- 現　在　東京大学大学院総合文化研究科教授、理学博士
- 専　門　発生生物学、細胞生物学

矢沢　道生
- 1973年　北海道大学大学院理学研究科博士課程修了
- 現　在　北海道大学大学院理学研究科教授、理学博士
- 専　門　生化学

二宮　治明
- 1990年　京都大学大学院医学研究科博士課程修了
- 現　在　鳥取大学医学部助教授、医学博士
- 専　門　神経科学、薬理学

澤田　幸治
- 1976年　北海道大学大学院理学研究科博士課程修了
- 現　在　北海道立衛生研究所生物工学室長、理学博士、医学博士
- 専　門　分子生物学

山本　克博
- 1973年　北海道大学大学院農学研究科修士課程修了
- 現　在　酪農学園大学酪農学部教授、農学博士
- 専　門　応用生化学、食品化学

伊藤　啓
- 2003年　北海道大学大学院理学研究科博士課程修了
- 現　在　国立遺伝学研究所構造遺伝学研究センター　助手
- 専　門　構造生物学

関　美佳
- 2002年　北海道大学大学院理学研究科博士課程修了
- 現　在　北海道教育大学旭川校教育学部非常勤講師、理学博士
- 専　門　生化学

分子生物学への招待

2002年3月10日　初版第1刷発行
2004年10月1日　初版第2刷発行

Ⓒ　著　者　鈴　木　範　男
　　　　　　田　中　　　勲
　　　　　　矢　沢　洋　一
　　発行者　萩　原　幸　子
　　印刷者　鈴　木　渉　吉

発行所　**三共出版株式会社**　東京都千代田区神田神保町3の2
振替 00110-9-1065

郵便番号 101-0051　電話 03-3264-5711　FAX 03-3265-5149
http://www.sankyoshuppan.co.jp

社団法人 日本書籍出版協会・社団法人 自然科学書協会・工学書協会 会員

Printed in Japan　　　印刷・IPS　製本・若戸

ISBN 4-7827-0442-9